DISCOURS SUR L'ÉTUDE

DE LA

PHILOSOPHIE NATURELLE.

PAR

J. F. W. HERSCHEL,

De la Société royale de Londres, correspondant de l'Académie des Sciences, etc., auteur du *Traité d'astronomie;*

TRADUIT DE L'ANGLAIS PAR B***.

PARIS.

PAULIN, ÉDITEUR, RUE DE SEINE, 6

1834.

Imprimerie de Grégoire, rue du Croissant, 16.

DISCOURS SUR L'ÉTUDE

DE LA

PHILOSOPHIE NATURELLE.

TABLE.

—

PREMIÈRE PARTIE.

DEUXIEME PARTIE.

DES PRINCIPES SUR LESQUELS DOIT REPOSER L'ÉTUDE DES
SCIENCES PHYSIQUES ET DES RÈGLES QUI DOIVENT PRÉSIDER
A UN EXAMEN SYSTÉMATIQUE DE LA NATURE AVEC DES
PREUVES DE LEUR INFLUENCE, TELLES QU'EN PRÉSENTE
L'HISTOIRE DE LEURS PROGRÈS.

CHAPITRE I.

CHAPITRE II.

CHAPITRE III.

CHAPITRE IV.

CHAPITRE V.

CHAPITRE VI.

CHAPITRE VII.

TROISIÈME PARTIE.

DE LA SUBDIVISION DES SCIENCES PHYSIQUES EN BRANCHES DISTINCTES ET DES RELATIONS QUE CELLES-CI ONT ENTRE ELLES.

CHAPITRE I.

CHAPITRE II.

CHAPITRE III.

CHAPITRE IV.

CHAPITRE V.

CHAPITRE VI.

DISCOURS SUR L'ÉTUDE

DE LA

PHILOSOPHIE NATURELLE.

PREMIÈRE PARTIE.

DE LA NATURE GÉNÉRALE ET DES AVANTAGES DE L'ÉTUDE DES SCIENCES PHYSIQUES.

CHAPITRE I.

DE L'HOMME CONSIDÉRÉ COMME UN ÊTRE D'INSTINCT, DE RAISON ET DE SPÉCULATION.—INFLUENCE QU'EXERCENT EN GÉNÉRAL SUR L'ESPRIT LES RECHERCHES SCIENTIFIQUES.

1. La situation de l'homme sur le globe qu'il habite et où il règne en souverain est, sous divers rapports, extrêmement remarquable. Si on le compare aux autres animaux, qu'on n'envisage que sa constitution physique, il semble presque à tous égards moins bien partagé qu'eux. Il est également incapable de pourvoir aux besoins qui l'assiégent et de se préserver des ennemis qui le pressent. Aucun autre animal n'a une enfance aussi longue; aucun autre n'a une vieillesse plus caduque, plus débile.

Bien plus, il est le seul des animaux à sang chaud à qui la nature ait refusé la robe sans laquelle les vicissitudes d'une région tempérée, les rigueurs d'un climat froid sont également intolérables. C'est à peine si l'on peut en citer un autre qu'elle ait traité avec plus de parcimonie dans la distribution qu'elle a faite des armes offensives et défensives. Hors d'état d'échapper à la voracité de ses ennemis par la course, il est sans moyens de les repousser. Sensible au plus haut degré aux influences de l'atmosphère, peu fait pour les maigres alimens que la terre produit d'elle-même les deux tiers de l'année, l'homme, s'il était abandonné à son seul instinct, serait une des créatures les plus misérables qui existent. Troublé par la terreur, tourmenté par la faim, réduit aux plus vils expédiens pour se dérober à ses ennemis et aux stratagèmes les plus lâches pour saisir sa proie, son existence ne serait qu'une suite d'artifices. Pour demeure il aurait les antres de la terre, les fentes des rochers, les creux des arbres; pour nourriture, des vers, des reptiles immondes, quelques productions du sol, les débris d'animaux dévorés par des animaux plus féroces. Sans aucune des qualités qui assurent le repos, éloignent l'aggression; dédaigné par les uns, repoussé par les autres, son espèce s'éteindrait en peu de siècles ou ne se perpétuerait que dans quelques îles du tropique où un climat heureux, de rares ennemis, des végétaux abondans, lui permettraient de trainer une chétive existence.

2. Cependant cet être si faible est le roi de la création. Il s'est assujéti les animaux les plus forts, les plus sauvages : la baleine, l'aigle, l'éléphant, le tigre, subissent également sa loi; il dompte l'un, dévore l'autre, les fait tous servir à ses besoins, à ses plaisirs : il met à contribution la nature entière: il la dépouille des produits qu'elle étale à sa surface; il lui arrache ceux qu'elle recèle dans son sein. Il pressure l'Océan, rançonne l'atmosphère; l'air, les forêts, les mines, n'ont rien qui lui échappe. D'où lui vient tant d'empire? De sa raison. Si c'était là cependant les seuls avantages que produise cette faculté; si elle ne servait qu'à nous mettre à même de nous approprier les objets matériels, à subjuguer les animaux d'une classe inférieure, nous n'aurions pas lieu, ce me semble, de nous en glorifier beaucoup. Mais il n'en est pas ainsi. L'homme qui passe ses jours dans une condition supportable, ou plutôt qui ne consume pas tout son temps à pourvoir à son existence physique, éprouve des besoins où les sens n'interviennent pas; il éprouve des peines, des jouissances qui n'ont rien de commun avec les misères de la vie. Et si une fois ces peines, ces jouissances, se sont manifestées avec une certaine force, il ne peut plus les confondre avec celles que donnent les appétits animaux: il sent qu'elles sont d'une autre espèce, qu'elles appartiennent à un ordre plus élevé. Ce n'est pas tout. L'homme n'est pas seulement sensible aux jeux de l'imagination, aux douceurs des habitudes sociales, il

est de sa nature spéculatif. Il ne contemple pas ce
monde, les objets qui l'entourent, avec un froid
étonnement, comme une série de phénomènes
auxquels il ne s'intéresse que par les rapports
qu'ils ont avec lui. Il les considère comme un système disposé avec ordre et dessein. L'harmonie des
parties, la sagacité des combinaisons, lui causent
l'admiration la plus vive. Il cherche à imiter, parmi ces dernières, quelques-unes de celles qu'il saisit, qu'il peut tracer le mieux, et réussit quelquefois, quoique imparfaitement; souvent aussi il
conçoit la nature de la chose, mais il est hors
d'état de la reproduire. Dans d'autres circonstances, au contraire, il voit l'effet sans pouvoir se
rendre compte des moyens qui le déterminent.
Il est ainsi amené à l'idée d'une puissance, d'une
intelligence supérieure à la sienne, capable de
produire, de concevoir tout ce qu'il voit dans la
nature. Il peut appeler cette puissance infinie,
puisqu'il n'aperçoit pas de bornes aux œuvres par
lesquelles elle se manifeste. Loin de là: plus il
examine, plus il étend ses observations, plus il
découvre de magnificence, plus il discerne de
grandeur.

3. Si des objets extérieurs il tourne la vue sur
lui-même, sur ses facultés vitales et intellectuelles, il reconnaît qu'il peut examiner, analyser sa
propre nature; mais qu'il ne peut le faire que jusqu'à un certain point. Il sent, dans sa constitution
physique, une puissance, une aptitude qui le met
à même d'imprimer, soit à lui, soit aux objets qui

l'entourent, une certaine somme de mouvement. Il sent que cette puissance dépend de sa volonté et qu'il peut à son gré en suspendre l'exercice ; mais il ignore comment sa volonté agit sur ses membres, d'où provient la puissance qu'il met en œuvre. Ses sens lui révèlent aussi une multitude de faits qui le reportent au monde extérieur. Il perçoit un appareil au moyen duquel les impressions peuvent se transmettre, comme une sorte de signaux, du dehors au dedans, et parvenir au cerveau où il sent, quoique d'une manière confuse, que réside surtout cet être pensant, sentant, raisonnant, qu'il appelle *lui*. Comment, du reste, lui vient la conscience de ces impressions, quelle est la nature de la communication immédiate entre cet être qui sent intérieurement et cette machine qui constitue l'homme extérieur ? Il l'ignore tout-à-fait.

4. S'il examine plus attentivement les pensées, les actes et les passions de cette partie sensible et intelligente de lui-même, il remarque à la vérité qu'il se souvient, qu'à l'aide de sa mémoire il peut comparer et discerner, juger et résoudre. Il remarque surtout qu'il est irrésistiblement poussé à inférer de la perception d'un phénomène, qu'il soit extérieur ou intérieur, l'existence de quelque chose d'antérieur qui s'y rattache en qualité de cause, et sans laquelle il ne saurait être. Il ne peut se dissimuler que c'est la connaissance de ces causes, des conséquences qu'elles entraînent, qui détermine presque toujours son choix, sa volonté,

tout en conservant du reste la conscience qu'il est libre d'agir ou de ne pas agir. Il s'aperçoit aussi qu'il peut acquérir une connaissance plus ou moins étendue des causes et de leurs effets, suivant le degré d'attention qu'il met à cet examen, attention qui est encore, en grande partie, un acte volontaire. Souvent quand il s'est déterminé sur une connaissance imparfaite, ou d'après un examen insuffisant, il revient sur la décision qu'il a prise, déterminé quelquefois, il est vrai, par des considérations trop tardives pour exercer une utile influence. Il s'ouvre ainsi un monde intellectuel, plein de phénomènes, de rapports, et du plus haut intérêt. Mais tant qu'il ne sent pas que les connaissances qu'il peut puiser dans cette sphère intérieure de pensées, de sentimens, sont au fond la source de toute sa puissance et de sa supériorité sur la nature extérieure, il ne peut que très imparfaitement pénétrer les replis de son cœur, analyser les opérations de son esprit ; car il est, en ceci comme en toute chose, un être *ténébreusement sage.* Il voit que tout ce que la plus longue vie et la plus forte intelligence peuvent lui permettre de découvrir par ses propres recherches, ou lui donner de temps pour profiter de celles d'autrui, le conduit au plus sur les limites de la science. Est-il étonnant qu'un être ainsi constitué accueille d'abord l'espoir, arrive ensuite à la conviction que son principe intellectuel ne suivra pas les chances de l'enveloppe qui le renferme, que l'un ne finira pas quand l'autre se dissoudra ? Est-il étonnant qu'il se persuade que, loin de s'éteindre, il passera à une nouvelle vie, où, libre de ces mille entraves qui arrêtent son essor, doué de sens plus subtils, de plus hautes facultés, il puisera à cette source de sagesse dont il était si altéré sur la terre?

5. Rien n'est donc plus mal fondé que la prévention que montrent des personnes de bonne foi peut-être, mais assurément bien bornées, contre l'étude de la philosophie, ou, mieux, contre toute espèce de science. Il n'est pas vrai qu'elle donne à ceux qui la cultivent une idée exagérée d'eux-mêmes, qu'elle les conduise à douter de l'immortalité de l'ame, à rejeter la révélation. Elle ne peut, au contraire, que produire un effet tout opposé. Nul doute que le témoignage de la raison, sur quelque sujet qu'elle s'exerce, ne doive s'arrêter devant les vérités de la foi. Mais lorsqu'elle établit l'existence et les principaux attributs de la divinité sur des bases telles que le doute devienne absurde, l'athéisme ridicule, on ne saurait l'accuser d'apporter aucun obstacle naturel ou nécessaire à la propagation des principes religieux. Loin de là : en développant cette soif de recherches, cette ardeur d'attente, elle dégage l'esprit des préjugés, et le dispose à toutes les impressions qu'il est susceptible de recevoir. Elle est peu favorable, il est vrai, à l'enthousiasme : ses procédés analytiques la tiennent constamment en garde contre la déception ; mais loin de repousser, de flétrir les espérances qui aident à supporter la vie, elle les accueille et les encourage. Le caractère du vérita-

ble philosophe est d'espérer tout ce qui n'est pas impossible, de croire ce qui n'est pas contraire à la raison. Celui qui a vu en mathématiques et en physique se dissiper tout-à-coup des ténèbres, qui paraissaient impénétrables; celui qui a vu les sujets les plus stériles et les plus ingrats transformés, comme par inspiration, en sources inépuisables de connaissances et de forces, par un simple changement de point de vue, ou par l'application de quelque principe dont on n'avait pas encore fait usage, est naturellement peu disposé à envisager, sous des couleurs défavorables, les destinées présentes ou futures du genre humain. Les rapports de toute espèce qui jaillissent autour de lui, dans le cours de ses recherches, la place qu'il occupe dans l'échelle de la création, la conscience de sa faiblesse, celle de l'impuissance où il est de suspendre, de modifier même le plus léger mouvement de ce magnifique système, qu'il cherche à pénétrer, ne peuvent manquer de le convaincre que l'humilité, l'espérance sont ce qui lui convient le mieux.

6. Mais tout en cherchant à venger l'étude de la philosophie naturelle des accusations injustes dont on s'obstine encore à la poursuivre, ayons soin, si nous voulons que le témoignage qu'elle rend à la religion conserve toute la portée, toute l'étendue qu'il doit avoir, soit vrai, indépendant, spontané. Il n'est pas question ici de ces raisonneurs qui voudraient faire céder la nature aux étroites interprétations qu'ils donnent à quelques

passages obscurs de la Bible. Un tel système, bon pour les persécuteurs de Galilée, pour des bigots des quinzième et seizième siècles, ne saurait convenir aujourd'hui. Il n'est pas rare cependant de rencontrer des hommes qui aiment la science, qui désirent qu'elle s'étende, se propage, et montrent néanmoins la plus étrange susceptibilité. Ils s'exaltent, ils applaudissent à un fait lorsqu'il paraît justifier ou expliquer un passage de l'Ecriture: ils éprouvent une impression pénible s'il ne s'accorde pas avec les notions qu'ils ont puisées dans les livres saints. Ils devraient savoir cependant que la vérité n'est jamais en opposition avec elle-même et que l'erreur est confondue dès qu'on l'analyse, qu'on la discute avec soin. Il serait néanmoins à désirer que ces personnes qui sont la plus part bonnes, estimables, réfléchissent avant de prodiguer l'éloge ou le blâme, qu'en flétrissant une preuve, elles détruisent la force, la portée qu'elle peut avoir. Cette disposition d'esprit décèle une secrète méfiance de ses principes, puisque le véritable, l'unique caractère de la vérité est de supporter l'épreuve de l'expérience, de sortir intacte de la plus vive discussion.

7. L'opposition qu'on cherche à établir entre la philosophie et la révélation, les funestes conséquences qu'on attribue au libre examen, ne sont pas le seul moyen qu'on ait imaginé pour avilir la science. Il en est un autre: c'est de la représenter comme vaine, comme inutile, comme un pur accessoire des besoins factices que donne la société.

Le sage qui aime la science pour elle-même, qui jouit de l'harmonie de la nature et de ses combinaisons diverses, n'entend jamais qu'avec mépris demander : « A quoi sert la philosophie? A quelle fin pratique, à quel avantage mènent ses recherches? » Il sait que la méditation renferme en elle-même des douceurs ineffables, qu'elle est la cause du bonheur le plus pur dont la nature soit susceptible, si toutefois on excepte celui que donne l'exercice des sentimens moraux et humains, et qu'elle ne peut nuire à personne. C'est là ce qu'il doit répondre à ceux qui, n'ayant ni goût ni aptitude pour les sciences, lui reprochent de les cultiver, de les chérir. S'il se résout à descendre de cette haute région pour justifier ses recherches, ses jouissances, il n'a qu'à récapituler l'histoire, qu'à citer les théories les plus inutiles en apparence et dont cependant sont émanées les plus belles applications pratiques. Qu'y a-t-il par exemple de plus stérile que les sèches spéculations des anciens géomètres sur les sections coniques, que les rêves de Kepler, comme les appelaient ses contemporains, sur les harmonies numériques de l'univers? C'est là néanmoins ce qui nous a conduits à la connaissance des mouvemens elliptiques des planètes, à la découverte de la loi de la gravitation, de ses brillantes conséquences et de ses précieux résultats. Le ridicule attaché au Swing-Swangs de Hooke n'empêcha pas ce savant de reproduire le pendule comme unité de mesure, unité qui fut employée depuis avec tant d'avantages par le génie et la persévérance du capitaine Kater. Celui dont fut poursuivi Boyle dans ses travaux sur l'élasticité et la pression de l'air n'arrêta pas davantage la série de découvertes qui se termina par la machine à vapeur. Les chimères des alchimistes les conduisirent sur la voie de l'expérience et appelèrent l'attention sur les merveilles de la chimie, tout en avilissant, en ruinant leurs adeptes. Mais ici c'était l'abandon moral qui donnait au ridicule une force, une autorité qui ne lui appartiennent pas naturellement. Parmi les alchimistes, cependant, se trouvaient des esprits supérieurs qui raisonnaient en travaillant et qui, peu satisfaits de marcher au milieu des ténèbres, cherchaient avec soin dans la nature de leurs agens des inductions qui les dirigeassent. C'est à eux que nous devons la physique expérimentale.

8. Nous ne prétendons pas, par ce que nous venons de dire, qu'il n'y ait en philosophie de grandes comme de petites choses, ni placer la solution d'une énigme au niveau du développement d'une loi de la nature. Nous voulons encore moins adopter le grossier propos de Smith, dire avec lui qu'un philosophe est un individu qui ne fait rien et spécule sur tout. Les recherches ayant un but fondé sur la nature ont toujours une application pratique. Il y a plus. Les applications sont une preuve de leur exactitude. Elles attestent la justesse des théories et en forment la vérification la plus complète qu'on en puisse avoir. Et ces vérifications, le philosophe ne néglige pas

plus de les faire qu'un arithméticien ne manque
de s'assurer de ses calculs ou un géomètre d'éprouver ses théorèmes généraux par ses cas particuliers.

9. Il faut cependant avouer que, lorsqu'on n'est
pas accoutumé à saisir les rapports des diverses
branches dont la philosophie se compose, il n'est
pas extraordinaire qu'on s'enquière des avantages
qu'elle peut produire. Il faut être habitué aux abstractions, avoir de la pénétration dans l'esprit, et
joindre à cela quelque teinture de sciences, savoir apprécier les inestimables principes que recè-
lent quelquefois les faits les plus connus. Il faut
enfin avoir quelque habitude de les mettre en saillie, de les énoncer d'une manière précise et de
les faire servir à l'explication de faits moins simples, ou à l'accomplissement d'un projet utile,
pour se guérir de cette tendance à vouloir de prime abord enlever l'objet qu'il s'agit d'atteindre,
apprécier les moyens en raison du but, et, à force
de contempler le terme de la lice, ne saisir ni
la richesse ni la variété des points de vue qui se
présentent sur la route.

10. Nous ne devons jamais oublier que ce sont
des principes et non des phénomènes, des faits isolés, indépendans qui sont l'objet des recherches
des philosophes. La vérité étant simple et concor-
dante avec elle-même, un principe peut être aussi
clairement établi par un fait simple et commun
que par un phénomène brillant, extraordinaire.
Les couleurs qu'étale une bulle de savon sont la

conséquence immédiate du principe le plus important par la variété des phénomènes qu'il explique, et le plus beau par la simplicité, la justesse avec lesquelles il se plie aux moindres détails que présente l'optique. Si un objet si commun peut servir à faire comprendre la nature des couleurs périodiques, il devient dès lors un instrument précieux. Le sage forme-t-il une bulle de savon longue, régulière et durable, les enfans l'entourent et le plaisantent. Les hommes s'étonnent qu'on puisse ainsi perdre son temps; mais le philosophe ne voit rien dans la nature qui n'ait son importance. Les moindres œuvres de l'une fournissent les plus grandes leçons à l'autre. La chute d'une pomme élève sa pensée aux lois qui régissent les révolutions des planètes dans leur orbite, et la situation d'une roche peut lui révéler l'état où était le globe qu'il habite des myriades de siècles avant la création de son espèce.

14. C'est là une des grandes sources de jouissances que donne l'étude de la philosophie. Une fois qu'on a pris goût à ce genre de recherches et qu'on est habitué à faire des applications rapides, on porte en soi un fond inépuisable de pures, de nobles contemplations. Accoutumé à suivre l'action des causes générales, à voir le développement des lois universelles où l'œil inhabile n'aperçoit rien de beau, rien de neuf, le philosophe passe de merveille en merveille. Chaque objet lui révèle un principe, chaque objet l'instruit, lui imprime un sentiment d'ordre et d'harmonie. Mille questions

s'élèvent dans son esprit, mille sujets de recherches se présentent et tiennent ses facultés dans
un exercice continuel ; sa pensée constamment en
action ne laisse place ni au dégoût qui flétrit la
vie, ni à cette inquiétude qui s'épuise en tentatives inutiles, s'évapore en fatigantes investigations.

12. Ce n'est pas tout. Ces sortes de recherches,
comme tous les travaux d'esprit, ont un autre avantage. Elles sont indépendantes des hommes et des
choses, et se prêtent à toutes les situations de la vie.
Êtes-vous dans la prospérité ? la fortune vous com-
ble-t-elle de ses faveurs ? vous pouvez vous y livrer
avec plus d'abandon, savourer à chaque instant la
satisfaction qu'elles donnent, goûter le charme qui
les suit, le renouveler, le prolonger, comparer ce
doux état de l'ame avec le tumulte, la rapidité des
jouissances sensuelles. Êtes-vous dans les affaires ?
vous trouvez encore quelques momens à consacrer à de si attrayantes occupations, et vous goûtez
dans la retraite le calme qu'elles exigent. Vous
trouvez loin des agitations du monde, loin du
conflit des passions, des préjugés, des intérêts divers, la paix et le bonheur. Il y a dans la contemplation des lois générales quelque chose qui étouffe
le sentiment individuel et commande l'abandon :
car cette nature calme, énergique, régulière, l'é-
chelle immense de ses opérations, la constance
avec laquelle elle marche à son but, tempèrent nos
inquiétudes, nous rendent moins sensibles à la dou-
leur, aux émotions égoïstes ; elle nous remplit

d'un sentiment de grandeur, de force qui nous met à même de braver les revers, nous révèle notre puissance, et nous élève, pour ainsi dire, jusqu'au créateur.

CHAPITRE II.

DE LA SCIENCE ABSTRAITE COMME PRÉPARATION A L'ÉTUDE DE LA PHYSIQUE. — IL N'EST PAS NÉCESSAIRE D'ÊTRE BIEN VERSÉ DANS CES NOTIONS ABSTRAITES POUR SAISIR LES LOIS DE LA PHYSIQUE. — ON COMPREND CELLES-CI, SANS L'AIDE DE CELLES-LA. — EXEMPLES. — DIVISION DU SUJET.

13. La science est l'ensemble des connaissances de plusieurs, disposées avec ordre et méthode, de manière à les rendre accessibles à un seul. La connaissance des raisons et des conséquences qui s'en déduisent constitue l'*abstrait;* celle des causes, de leurs effets et des lois de la nature forme la *science naturelle.*

14. La science abstraite est indépendante de tout système de la nature, de la création, de toute chose, en un mot, si ce n'est de la mémoire, de la pensée et de la raison. Les objets dont elle s'occupe sont : 1º ces existences primaires et ces rapports que nous ne pouvons pas même concevoir *ne pas être,* telles que l'espace, le temps, les nombres, l'ordre, etc.; 2º ces formes artificielles, ou symboles, que la pensée peut créer à son gré pour elle-même et substituer comme signes à l'aide de la mémoire pour combiner ces objets primaires et ses propres conceptions, afin de faciliter les

raisonnemens auxquels elles donnent lieu, soit qu'on veuille en tirer des conclusions, soit qu'on cherche à les communiquer aux autres. Tel est d'abord le langage parlé ou écrit; ses formes conventionnelles, qui constituent la grammaire et les lois qui en régissent l'emploi dans l'argumentation, ce qui constitue la logique des écoles; telle est aussi la *notation*, qui, appliquée aux nombres, forme l'arithmétique, et aux rapports plus généraux des quantités abstraites, donne lieu à l'algèbre; enfin cette espèce de logique plus élevée, qui nous enseigne à user de notre raison de la manière la plus avantageuse à la découverte de la vérité, qui nous indique les signes auxquels nous sommes certains de l'avoir atteinte, et qui, nous faisant connaître les sources de l'erreur, nous avertit du danger et nous apprend à l'éviter. Cette logique doit être nommée rationnelle; tandis qu'on peut appliquer à celle qui n'a rapport qu'aux mots l'épithète de verbale.

15. Quiconque veut réussir dans la physique, doit être jusqu'à certain point versé dans les sciences abstraites. Comme l'univers existe dans le temps, dans l'espace; comme le mouvement, la vitesse, la quantité, le nombre et l'ordre sont les principaux élémens de la connaissance des objets extérieurs, ainsi que de leurs modifications, nous devons nécessairement posséder, comme une préparation utile à l'étude de la nature, une certaine connaissance de ces choses, considérées d'une manière abstraite (c'est-à-dire indépendamment

de toute explication de mouvement, mesure, numération, disposition). Ces sciences sont encore précieuses sous d'autres rapports pour l'étude de la philosophie naturelle. Leurs objets sont tellement définis et les notions que nous en avons si distinctes, que nous pouvons dire avec certitude que les signes et les mots employés dans nos raisonnemens représentent véritablement les choses elles-mêmes ; dans ce cas, lorsque nous en employons le langage ou les signes, nous n'introduisons pas, en en fesant usage, des notions étrangères ; nous n'excluons non plus, à raison de cette circonstance, rien qui se rapporte au fait dont il s'agit. Par exemple, les mots espace, carré, cercle, cent, etc., nous représentent des idées si complètes en elles-mêmes et si distinctes, que nous sommes certains, en nous en servant, de connaître, de rendre ce que nous entendons. Il n'en est pas ainsi des mots qui représentent les objets naturels et la combinaison des rapports. Prenez, par exemple, le mot fer ; il a des acceptions bien différentes. Celui qui n'a jamais entendu parler de magnétisme et celui qui le cultive ; le vulgaire qui regarde ce corps comme incombustible, et le chimiste qui le voit brûler avec la plus grande flagrance, s'en font des idées bien opposées. Le poète qui l'emploie comme emblême de la rigidité ; le forgeron dans les mains duquel il se moule comme de la cire ; le geolier pour lequel il est un obstacle, et le physicien, qui ne voit en lui qu'un canal de communication, au moyen duquel le fluide

électrique peut traverser l'air, se forment tous du
mot qui le désigne des notions incomplètes et diverses. Le sens d'un terme de cette espèce est
comme l'arc-en-ciel : il varie d'un individu à l'autre, et tous affirment qu'ils l'envisagent sous le
même point de vue. Il en est de même de tous
ceux qui expriment des sensations : quelques-
uns sont définis comme durs ou doux, légers
ou pesans (termes qui furent autrefois la source de
nombreuses erreurs et de vives discussions);
d'autres sont excessivement compliqués, comme
homme, vie, instinct, etc. Ce n'est pas tout; le
plus grand nombre ont deux ou trois significations
qui sont assez distinctes pour former une proposition vraie sous un point de vue, fausse sous un autre, si elle ne l'est pas sous tous les deux; néanmoins, elles ne sont pas assez nettes pour qu'on ne
puisse les confondre. Certes, ceux qui attachent
deux acceptions à un mot ou en ajoutent une nouvelle à un vieux terme, agissent avec aussi peu de
discernement que les colons qui se répandent
dans toutes les parties du monde, désignant les
lieux où ils arrivent par les noms de ceux qu'ils
ont quittés; de sorte que la nomenclature géogra-
phique est tout embrouillée, et que nous sommes
incapables de décider si tel événement, que l'on
dit être arrivé à Windsor, a eu lieu en Europe, en
Amérique ou en Australie.

16. C'est, en effet, à ce sens double ou incomplet des mots que nous devons attribuer la plupart des méprises dans lesquelles nous tombons.

Or, l'étude des sciences abstraites, telles que l'arithmétique, la géométrie, l'algèbre, etc., nous met à même de raisonner sur les objets qui sont, ou du moins qu'on conçoit être hors de nous, et comme elle est exempte de ces sources d'erreurs et de méprises, elle nous accoutume à l'usage rigoureux du langage, comme instrument de la raison, elle nous aide dans nos recherches et nous permet de marcher d'un pas sûr à la découverte de la vérité. Elle nous donne cette juste et franche direction d'esprit qu'on n'acquiert jamais en se traînant parmi les obstacles ou au milieu de notions confuses et contradictoires.

17. Mais il y a un autre point de vue sous lequel on doit considérer comme fort utile, sinon comme indispensable, l'étude des sciences abstraites ; elle nous aide à mieux apprécier la différence qu'il y a entre un raisonnement juste et de vagues considérations ; elle nous fait sentir ce que c'est qu'une véritable démonstration, et par suite elle nous donne une idée pleine et entière de la nature, de la force des preuves sur lesquelles reposent les connaissances que nous avons du système actuel de la nature, et des lois qui régissent les phénomènes dont nous sommes témoins. Il ne faut, cependant, pour atteindre ce résultat, qu'une légère connaissance des branches les plus élémentaires des mathématiques. La chaîne est tendue devant nous ; nous pouvons examiner chacun des chaînons dont elle se compose, si nous avons assez de patience et de goût pour l'entreprendre.

Plusieurs l'ont fait et le feront encore; mais, pour la plupart des hommes, il suffit qu'ils sachent combien ses anneaux sont solides, combien sa texture est ferme, et que l'exposition de ses plus faibles ainsi que de ses fortes parties est entière. Dans ce cas, il faut admettre, sur l'autorité de ceux qui ont examiné plus profondément la matière, tout ce qui peut échapper aux sens. Mais il y a des choses si surprenantes, il y en a même qui paraissent si inouïes, qu'il est impossible, pour peu qu'on ait d'activité dans l'esprit, de s'en tenir aux notions qu'on recueille; de ne pas chercher soi-même à s'en former de plus satisfesantes. Qui croirait, en effet, que, dans une seconde, dans l'espace d'une seule oscillation du pendule d'une horloge, un rayon de lumière parcourt 192,000 milles, et achève le tour du monde en moins de temps qu'il n'en faut pour faire un mouvement d'yeux, et en beaucoup moins qu'un habile coureur n'en mettrait à faire un pas? Qui pourrait admettre sans démonstration que le soleil est près d'un million de fois plus grand que la terre? Qui croirait que cet astre, placé à une distance telle qu'un boulet de canon qui conserverait toujours sa vitesse initiale, mettrait vingt ans à l'atteindre, exerce néanmoins son attraction sur notre globe dans un espace de temps inappréciable? C'est un phénomène dont nous ne nous ferions qu'une idée inexacte, incomplète, en le comparant à quelque influence matérielle, puisque la transmission d'une impulsion à une telle distance par quelque intermédiaire qu'elle eût lieu, exigerait, non des momens, mais des années entières. Et quand nous sommes parvenus à concevoir une distance si énorme, une force dont l'action se fait sentir si au loin, si l'on nous dit que la première n'est qu'un point insensible, et que la seconde ne réagit pas sur la plus voisine des étoiles fixes, tant celles-ci sont éloignées, et que, cependant, parmi ces étoiles fixes, il en est quelques-unes dont la splendeur actuelle surpasse cent fois celle du soleil lui-même : nous ne douterons pas que l'assertion ne soit vraie ; mais nous serons curieux de savoir comment on s'assure de semblables choses.

18. Voilà quelques-uns de ces résultats des recherches scientifiques qui semblent passer les bornes de notre intelligence. En retour, il y en a d'autres qui sont si exigus qu'on a peine à s'imaginer que la pensée puisse les saisir et encore moins les apprécier, les mesurer. Qui cherchera à s'assurer si, comme on le lui annonce, l'aile d'un moucheron bat plusieurs centaines de fois dans une seconde ? Qui prendra la peine de s'enquérir s'il est vrai qu'il existe des êtres vivans, régulièrement organisés, et qui, réunis par milliers, ne présenteraient pas un volume comme le pouce ? Qu'est-ce même que des résultats de ce genre en comparaison de ceux auxquels ont conduit les recherches qu'on a récemment faites sur l'optique ? On s'est, en effet, convaincu que chaque point d'un milieu que traverse un rayon de lumière, est affecté d'une suite de mouvemens périodiques qui

reviennent régulièrement par intervalles égaux,
au moins 500 millions de millions de fois dans une
seule seconde; et c'est par des mouvemens de
cette espèce communiqués aux nerfs optiques que
nous voyons ! Il y a plus ; c'est de la différence
qui existe dans la fréquence de leur retour, que
résulte la diversité des couleurs. Dans la sensation que nous cause le rouge, par exemple, nos
yeux sont affectés 482 millions de millions de fois,
dans celle du jaune 542, dans celle du violet 707
millions de millions de fois par seconde (1). Des
nombres semblables ne ressemblent-ils pas plus
aux extravagances d'un insensé qu'aux conclusions
d'un homme sage?

19. Ce sont pourtant des résultats auxquels
ne peut manquer d'arriver quiconque se donnera
la peine de suivre la chaîne de raisonnemens d'où
ils ont été déduits; mais, pour y parvenir, il ne
faut pas s'arrêter aux élémens des sciences abstraites. Il faut aller au-delà. On ne peut disconvenir que ces recherches ne servent plus à étonner
qu'à instruire, mais on ne peut disconvenir non
plus que, lorsqu'on a saisi quelque rapport, découvert quelque loi, on n'éprouve une sorte de malaise
jusqu'à ce que, partant de ce rapport, s'appuyant
sur cette loi, on soit parvenu à établir, d'une manière rigoureuse, que les faits observés doivent s'en
déduire comme des conséquences logiques, nécessaires, qu'ils doivent s'en déduire, non d'une

(1) *Young*, Leçons de philosophie naturelle.

manière vague, générale, mais avec une véritable précision pour le temps, le lieu, le poids, la mesure.

20. Ces recherches exigent, comme nous allons le voir, des connaissances mathématiques et géométriques qui ne sont à la portée que de peu de personnes ; car, pour les acquérir, il faut avoir de la capacité, y consacrer sa vie entière, en faire son unique occupation. Mais il est peu d'hommes d'une intelligence ordinaire, si peu exercés soient-ils dans les sciences abstraites qui ne soient bientôt à même de comprendre la marche générale du raisonnement d'où se déduisent les grandes vérités de la physique, les rapports essentiels et la liaison des diverses parties de la philosophie naturelle. Il y a au surplus des branches entières, très étendues, très importantes auxquelles on n'a jamais appliqué le raisonnement mathématique. Telles sont la chimie, la géologie, l'histoire naturelle en général. Il y en a plusieurs dans lesquelles il joue un rôle tout à fait secondaire et dont les principes essentiels et les bases d'applications aux choses utiles peuvent être parfaitement conçus par un élève qui ne connaît que l'arithmétique. Le défaut d'instruction mathématique ne saurait donc être un obstacle. On ne doit pas craindre, quelque novice qu'on soit en ce genre, de se livrer à l'étude de la philosophie naturelle, de s'essayer même dans les travaux de recherches. L'astronomie, l'optique, la dynamique, sont basées sur les mathématiques et exigent leur concours. Il est dificile de les étudier avec succès si l'on n'a quelques notions de géomé-

trie. Cependant on peut encore, sans l'aide de cette science, parfaitement concevoir les principaux résultats auxquels elles conduisent. Quand on ne peut suivre une démonstration mathématique, on est obligé de s'en tenir à la conviction qui résulte de la constance avec laquelle se sont vérifiées les annonces que ces sciences ont faites. Cette méthode, quoique moins satisfesante que celle qui vérifie, discute chaque fait, n'est pas moins sûre.

24. Parmi les vérifications de ce genre, et elles sont en grand nombre dans toutes les branches de la physique, il n'y en a pas de plus imposante que l'annonce précise des grands phénomènes de l'astronomie. Il n'en est assurément aucun qui imprime aux esprits une plus forte conviction, fasse sur eux plus d'effet. Dès les temps les plus reculés, la prédiction des éclipses a excité une admiration générale. C'est elle qui a donné aux sciences naturelles le relief qu'elles ont eu, c'est elle qui a concilié à ceux qui les cultivent le respect, la vénération qui les ont toujours accompagnés. Nos pères furent étrangement abusés par les prétentions surnaturelles qu'affichaient les astrologues; mais la confiance qu'ils accordèrent à leurs absurdités atteste l'ascendant que la philosophie exerce sur les hommes. Les prédictions des astronomes sont maintenant trop familières pour influencer le jugement. Le retour des comètes, si constantes dans leur trajet, si exactes à l'heure assignée pour leur apparition, excite tou-

jours l'admiration de ceux qui savent apprécier cette belle concordance de la théorie avec les faits, mais ne cause plus d'étonnement. Le temps des miracles est passé. Les hommes veulent aujourd'hui qu'on les guide, qu'on les éclaire, mais non qu'on les surprenne, qu'on les éblouisse. Les éclipses, les comètes, et autres phénomènes analogues, ne présentent qu'un développement rare et passager de la puissance du calcul et de la certitude des principes sur lesquels il est basé. Une page des distances lunaires, tirée de la *Connaissance des temps*, est plus faite que toutes les éclipses pour donner confiance aux conclusions de la science. Qu'un homme, armé d'un instrument qu'il tient à la main et appliqué à son œil, mesure la distance apparente de la lune à une étoile, et que, placé sur un plan aussi variable que le tillac d'un vaisseau, il indique à très peu de chose près, du milieu d'un océan sans limites, le lieu où il se trouve; cela ne paraît-il pas tenir du miracle à qui ne connaît pas l'astronomie physique? On s'expose néanmoins chaque jour sans crainte aux alternatives de vie et de mort, de fortune et de ruine, sur la foi de ces étonnantes supputations qui semblent imaginées pour faire mieux sentir les rapports que la spéculation et la pratique ont entre elles. Nous tenons d'un officier de marine, distingué par l'étendue et la variété de ses connaissances (1), une anecdote qui prouve combien de tels résultats peuvent devenir utiles. Il

(1) Le capitaine Bazil Hall.

fit voile de Saint-Blas, sur la côte occidentale du Mexique, et après une traversée de 8,000 milles, qui dura quatre-vingt-neuf jours, il atteignit Rio-Janeiro, après avoir franchi l'océan Pacifique, tourné le cap Horn, traversé l'Atlantique méridional, sans avoir pris terre ni même vu un bâtiment, si ce n'est un baleinier américain qu'il rencontra à la hauteur du cap Horn. Arrivé à une semaine de navigation de Rio, il se mit à déterminer d'une manière sérieuse la ligne qu'il décrivait et la position qu'occupait son vaisseau dans cette ligne à un instant donné. Il trouva qu'elle était comprise entre 5 et 10 milles; il continua sa route au moyen de méthodes plus promptes, plus expéditives, que connaissent les marins; méthodes qu'on peut employer sans inconvénient dans des trajets peu étendus, mais dont on ne saurait se servir dans les voyages de long cours, où l'on n'a d'autre guide sûr que la lune. Voici, du reste, en quels termes il rend compte de cette partie de la traversée : «Arrivé à quatre heures du matin à 15 ou 20 milles de la côte, je mis en panne et j'attendis le jour. Il était nuageux, incertain; néanmoins, comme on découvrait à une certaine distance, je fis appareiller dès qu'il parut ; mais vers huit heures la brume devint si forte que je n'osais pousser plus avant. Je me disposais même à envoyer déjeûner l'équipage, lorsqu'elle se dissipa tout à coup, et me laissa voir le grand pain de sucre, rocher qui est à l'entrée du port, si droit devant moi, que je n'eus qu'à chasser de l'avant pour toucher à Rio. C'était là première fois que nous apercevions la terre depuis trois mois que nous courions la mer, que nous étions ballotés par les courans et les tempêtes. » L'effet que produisit cette direction si juste, si précise, fut prodigieux. L'équipage était dans l'admiration, et l'on conçoit de reste les sentimens que devaient éveiller dans le cœur des marins et cette arrivée imprévue et les connaissances qu'exigent de semblables supputations.

22. Mais, quelque merveilleux que soient de tels résultats, ils sont loin d'avoir la force de conviction que donne un raisonnement trop abstrait pour une intelligence commune, et qui conduit à des conclusions qui devancent l'expérience, indiquent ce qui arrivera sous de nouvelles combinaisons ou même corrigent des expériences imparfaites, révèlent des faits contraires à des analogies déduites de recherches mal interprétées ou au moins généralisées avec précipitation. Citons un exemple. Chacun sait que les objets vus à travers un milieu transparent tel que l'eau, le verre, semblent déformés ou déplacés. Ainsi un bâton parait courbe dans l'eau, et un objet observé à travers un prisme de verre semble occuper une place différente de celle qu'il occupe véritablement. Cet effet est dû à la *réfraction* de la lumière, et une règle simple, découverte par Willebrod Snell, met à même de dire d'une manière exacte de combien le bâton est recourbé, et de quelle distance la situation apparente d'un objet vu à travers

le verre s'écarte de la véritable. Si vous immergez une pièce de monnaie dans un bassin d'eau, et que vous la regardiez obliquement, vous la croirez exhaussée par le liquide. Si c'est dans l'esprit de vin que vous la plongez, elle le paraîtra davantage, enfin elle le paraîtra plus encore dans l'huile. Mais, que vous fassiez usage d'eau, d'esprit de vin ou d'huile, vous ne la verrez ni à gauche ni à droite du point qu'elle occupe, quel que soit celui où l'œil est placé. Le plan dans lequel se trouvent l'œil, l'objet et le point de la surface du liquide où s'aperçoit l'objet, est droit ou vertical, et c'est là un des principaux caractères de la réfraction ordinaire de la lumière, c'est-à-dire que, quoique le rayon, à l'aide duquel nous voyons une chose à travers une surface refringente, subisse une déviation, et soit brisé à la surface, il n'en continue pas moins le trajet qu'il parcourt, pour arriver à l'œil, dans un plan perpendiculaire à la surface refringente. Il y a encore d'autres substances, telles que le cristal de roche, et surtout le spath d'Islande, qui possèdent la singulière propriété de doubler l'image ou l'apparence d'un objet vu au travers, dans certaines directions, de manière qu'au lieu d'un objet on en voit deux placés l'un à côté de l'autre, quand on interpose le cristal de roche ou le spath d'Islande entre l'œil et l'objet. Si un rayon ou un petit faisceau lumineux tombe sur une des surfaces de ces substances, il se divise en deux, qui forment un angle entre eux et poursuivent chacun leur cours particulier. C'est ce qu'on appelle la double réfraction. De ces images ou rayons doublement réfractés, l'un obéit toujours aux lois qui le régiraient s'il traversait du verre ou de l'eau. Sa déviation peut être aisément calculée à l'aide de la loi de Snell, que nous avons citée plus haut; il ne sort pas du plan perpendiculaire à la surface refringente. L'autre en sort, au contraire, et c'est pour cela qu'on dit qu'il éprouve une réfraction extraordinaire. La déviation qu'il subit exige, pour être déterminée avec précision, une règle beaucoup plus compliquée, et qui ne peut être comprise ni établie qu'à l'aide des hautes mathématiques. Le cristal de roche et le spath d'Islande diffèrent du verre par une circonstance très remarquable. Ils affectent naturellement certaines figures régulières, et ne se trouvent jamais en masses amorphes, mais se présentent constamment sous des formes géométriques déterminées. Ils sont aussi susceptibles de clivage; ils l'éprouvent plus facilement dans certaines directions que dans d'autres, et ont un grain que n'a pas le verre. Si on examine d'autres substances (parmi celles qui sont cristallisées), on reconnaît que toutes, ou au moins le plus grand nombre, possèdent cette propriété singulière de double réfraction. Aussi était-il très naturel de conclure que la même chose avait lieu pour toutes, c'est-à-dire que des deux rayons en lesquels se divise tout pinceau de lumière qui tombe sur la surface d'une telle substance ou des deux images d'un objet vu au travers de cette même substance, un seul sort de son plan et se réfracte extraordinairement, tandis que l'autre suit la règle ordinaire. On supposait, en conséquence, qu'il en était ainsi, et, d'après les travaux publiés par un physicien célèbre, on regardait ce fait comme suffisamment prouvé par l'expérience.

23. Nous serions peut-être restés long-temps dans cette opinion, car les procédés sont délicats, et le sujet difficile, si un savant physicien, Fresnel, n'eût récemment fait voir, qu'en admettant certains principes, tous les phénomènes de la double réfraction, qui comprennent peut-être la plus grande variété de faits qui aient été réunis sous un même titre, pouvaient être déduits de ces principes par des calculs réguliers. Il a fait voir que, dans le cas dont il s'agit, ces principes rendent compte de l'absence de l'image extraordinaire; qu'appliqués à des cas du genre de ceux que présentent le cristal de roche, le spath d'Islande, ils fournissent également raison des deux images, et s'accordent dans les conclusions auxquelles ils conduisent avec les lois qui sont admises sur ce sujet; mais, loin d'adopter l'opinion qui étend ces conclusions à toutes les substances cristallisées, les principes de Fresnel mènent à un résultat entièrement contraire, et développent un fait qui n'avait jamais été observé, c'est-à-dire que, dans le plus grand nombre des substances cristallisées qui possèdent la propriété de la double réfraction, aucune des images ne suit la loi ordinaire, mais que toutes deux sortent du plan d'incidence. Aucune

observation ne constatait ce résultat au moment où il fut annoncé. L'opinion lui était même tout-à-fait contraire ; mais de nouvelles recherches prouvèrent qu'il était exact, et le fait fut établi. Néanmoins, pour ne laisser aucun doute à cet égard, on soumit à un examen plus sévère les substances qu'on avait étudiées. On reconnut qu'on s'était mépris, que les méthodes qu'on avait employées étaient insuffisantes, et que les choses se passaient comme l'avait annoncé Fresnel. Or, on doit observer 1° que les principes que ce savant a proclamés ne se présentent pas d'eux-mêmes, ne se déduisent pas de l'observation commune ; 2° que la suite du raisonnement à l'aide duquel on les vérifie est si longue, si complexe, que la difficulté mathématique que présente leur application est telle que, ni bon sens ni inductions ordinaires n'offrent la moindre chance de les saisir. Des cas semblables sont le triomphe de la théorie. Ils démontrent à la fois quelle large part la raison pure doit prendre dans l'étude de la nature , et quelle confiance nous devons avoir à ce grand, à ce puissant système de règles et de procédés qui constituent l'analyse mathématique, dans les applications les plus difficiles qu'on peut faire du calcul à ses phénomènes.

24. Prenons un exemple plus simple. Un géomètre distingué a prouvé, au moyen de calculs fondés sur des principes d'optique rigoureux qu'il ne devait pas se trouver d'obscurité au centre de l'ombre produite par un petit plateau circulaire de

métal qu'on expose dans une chambre obscure au pinceau de lumière qui émane *un point brillant très-petit.* C'est en effet ce qui a lieu. Loin de présenter la moindre apparence nébuleuse, le centre brille d'un aussi vif éclat que s'il n'y avait point de pla-teau métallique. Quelque étrange, quelque impossible même que semble la chose, elle a été constatée et ne souffre plus de doute.

25. Nous continuerons d'examiner plus particulièrement et en détail :

1º La nature et les objets immédiats et collatéraux de la physique considérée en elle-même et dans son application aux choses pratiques de la vie, ainsi que dans son influence sur le bien-être, sur les progrès de la société;

2º Les principes qui servent de base pour les recherches et les règles qui doivent présider à un examen analytique de la nature avec des exemples qui attestent leur influence.

3º La subdivision des sciences physiques en branches distinctes et les rapports que celles-ci ont entre elles.

CHAPITRE III.

DE LA NATURE ET DES OBJETS IMMÉDIATS ET COLLATÉRAUX DES SCIENCES PHYSIQUES, SOIT QU'ON LES ENVISAGE EN ELLES-MÊMES, SOIT QU'ON LES ÉTUDIE DANS LEURS APPLICATIONS AUX USAGES PRATIQUES DE LA VIE AINSI QUE DANS L'INFLUENCE QU'ELLES EXERCENT SUR LE BIEN-ÊTRE ET LES PROGRÈS DE LA SOCIÉTÉ.

26. La première chose qui nous frappe, c'est l'ordre dans lequel se succèdent les événemens.

Nous voyons, dès notre tendre enfance, qu'ils se coordonnent, qu'ils reviennent régulièrement, qu'ils ont entr'eux une certaine liaison. Quelques-uns se reproduisent constamment, et, comme nous sommes portés à le croire, d'une manière immuable ; telle est la succession du jour et de la nuit, celle de l'été et de l'hiver. D'autres ont lieu fortuitement ; tel est le déplacement d'un corps qui éprouve un choc, et la combustion d'un morceau de bois qu'on jette au feu. La première classe d'événemens se répète depuis tant de siècles, qu'on est naturellement disposé à croire qu'il en sera toujours ainsi, et que les mêmes faits se reproduiront dans le même ordre. De là l'idée que nous nous fesons de *celui de la nature*. Si tout était régulier et périodique ; que la succession des événemens ne dépendît en aucune sorte de notre volonté, il est douteux qu'il nous vînt à l'esprit d'en rechercher les causes. Personne ne considère la nuit comme celle du jour, ni le jour comme celle de la nuit. Ils sont dus à une cause commune qu'on ne peut déterminer par le seul fait de leur succession régulière ; c'est surtout, et peut-être entièrement de la classe des événemens éventuels que nous tirons les notions de cause et effet. C'est de ces événemens seuls que nous concluons qu'il y a des lois de la nature. L'idée de loi implique celle de contingence. « *Si quis mala carmina condidisset, fuste ferito.* » Si telle circonstance arrivait, elle aurait telle chose pour résultat ; si vous mettez le feu aux poudres, il y aura explosion.

Chaque loi doit prévoir des cas qui peuvent avoir lieu et s'applique à une infinité d'autres qui ne se sont jamais présentés et ne se présenteront jamais. C'est cette prévoyance des choses éventuelles, cette attente des choses possibles, c'est la prédisposition de ce qui doit arriver qui nous imprime la notion de loi et de cause. Parmi toutes les combinaisons possibles de cinquante à soixante élémens dont la chimie a démontré l'existence, il est probable, il est même à peu près certain qu'il en est plusieurs qui n'ont jamais été formés, que tels corps simples, dans telles proportions et dans telles circonstances données, n'ont jamais été mis en rapport les uns avec les autres. Cependant, aucun chimiste ne peut révoquer en doute que ce qui aurait lieu ne soit déjà déterminé. Ces corps obéiraient à certaines lois que nous ne connaissons pas, mais qui doivent exister, car sans cela, elles ne seraient pas des lois. Ils ne cèdent ni par habitude, ni par préférence; les phénomènes auxquels ils donnent lieu ne souffrent ni incertitude ni délibération. Les élémens réagissent entr'eux dès qu'ils se trouvent sous leur influence réciproque et réagissent constamment de la même manière tant que les circonstances sont les mêmes. C'est la perfection d'une loi de renfermer tous les cas, de produire une obéissance implicite, et c'est le cas de toutes celles de la nature.

27. On sent que le mot loi se rapporte plus à nous comme entendement, qu'aux substances matérielles comme obéissant à certaines règles. Obéir

à une loi, se conformer à une règle, suppose une intelligence, une volonté, une faculté de faire ou de ne pas faire, ce qui ne s'allie pas avec les idées que nous avons de la pure matière. On ne peut pas supposer que le divin auteur de la nature ait établi des lois particulières qui embrassent toutes les contingences individuelles ; ce serait leur attribuer les imperfections de la législation humaine. Il est plus simple de penser qu'en créant la matière, il l'a douée de propriétés immuables ; que les phénomènes et les lois qu'on déduit par l'observation ne sont que des conséquences. Nous n'entendons pas par là contester au créateur l'exercice constant de sa puissance directe pour le maintien du système de la nature, ou cette émanation de toute force que les agens bruts exercent d'après sa volonté immédiate agissant selon ses propres lois.

28. Les découvertes de la chimie moderne ont contribué à établir la vérité d'une opinion admise par les anciens, que l'univers se compose d'atomes distincts, séparés, indivisibles et assez petits pour échapper à nos sens, si ce n'est quand ils sont réunis par millions, et forment, au moyen de cette agrégation, des corps qu'on parvient à discerner. Nous sommes sûrs, quoiqu'il existe des différences essentielles parmi les individus que comprennent les atomes, qu'ils peuvent être rangés en un petit nombre de classes dont chacune se compose d'êtres semblables à tous égards dans leurs propriétés. Or, quand nous apercevons un

grand nombre d'objets tout-à-fait semblables, nous
sommes portés à croire que cette similitude tient
à un principe commun qui en est indépendant. Si
cette similitude est établie par l'identité de la manière dont ils agissent, nous sommes encore plus
disposés à admettre cette conclusion. Une rangée
de fuseaux, un régiment de soldats habillés de la
même manière, fesant les mêmes évolutions, ne
nous donnent pas l'idée d'une existence à part.
Nous avons besoin de les voir agir isolément pour
reconnaître qu'ils ont des volontés, des facultés indépendantes. Cette conclusion qui ne serait pas
sans importance, lors même qu'elle ne s'appliquerait qu'à deux individus parfaitement semblables
sous tous les rapports, dans tous les temps, acquiert une force irrésistible quand le nombre s'en
multiplie au-delà de ce que l'imagination peut
concevoir. Il me semble que les découvertes dont
il est question détruisent l'idée d'une *matière éternelle et existant par elle-même*, en donnant à chacun de ces atomes les caractères essentiels d'un
objet fabriqué et tout à la fois d'un agent subor-
donné.

29. Mais ce n'est pas à la philosophie naturelle
à remonter à l'origine des choses, à se perdre en
conjectures sur la création : un champ moins vaste
lui suffit. Elle ne veut que rechercher quelles
sont les qualités premières dont la matière est
douée, elle n'aspire qu'à découvrir l'esprit des
lois qui embrassent les groupes, les classes de
rapports et de faits qu'un simple phénomène

rend sensibles : si la chose se trouve impraticable, si elle dépasse ses forces, que les qualités essentielles des agens matériels soient réellement occultes, qu'elles ne puissent être exprimées d'une manière intelligible, elle tâche de saisir dans ce sujet obscur les rapports que sa faiblesse comporte, elle imagine des formes de mots, qui renferment, représentent la plus grande multitude, la plus grande variété de phénomènes qu'il est possible.

30. Mais les lois de la nature ont-elles elles-mêmes un degré de permanence et de fixité qui permette de les soumettre à une discussion systématique ? Les propriétés des agens naturels ne changent-elles pas avec le temps ? Pour les anciens qui vivaient dans l'enfance du monde, ou mieux, dans celle de l'expérience humaine, c'était là une véritable question. De là la distinction qu'ils fesaient entre la matière corruptible et la matière incorruptible. Ainsi, selon quelques-uns d'entre eux, la matière seule des espaces célestes est pure, invariable, incorruptible, tandis que les choses sublunaires éprouvent des changemens, des modifications continuelles ; le monde s'use, se détruit à mesure qu'il avance en âge ; l'homme lui-même se détériore, perd à la fois de son intelligence et de ses avantages physiques. Pour nous qui avons l'expérience de quelques milliers d'années de plus, la question de permanence est déjà en grande partie résolue ; les théories de l'astronomie moderne qui sont fondées sur des observations faites à des époques fort

anciennes, ont démontré qu'au moins une des principales forces de la nature, la pesanteur qui sert
de lien et de support à l'univers matériel, n'a subi,
depuis les époques les plus reculées, aucune altération dans son intensité. La stature de l'espèce humaine est ce qu'elle était il y a trois mille ans, comme le prouvent les momies qu'on a examinées à différentes époques. Le génie de Newton, de Laplace,
de Lagrange, peut être comparé à celui d'Archimède, d'Aristote ou de Platon, et les vertus, le
patriotisme de Washington, aux modèles les plus
glorieux que nous présente l'histoire ancienne.

34. Les travaux des chimistes ont, au surplus,
prouvé que ce que le vulgaire nomme corruption,
destruction, n'est qu'une modification dans l'arrangement des principes élémentaires, une disposition
des mêmes substances sous d'autres formes, sans
qu'il y ait, du reste, ni perte ni destruction d'un
seul atome. Par là s'effacent les doutes qu'on pouvait avoir sur la permanence des lois de la nature,
et tous les phénomènes plaident en faveur de cette
opinion. Réduire quelque chose en poussière, le
jeter au vent, est une des circonstances qui semblent faites pour accréditer l'idée de destruction.
C'est pourtant une chose bien différente que
broyer un objet et anéantir la matière dont il se
compose; quelque menue qu'elle soit, elle tombe
quelque part, et continue, ne fût-ce que comme
partie du sol, à remplir le rôle modeste, mais utile,
qu'elle joue dans l'économie de la nature. La destruction produite par le feu est plus frappante en-

core. Dans plusieurs cas, dans la combustion, par exemple, d'un fragment de charbon, de bougie, il n'y a rien qui soit visiblement dissipé et emporté. Le corps soumis à l'action du feu se consume et se disperse sans rien sembler produire que de la chaleur, de la lumière que nous n'avons pas l'habitude de considérer comme des substances. Quand tout a disparu, à l'exception d'un peu de cendres, nous supposons, assez naturellement du reste, que tout est détruit; mais si nous examinons la question d'une manière plus attentive, nous découvrons dans l'invisible courant d'air chaud qui s'élève du charbon ardent, ou que produit la flamme de la bougie, toute la matière pondérable unie dans une nouvelle combinaison avec l'air et dissoute dans ce fluide. Ainsi, loin d'être anéantie, elle redevient ce qu'elle était avant qu'elle existât sous forme de charbon ou de cire, un agent actif de la nature, un des principaux soutiens de la vie végétale et animale, susceptible de parcourir encore le même cercle de transformations, si les circonstances se prêtent à ce mouvement. Les mêmes atomes peuvent, d'une autre part, rester enfouis des milliers d'années dans une roche calcaire, être enfin exploités, se dégager dans le four à chaux, se répandre dans l'air, être absorbés par les plantes, et par suite faire partie d'êtres vivans, jusqu'à ce que le même concours des circonstances les solidifie de nouveau et qu'un autre les dégage.

32. Cette indestructibilité absolue des substances

élémentaires dans des périodes de temps que peut
embrasser l'expérience, la constance de leurs propriétés dans toutes les situations, dans celles même qui sont les plus violentes et qui semblent les
plus contraires à leur nature, rendent assez probable qu'elles sont à l'épreuve du temps. Elles
peuvent être désorganisées sans doute ; mais dans
ce cas, les parties dont elles se composent sont
désunies, et non détruites. Leurs propriétés apparentes peuvent éprouver des altérations ; mais
la chimie démontre que cet accident tient aux nouvelles combinaisons dans lesquelles entrent leurs
principes. Au surplus, ce n'est là qu'une question
d'expérience. Nous ne pouvons pas être sûrs *à priori*
que les lois de la nature sont immuables : nous
ne pouvons que nous assurer si elles changent
ou ne changent pas. Or, toutes les recherches que
l'on a faites à cet égard établissent qu'elles sont
invariables. On ne prétend pas, néanmoins, que
des opérations capables de produire de vastes
changemens dans l'état visible de la nature, telles,
par exemple, que les révolutions, observées par les
géologues, qui mettent de longues années à s'accomplir, ne poursuivent constamment leur marche. Mais ce sont-là les conséquences. l'accomplissement des lois de la nature, et non des irré-
gularités, des contradictions. Les théoriciens ne
considèrent pas de semblables changemens comme de véritables altérations. Ils cherchent, au
contraire, à les expliquer, à montrer qu'ils sont
le résultat de lois déjà connues ; ils jugent même

de l'exactitude de leurs théories par l'accord des
lois qu'elles présentent avec ces révolutions.

33. Les lois de la nature sont non-seulement
constantes, mais concordantes, intelligibles. Il est
facile de les saisir à l'aide de quelques recherches
plus propres à piquer qu'à éteindre la curiosité ; si
nous appartenions à une autre planète, et que trans-
portés tout-à-coup dans une de nos sociétés, nous
nous missions à observer ce qui s'y passe, nous
serions d'abord embarrassés de dire si cette société est soumise à des lois. Si, parvenus à découvrir qu'elle prétend en avoir, nous essayions de rechercher, d'après sa conduite et les conséquences
qu'elle entraîne, quelles sont ces lois, dans quel
esprit elles ont été conçues, nous n'éprouverions
pas, peut-être, de grandes difficultés à découvrir
des règles applicables à des cas particuliers ; mais
si nous voulions généraliser, si nous tentions de
saisir quelques principes saillans ; la masse des
absurdités, des contradictions qui jailliraient de
toutes parts nous détournerait bientôt d'un plus
ample examen, ou nous convaincrait que ce
que nous cherchons n'existe pas ; c'est tout le
contraire dans la nature. On n'y trouve pas de
dissonnance, de contradiction ; on n'y rencontre
qu'harmonie. On n'a jamais besoin d'oublier ce
que l'on sait une fois. Lorsque les règles se géné-
ralisent, les exceptions apparentes deviennent régulières. Une équivoque dans sa sublime législation est aussi inouïe qu'un acte mal entendu.

34. Vivant dans un monde que régissent des lois

4*

semblables , placés sous leur action immédiate , il nous importe de les connaître , ne fût-ce que pour être sûrs, dans les entreprises que nous pouvons tenter, que nous n'allons pas nous heurter contre quelque obstacle insurmontable. Quelles peines , quelles dépenses ne se seraient pas épargnées les alchimistes s'ils eussent connu les lois de composition et de la décomposition qui excluent toute espérance d'atteindre jamais au but qu'ils avaient en vue ! Que de talent perdu à la recherche du mouvement perpétuel ! que de vains efforts qui eussent amené peut-être les plus beaux résultats, si ceux qui s'épuisaient à cette inutile recherche eussent connu les plus simples lois de la mécanique ! Quelles tortures imposées aux malades pour la guérison de maux incurables ! qu'on leur eût épargné de souffrances si on eût été moins étranger aux principes de la physiologie.

35. Mais si les lois de la nature sont, d'une part, d'invincibles obstacles, elles sont, de l'autre, des auxiliaires irrésistibles. Examinons-les sous chacun de ces points de vue, et considérons combien il importe de les connaître :

1° Pour ne pas s'engager dans des entreprises inexécutables ;

2° Pour se mettre en garde contre les méprises qui peuvent survenir dans celles qui sont exécutables, mais tentées avec des moyens insuffisans ;

3° Pour mener à bon terme celles qu'on fait avec le moins d'embarras , le plus d'économie et de célérité possible ;

4° Pour être en état d'entreprendre, de conduire à fin ce qu'on n'eût pas essayé sans la connaissance de ces lois.

Nous allons tenter de montrer, par des exemples, les services que peut rendre la connaissance des lois physiques sous chacun de ces rapports.

36. Exemple 1 (35) I. On essaya, il y a quelques années, d'ouvrir une houillère à Bexhill, dans le Sussex. Le terrain présentait des couches de bois fossile, de charbon de bois, ainsi que quelques autres indices analogues à ceux qu'on trouve dans le voisinage des terrains houillers du nord de l'Angleterre : on creusa un puits d'extraction, on construisit des machines, on engagea des sommes considérables, et l'on échoua complètement, ce qu'eût prévu le moindre géologue : l'ensemble des faits géologiques ne permettant pas de croire à l'existence d'une houillère dans les sables de Hasting : Bexhill n'est pas seulement placé sur le sable, il est encore séparé des bancs de houille par une suite de couches interposées et d'une épaisseur telle qu'il est absurde de penser même à les percer. L'exploitation des mines est pleine de faits semblables. Cependant, une légère connaissance de l'ordre habituel de la nature, indépendante de tout aperçu théorique, aurait sauvé d'une ruine totale une foule d'imprudens spéculateurs.

37. Ex. 2 (35) II. La fonte de fer exige l'application de la plus forte chaleur qu'on puisse obtenir, et se travaille communément dans de vastes fourneaux qu'on excite à l'aide de soufflets de fer ma-

nœuvrés par des machines à vapeur. Au lieu de chasser l'air dans le fourneau, par ce moyen, on essaya un jour de faire usage de la vapeur d'une manière qui semblait être beaucoup plus directe ; en d'autres termes, on imagina de faire passer immédiatement des bouffées de vapeur de la chaudière dans le foyer. L'un des principes connus de la vapeur étant un corps très inflammable, et l'autre, cette partie de l'air qui supporte la combustion, on s'attendait à voir l'intensité de la chaleur s'accroître outre-mesure : il n'en fut rien. Cette innovation ne fit que l'affaiblir. Résultat facile à prévoir pour peu qu'on connaisse les lois de la combinaison chimique et l'état où se trouvent les principes qui constituent la vapeur.

38. Ex. 3 (35) II. Après l'invention de la cloche à plongeur et les succès qu'elle obtint, on fit tous les efforts possibles pour découvrir un procédé au moyen duquel on pût rester quelque temps sous l'eau, y travailler, en sortir à volonté et sans aide. Un individu fort ingénieux en proposa un. Il consistait à submerger le corps d'un vaisseau imperméable dont le tillac et les flancs devaient être étayés avec force, et l'entrée composée d'une seule porte hermétiquement fermée ; en sorte qu'en lâchant le lest employé à produire l'immersion, le bâtiment devait de lui-même revenir à la surface. Pour rendre l'essai plus sûr et le résultat plus frappant, l'inventeur voulut lui-même diriger la première épreuve. On convint qu'il plongerait à la profondeur de vingt brasses, et que, vingt-quatre heures

révolues, il reparaîtrait sans secours à la surface. Il fit ses apprêts, se pourvut de subsistances, des moyens nécessaires pour signaler sa situation, et l'expérience commença. Mais rien ne décelait ses phases; le temps fixé était écoulé; une foule immense attendait avec angoisse que celui qui l'avait tentée se montrât. Ce fut en vain; ni homme ni bâtiment ne reparurent. On n'avait pas tenu compte de la pression que l'eau exerce à une si grande profondeur; le vaisseau n'avait pu résister, et le malheureux qu'il renfermait n'avait pas même eu le temps de faire le signal convenu pour indiquer sa détresse.

39 Ex. 4 (35) III. Dans les carrières de granit près de Seringapatam, on détache des blocs énormes par le procédé qui suit. Les ouvriers se bornant à exploiter le côté de la roche qui touche au bord de la partie déjà travaillée, mettent à nu la surface supérieure, tracent une ligne dans le sens de la section qu'ils veulent faire, et ouvrent, à l'aide de ciseaux, le long de cette ligne, une rainure d'environ deux pouces. Ils la couvrent ensuite de feu jusqu'à ce que la roche soit profondément chauffée. Quand elle est à ce point, hommes et femmes enlèvent vivement les cendres, et, munis chacun d'un pot d'eau froide, le versent dans l'entaille. La roche se fend alors, laisse détacher des blocs carrés de six pieds de côté et qui en ont jusqu'à quatre-vingts de long. On emploie quelquefois d'autres moyens tout aussi simples, tout aussi efficaces, mais qu'on ne peut exposer sans entrer dans des détails particuliers de minéralogie.

40 Ex. 5 (35) III. Un procédé qui n'est ni moins facile ni moins bon, est celui qu'on emploie dans quelques parties de la France où l'on fait des meules de moulin. Lorsqu'on trouve un bloc de pierre convenable, on le taille en cylindre de plusieurs pieds de hauteur; cela fait, on le distribue en divisions horizontales de manière à en fabriquer autant de meules. Voici comment on procède : on fait tout autour du cylindre des entailles qu'on espace d'après l'épaisseur qu'on entend donner aux meules, et on engage dans ces entailles des coins de bois sec. On mouille ceux-ci ou on les expose à l'humidité de la nuit. Le lendemain matin, les pièces se trouvent séparées par l'expansion du bois. Une force naturelle et irrésistible, exécute, sans fatigue et sans frais, une opération qui, en raison de la dureté et de la texture de la pierre, ne pourrait s'exécuter qu'à l'aide de forts instrumens et un long travail.

44. Ex. 6 (35) III. Parvenir promptement au but qu'on se propose, est souvent aussi important que d'y arriver avec peu de peine et de dépense. Il existe de nombreux procédés qui, abandonnés à eux-mêmes, c'est-à-dire à l'action ordinaire des causes naturelles, réussissent parfaitement, mais ne réussissent qu'à la longue, et il y a des circonstances où il est de la plus grande importance pratique de les hâter. La toile, par exemple, qu'on blanchit en l'exposant à la pluie, au vent et au soleil, exige plusieurs semaines, des mois même, pour être d'une belle blancheur. Et, en la plon-

geant dans un bain chimique, on obtient ce résultat en quelques heures. Le cercle entier des arts n'est qu'un développement de la proposition qui nous occupe. Les exemples que nous venons de citer ont été choisis, non à cause de leur importance, mais à raison de leur simplicité et de l'application directe des principes dont ils dépendent aux objets que nous avons en vue.

42. Mais tel est l'esprit humain, que ses vues s'étendent, ses désirs, ses besoins s'accroissent en proportion de la facilité qu'il trouve à les satisfaire. Il n'est pas parvenu, par un bon emploi de ses forces, à perfectionner un procédé qui contribue à son bien-être, que déjà il cherche à l'améliorer, qu'il ne s'occupe plus qu'à reculer les limites du nouveau domaine qu'il vient d'acquérir. Une fois qu'il a fait l'épreuve des ressources que présente la nature, il la regarde comme un trésor où il peut puiser à l'aise, s'il est assez habile ou assez heureux pour pénétrer le voile qui le dérobe à l'œil. La science étant pour lui une puissance dont il s'aide et se soutient, il ne se borne pas à des tentatives communes, il se livre à des recherches spéciales, il scrute des choses que, sans un intérêt aussi grave, il n'eût osé toucher, auxquelles même il n'eût pas songé. C'est alors que l'étude des forces cachées de la nature devient une mine précieuse, une mine dont les veines présentent des richesses inépuisables, dont les rameaux s'étendent dans toutes les directions, et que les besoins, la curiosité de l'homme lui font explorer avec ardeur.

43. Il existe, entre les sciences physiques et les arts, un échange constant de bons offices, et il ne se fait pas de progrès considérables dans les unes qu'il n'en survienne d'analogues dans les autres. Tous les arts reposent en grande partie, plusieurs même sont entièrement fondés sur les forces, les propriétés du monde matériel qui fait le sujet de l'étude, des recherches de la physique. Aussi pourrait-on citer une foule d'exemples où les observations d'habiles artistes, d'ouvriers même, ont conduit à la découverte de qualités, d'élémens ou de combinaisons de la plus haute importance. Ainsi, un fabricant de savon remarque que le résidu de sa lessive, lorsqu'elle est épuisée d'alcali, corrode la chaudière de cuivre qui le renferme. Il ne peut se rendre compte d'un accident semblable, et fait part de sa perplexité à un chimiste. Celui-ci analyse la liqueur, et obtient, pour résultat, la découverte d'un principe des plus singuliers et des plus importans dont s'occupe la chimie, celle de l'iode. On étudie cette substance, on trouve que ses propriétés confirment une foule de vues neuves, curieuses et instructives que l'on conteste encore. Une simple observation de savonnier donne à la science une face nouvelle, on se prend de curiosité, on cherche ce nouveau corps dans les plantes marines dont on extrait les cendres qui forment le principal ingrédient du savon. On le cherche dans l'eau de mer, on pousse l'investigation plus loin, et l'on trouve que l'iode existe dans les mines de sel, dans les sources, dans tous

les corps qui sont d'origine marine, entr'autres dans les éponges. Un médecin de Genève, M. Coindet, se rappelle alors un remède réputé pour la guérison d'une des plus grandes défectuosités dont soit affligée l'espèce humaine, le goître qui infeste les habitans des montagnes, et auquel on applique avec succès, dit-on, la cendre des éponges brûlées. Guidé par cette indication, il essaie l'effet que produit l'iode et le résultat lui prouve que cette singulière substance agit sur le goître avec promptitude, avec énergie, qu'elle peut dissiper en peu de temps le plus invétéré, le plus volumineux, qu'elle est le spécifique qui doit faire disparaître cette fâcheuse difformité. C'est ainsi qu'une découverte dans les sciences naturelles devient tôt ou tard susceptible de quelque application pratique, qu'elle soit le résultat d'une observation fortuite ou de la sagacité.

44. C'est à une observation semblable, mais pesée, réfléchie, que nous devons l'usage de la vaccine, usage qui a fait disparaître, partout où il a été adopté, un des plus terribles fléaux de l'espèce humaine, et l'a même extirpé dans quelques endroits. Nous ne connaissons que par tradition les ravages que fesait la petite vérole, il n'y a pas plus d'un siècle, et que probablement elle ferait encore sans la vaccine et l'inoculation. Le scorbut était presqu'aussi redoutable sur mer, il n'y a pas soixante ou quatre-vingts ans, qu'elle l'était sur terre. Les souffrances, la mortalité que cette terrible maladie causait au bout de quelques mois de

navigation semblent à peine croyables aujour-
d'hui. Il n'était pas rare de voir un médiocre équipage perdre jusqu'à dix personnes par jour, et
ceux qui survivaient à leurs tristes camarades
étaient si faibles qu'ils ne pouvaient jeter à la mer
les cadavres qui gisaient dans les hamacs. Tels
sont les tableaux que présentent toutes les relations nautiques de cette époque. Aujourd'hui le
scorbut a presque entièrement cessé dans la marine ; résultat, auquel contribuent sans doute
la propreté, les soins, la diète, mais qui tient plus
encore à l'usage continuel d'un antidote simple,
agréable, de l'acide citrique qui fait partie des dis-
tributions journalières. Si la reconnaissance est acquise au médecin philosophe qui a su découvrir
les moyens de prévenir la maladie cruelle dont
les enfans étaient la proie et a su vaincre les difficultés qu'il rencontra, elle ne saurait être refusée
à ceux qui ont aussi conservé à la marine sa puissance et sa vigueur.

45. Les derniers faits que nous venons de citer
sont des exemples de simples observations, qu'on
n'a pas étendus plus loin, et qui n'appartiennent à
la science que par cette disposition systématique à
adopter tout ce que sanctionne l'expérience, à rejetter tout ce qu'elle réprouve. Ils n'en sont pas moins
des preuves de l'importance que nous devons at-
tacher à connaître la nature et ses lois, quoiqu'ils
semblent, comme le compas marin, la poudre à canon, n'avoir été liés, dans l'origine, à aucune vue
générale. On doit plutôt les considérer comme le

rapport spontané d'un sol essentiellement fertile que comme une partie de la succession des récoltes que ce fonds peut produire quand il est bien cultivé. L'histoire de l'iode nous offre un exemple du parti que nous pouvons tirer de la connaissance des propriétés et des lois de la nature. Elle nous fait voir comment nous pouvons tourner contre elle-même les ressources qu'elle nous présente ; comment des connaissances, déduites de faits étrangers à l'objet auquel elles ont été appliquées plus tard, nous mettent à même d'échapper aux dangers qui nous assiégent. Nous pouvons encore citer le paratonnerre. Rien n'est mieux imaginé pour se préserver de la foudre dans les pays où les orages sont violens, et sur mer, où ils sont si redoutables. Nous ne devons pas non plus oublier la lampe de sûreté, qui nous permet de porter sans crainte de la lumière dans une atmosphère plus inflammable que la poudre. Nous devons également rappeler le bateau de sauvetage, qui ne saurait couler à fond, qui porte secours aux hommes dans leur plus grande détresse, et dont une invention récente promet d'étendre le principe aux bâtimens de toute grandeur. Les phares, avec les belles améliorations que les lentilles de Brewster et de Fresnel, ainsi que la magnifique lampe de L. Drummond, ont produites et promettent encore de produire, par leur puissance merveilleuse; l'une en donnant la lumière la plus intense qu'on ait obtenue, les autres en la projetant à de grandes distances sans la disperser, méritent aussi d'être signalés. La découverte de la propriété désinfectante du chlore, son application à la destruction des miasmes de la contagion; la découverte du quinine, principe essentiel dans lequel résident les propriétés fébrifuges du quina, découverte dont la postérité jouira dans toute son étendue, et dont l'influence s'est déjà fait sentir dans les pays désolés par les exhalaisons pestilentielles, sont autant de choses qui déposent des services que peut rendre l'étude des sciences naturelles. Nous arrêterons nos citations, non que nous ne puissions encore les étendre; mais nous nous proposions de produire quelques exemples, et non de donner un catalogue.

46. Nous ajouterons cependant un fait, afin de montrer comment une chose qui ne semble propre d'abord qu'à amuser des enfans, ou tout au plus à former un badinage philosophique, peut cependant préserver d'un mal, quelquefois même garantir de la mort. Les ouvriers qu'on emploie dans les fabriques à aiguiser les aiguilles aspirent constamment une atmosphère chargée de parcelles d'acier détachées par le remoulage. Cet effet, répété chaque jour, finit par produire une irritation qui tient aux propriétés toniques de l'acier, et se termine par la phthisie pulmonaire. Aussi les personnes occupées à ce genre de travail n'atteignaient-elles jamais quarante ans. On avait vainement essayé de purifier l'air avant son entrée dans les poumons; les moyens qu'on employait ne pouvaient intercepter une poussière si fine et

si pénétrante. On se rappela enfin ceux dont se servent les enfans qui cherchent une aiguille ou s'amusent des jeux de la limaille étalée sur une feuille de papier placée au-dessus d'un aimant. On fit des masques de fil d'acier magnétisé, et on les adapta à la figure des ouvriers. De cette manière, l'air ne fut pas seulement passé, mais tamisé à travers ce treillage, et se trouva complètement dépouillé des molécules pernicieuses.

47. Il n'existe pas peut-être de résultat qui montre mieux les avantages qu'on peut tirer de la connaissance de l'ordre ordinaire de la nature sans essayer de la modifier, et toute considération de causes mise à part, que les assurances sur la vie. Rien n'est moins sûr que l'existence d'un pauvre individu, et c'est le sentiment de cette incertitude qui a donné naissance à ces sortes d'établissemens. Ils sont, par leur nature et leur but, l'inverse des spéculations de jeu, leur objet étant d'égaliser les chances, et de mettre la fortune des masses à l'abri des risques que courent les individus. Pour y parvenir avec le plus d'avantages possible, ou tout au moins avec quelque avantage, il faut nécessairement connaître les lois de la mortalité ou la moyenne du nombre d'individus qui meurent à chaque période de la vie, depuis l'enfance jusqu'à l'extrême vieillesse. Une recherche de ce genre paraît impraticable au premier coup d'œil, quelques personnes la regardent même comme une tentative présomptueuse. Elle a été faite néanmoins ; elle a même donné pour résultat

qu'en ne tenant pas compte des causes extraordinaires, telles que la guerre, la peste, etc., les extinctions suivent une marche régulière bien suffisante non-seulement pour servir de base à des estimations générales, mais encore pour calculer d'une manière exacte les risques que présentent ces sortes de spéculations. On peut donc compter sur le succès d'une institution semblable, et assurer la fortune des familles qui dépendent du travail d'un seul individu. Ces sociétés peuvent être considérées comme un trait caractéristique de la civilisation moderne. La seule chose qu'il y aurait à craindre, c'est qu'elles ne se multipliassent trop, et que la concurrence n'abaissât la prime ; ce qui causerait la série de malheurs qu'on cherchait précisément à prévenir.

48. Nous n'avons jusqu'ici considéré que les cas où la connaissance des lois naturelles nous met à même d'améliorer notre condition, en atténuant les maux que sans elle nous serions hors d'état d'éviter. Examinons maintenant ceux où nous pourrions l'employer comme auxiliaire pour accroître notre puissance actuelle et mener à fin des entreprises qui échoueraient infailliblement sans elle. Il faut d'abord nous former une juste idée de ce que sont ces forces cachées de la nature, que nous pouvons à volonté mettre en action, savoir qu'elles n'ont aucun rapport avec celles de l'homme, qu'elles peuvent braver, non-seulement les efforts de quelques individus, mais ceux de toute l'espèce.

49. Les ingénieurs savent que 36 litres de charbon consommé d'une manière convenable peuvent élever à un pied de haut soixante-dix millions de livres pesant ; c'est l'effet moyen d'une machine à feu qui est en activité dans le Cornwall. Arrêtons-nous un moment, et voyons à quoi cela équivaut dans la pratique.

50. L'ascension du Mont-Blanc, en partant de la vallée de Chamouny, est justement réputée la course la plus fatigante qu'un homme vigoureux puisse faire en deux jours. La combustion de deux livres de charbon le porterait sur la cime (1).

51. Le pont de Menai est un des ouvrages les plus étonnans qui ait été élevé de la main des hommes dans les temps modernes. Il est formé d'une masse de fer qui ne pèse pas moins de quatre millions de livres ; il est suspendu à une hauteur moyenne d'environ cent-vingt pieds au-dessus du niveau de la mer. Il eût suffi de 254 litres de charbon pour l'élever à ce point.

52. La grande pyramide d'Egypte est composée de granit. Elle a sept cents pieds de côté à sa base, cinq cents de hauteur perpendiculaire et couvre 145 hectares de surface. Son poids est donc de douze mille sept cent soixante millions de livres, en prenant, pour hauteur moyenne, cent vingt-cinq pieds. Il aurait, par conséquent, suffi pour l'éle-

----

(1) Ce nombre n'est pas tout à fait exact. La journée d'un homme équivaut à environ 4 livres de charbon. Mais l'extrême difficulté de cette ascension tient à autre chose que la hauteur.

ver de 836 hectolitres de charbon, quantité consommée en une semaine dans quelques fonderies.

53. La consommation de charbon qui se fait annuellement à Londres est évaluée à 10,620,000 hectolitres. La puissance que développe la combustion de cette quantité de combustible, pourrait élever un cube de marbre de deux mille deux cents pieds de côté, à une hauteur égale à ce même côté, ou en d'autres termes, suffirait pour placer, l'une sur l'autre, deux montagnes qui auraient pour dimensions celles de ce bloc. Le Monte-nuovo près de Pouzzole, que vomit le volcan en une seule nuit, serait élevé par un effort semblable à quarante mille pieds, ou environ huit milles.

54. Il faut observer que, dans les exemples ci-dessus, la puissance du charbon n'est pas estimée à sa valeur. Les ingénieurs n'ont pas la prétention d'avoir poussé l'économie du combustible aussi loin qu'elle peut l'être, ou d'avoir obtenu tout l'effet qu'il peut produire.

55. Il est difficile de ranger au nombre des forces cachées ou latentes la puissance du vent, celle de l'eau, dont nous fesons de si fréquentes applications. Cependant, on ne remarque pas, en général, tous les services que nous rendent ces deux agens. Ceux qui veulent se faire une idée des avantages qu'on peut tirer du premier, même sur terre, et sans parler de la navigation, n'ont qu'à jeter les yeux sur la Hollande. Une grande partie des cantons les plus fertiles et les plus peuplés de

ce pays est au-dessous du niveau de la mer, et n'est garanti des inondations que par les digues. Celles-ci suffisent pour contenir l'Océan, mais ne peuvent suspendre la loi qui régit les fluides. Ils cherchent constamment à se mettre de niveau, s'insinuent à travers les pores, gagnent les canaux souterrains qui sillonnent ce sol lâche et sabloneux, poussent à la surface, et le tiennent dans un état d'infiltration continuelle. Pour remédier à ces inconvéniens, et se débarrasser de l'eau de pluie qui n'a pas d'écoulemens, on a établi sur les écluses et sur les digues, une foule de pompes que les vents mettent en jeu. De cette manière, on épuise l'eau au moyen de l'agitation de l'air, comme à force de bras on l'épuise sur les vaisseaux. Dessécher le lac de Harlem (1), semblerait une tentative chimérique à beaucoup de théoriciens, et cependant ce projet ne présente rien d'extraordinaire à qui a l'habitude des machines à feu ; on a vu en Hollande ce que peut l'action continue de la puissance passagère mais infatigable du vent. L'ingénieur hollandais mesure sa surface, calcule le nombre de ses pompes, et se confiant, pour la réussite de son entreprise, à l'expérience qu'il a de la force du vent, tente courageusement de mettre à sec une mer intérieure que l'œil ne peut embrasser (2).

(1) Sa surface est d'environ 40,000 acres, et sa profondeur moyenne a 20 pieds.

(2) Il n'y a pas de doute que la chose ne soit pratica-

56. Il me semble presque inutile de signaler la
poudre à canon comme une source de puissance mécanique; néanmoins, ce n'est qu'en la
confinant qu'on se fait une juste idée de l'énergie
de cet agent extraordinaire. Dans une expérience
faite par le comte de Rumford, 28 grains de poudre
renfermés dans une espace cylindrique qu'ils rem-
plissaient exactement, brisèrent une pièce de fer
qui eût résisté à une force de 400,000 livres (1).

57. Mais la chimie nous a fourni les moyens de
mettre en œuvre des forces d'une espèce infiniment
plus redoutable que la poudre à canon. La violence
des compositions fulminantes est telle qu'on ne
peut la comparer qu'à celle d'un animal indomp-
table qui ne connaît aucun frein, aucune règle, ou
mieux à un de ces esprits évoqués par les sortiléges
du magicien, esprits qui manifestent une puissance fatale et qu'on ne saurait atteindre, qui
obligent le sorcier lui-même à fermer son livre et
à briser sa baguette pour échapper à l'orage qu'il
a soulevé. L'homme n'est pas encore parvenu à
faire concourir ses forces aux entreprises qu'il

ble. 100 à 120,000 hectolitres de charbon, consommés
d'une manière convenable, suffiraient pour évacuer les
eaux. Mais plusieurs personnes doutent que l'entreprise
fût utile; quelques-unes pensent même qu'il n'est pas à
désirer qu'on la tente, attendu qu'elle réduirait à la misère quelques centaines de personnes, qui vivent du produit qu'ils tirent des eaux du lac.

(1) Expériences sur la force de la poudre à canon.
Trans. Phil. vol. 87.

essaie; il y parviendra, sans doute, un jour, mais l'expansion des gaz extraits lentement des compositions chimiques et ménagés d'une manière convenable, lui présente une source de forces moins énergiques, quoique très puissantes encore, et qu'il peut employer, selon les circonstances, à divers objets utiles.

58. Telles sont les forces que la nature met à notre disposition pour exécuter nos projets. C'est à la mécanique pratique à nous apprendre à les combiner et à les appliquer de la manière la plus avantageuse; car si on ne sait en faire un bon emploi, posséder la puissance est peu de chose. La mécanique pratique est, dans la véritable acception du mot, un art scientifique, et l'on peut assurer sans crainte que la plupart de ses grandes combinaisons, de ses améliorations même les plus importantes, de ses perfectionnemens les plus délicats, sont des créations de l'intelligence pure, appuyée sur un petit nombre de propositions élémentaires, de mécanique théorique et de géométrie. On n'en finirait pas à ce sujet si on voulait s'arrêter sur tout ce qui appelle la réflexion, sur tout ce qui excite l'étonnement. Il faudrait non pas seulement des volumes, mais des bibliothèques entières pour exposer les prodiges de sagacité qui ont eu lieu dans tout ce qui a rapport à la machinerie ou à l'art de l'ingénieur. C'est à cette émulation généreuse, à ces nobles tentatives qu'est due la diffusion des produits de l'industrie; c'est grace à ses laborieuses entreprises que

chaque canton reçoit, en échange de ceux qu'il façonne lui-même, ceux qui se travaillent au loin; que nous réunissons autour de nous, dans nos maisons, dans nos meubles, la sagacité, le travail, non d'un petit nombre d'individus, mais de tous ceux qui, dans les siècles passés, dans la génération présente, ont contribué au perfectionnement des procédés de nos manufactures.

59. Les transformations de la chimie nous mettent à même de convertir les substances qui paraissent le moins utiles en objets importans. Elles nous ouvrent chaque jour des sources de richesses et de bien-être dont nos pères n'avaient pas d'idées. Ce sont de véritables présens que la science fait à l'homme. Chaque branche d'art a senti son influence, et chaque jour apporte de nouvelles preuves des ressources infinies que la chimie sait trouver dans les parties les plus stériles de la nature. Sans parler de l'impulsion que ses progrès ont donnés aux autres sciences, impulsion que nous examinerons plus tard, quels résultats singuliers et inattendus n'a pas produit son application aux objets les plus communs! Qui, par exemple, se serait avisé que les chiffons peuvent donner *plus que leur poids de sucre* lorsqu'ils sont soumis à l'action de l'un des acides les moins coûteux et les plus abondans (1)? Qui aurait pensé que des os desséchés renferment une matière nutritive

(1) L'acide sulfurique. Braconnot, Ann. de Chimie, vol. 12, p. 184,

capable de se conserver des années entières, et qui se présente sous la forme la mieux adaptée au soutien de la vie? Qui aurait cru que, pour l'extraire, il suffisait de l'application de la vapeur dont nous fesons un si fréquent usage, ou de celle d'un acide stable et peu cher (1)? Qui aurait imaginé que de la sciure de bois est susceptible de se convertir en une substance qui a de l'analogie avec le pain, et qui, moins agréable au goût que la farine, est saine, digestible (2) et très substantielle, ce qui rend la famine impossible? Quelle économie produit dans les procédés où l'on emploie les agens chimiques, la connaissance des proportions exactes dans lesquelles s'unissent les élémens naturels, et la propriété qu'ils ont de se déplacer mutuellement! Quelle perfection dans les arts où l'on fait usage du feu, soit dans ses applications les plus violentes, comme dans la fusion des métaux, soit à l'aide de flux convenables pour extraire tout le produit du minerai dans son état de pureté; soit dans ses applications les plus douces, comme dans le raffinage du sucre, qui repose sur la remarque faite par un chimiste de nos jours du degré de température auquel a lieu la cristallisation du sirop, et dans une foule d'autres qu'il est inutile d'énumérer!

60. Armé de forces et de ressources semblables,

(2) Darcet, Ann. de l'Industrie, février, 1829.

(3) Proust, Expériences du professeur Autennieth, de Tubingue.

6

il n'est pas étonnant que l'homme conçoive et
exécute des projets qui doivent paraître gigantesques à ceux qui n'en connaissent pás les bases.
S'ils eussent été proposés tout-à-coup, certes nous
les eussions rejetés comme tels. Mais, développés
ainsi qu'ils l'ont été par la lente succession des
siècles, ils nous ont fait voir qu'une génération
exécute aisément ce qu'une autre avait jugé impossible, et que la puissance de l'homme sur la
nature n'est limitée que par une condition, c'est
qu'elle doit s'exercer suivant les lois qui la régissent. L'homme doit donc étudier ces lois comme
il ferait des dispositions d'un cheval qu'il veut monter, du caractère d'un peuple qu'il est appelé à gou-
verner. Car, du moment qu'il essaie de s'affranchir
de ces règles fondamentales ou de se mesurer avec
elles, il sent vivement sa faiblesse, et reçoit le châ-
timent réservé à sa témérité. Si, au contraire, il
sait user avec discrétion des ressources qu'il a
sous la main, s'il obéit afin de mieux commander,
l'existence physique des masses peut recevoir des
améliorations auxquelles on ne saurait assigner
de bornes. Je n'oserais dire que la condition du
dernier membre d'une société civilisée vaut mieux
que celle d'un sauvage que sa valeur, ses facultés
intellectuelles ont placé au-dessus de ses compa-
gnons des bois; mais, si l'on compare les situations, si l'on considère, dans une haute civilisation,
combien d'individus peuvent vivre heureux et satisfaits, et combien peu, dans la position opposée,
parviendraient à une prééminence sociale, même

dans le cas où ils seraient le mieux servis par les circonstances, nous serons plus à même d'apprécier les avantages de la civilisation.

64. La différence avec laquelle les biens de la vie sont répartis entre les membres d'une grande communauté a dans tous les temps servi de texte à la déclamation et au mécontentement. C'est sans doute notre premier devoir d'adoucir les maux que produit cette inégale distribution, d'arracher au déshonneur et à la misère jusqu'au dernier de nos semblables. Il y a pourtant un point de vue sous lequel la peinture a été, au moins matériellement, altérée dans son expression. Si nous envisageons la société sur l'échelle immense où elle se trouve aujourd'hui, que nous la comparions avec ce qu'elle était à son enfance, il faut agrandir chaque trait dans la même proportion; si, en mettant en paralèlle les classes subalternes de la vie civilisée et de la vie sauvage, on éprouve de l'embarras à dire quelles sont les plus malheureuses, du moins ne peut-on hésiter lorsqu'il s'agit des rangs élevés. Si, en traitant cette idée, nous opposons degré à degré, si nous parcourons toute l'échelle sociale, nous serons frappés (qu'on nous passe le terme) du *rapide taux de la dilatation* qu'elle offre dans les sommités. Elle donne un avantage immense à la situation actuelle de l'espèce humaine sur celle qui l'a précédée, et il est probable qu'il en sera de même des générations à venir par rapport à nous. Nous pouvons rendre la proposition en d'autres termes; et, admettant

qu'il y a dans chaque degré un peu moins de bonheur à mesure qu'on s'élève en civilisation, nous trouverons d'abord qu'en prenant état par état, le nombre de ceux qui possèdent la plus grande somme d'avantages suit le mouvement de la société. Nous trouverons, de plus, que l'extrémité suprême de l'échelle va s'élargissant, et reçoit sans cesse de nouveaux pas. La condition d'un prince européen est aussi supérieure aujourd'hui, sous le rapport des commodités, des convenances, à celle d'un prince du moyen-âge, qu'à celle d'un de ses sujets.

62. Les avantages que donne l'augmentation de nos ressources physiques, augmentation qui est due elle-même aux progrès qu'ont fait nos connaissances, aux perfectionnemens qu'ont reçus les arts, ont cela de particulier qu'ils sont diffusibles de leur nature, et ne peuvent devenir le partage exclusif de quelques uns. Un despote de l'Orient peut dépouiller les riches, confisquer l'industrie de ses sujets; il peut répandre autour de lui un éclat, un luxe inouï, étaler au milieu de la misère publique un faste insultant, il peut se couvrir de joyaux, se parer de somptueux habits; mais il ne saurait jouir des merveilles d'une fabrication bien imaginée, exécutée avec finesse, que nous employons chaque jour. Il ne saurait jouir des commodités de la vie qui ont été inventées, éprouvées, perfectionnées, pliées à tous les usages par des milliers d'individus. Il faut, pour arriver à un état de choses dans lequel les avan-

tages physiques de la vie civilisée atteignent une
certaine perfection, il faut que la soif des jouissances, l'inquiétude de désirs qui s'éveillent, se
développent sans cesse, aient stimulé de longues
suites de générations, car il n'est pas au pouvoir
de quelques individus de faire naître ce besoin
d'applications utiles, ingénieuses, qui pourtant
conduisent seules à d'importantes, à de promptes
améliorations, à moins qu'ils ne soient soutenus
par la demande qui résulte de la diffusion des
mêmes avantages dans les masses.

63. Si cela est vrai pour les avantages matériels,
il l'est plus encore pour les choses intellectuelles. Les sciences ne peuvent être bien cultivées ni
senties par un petit nombre d'hommes; et quoique les conditions de notre existence sur la terre
soient telles que tout ce qui vient à la vie ne puisse
se promettre de la passer dans l'aisance, il n'y a
du moins aucune loi dans la nature qui réprime
nos besoins moraux et intellectuels. Les sciences
ne sont pas comme les alimens; elles ne se détruisent pas par l'usage; au contraire, elles s'é-
tendent et se perfectionnent. Elles n'acquièrent
pas peut-être un plus haut degré de certitude;
mais elles s'accréditent et se perpétuent. Il n'y a
pas un corps de doctrines, quelque complet qu'il
soit, qui ne puisse s'accroître encore. Il n'y en a
pas de si sûr, de si éprouvé qui ne gagne, qui ne se
perfectionne en passant par les mains de millions
d'hommes. Ceux qui aiment, admirent les sciences
pour elles-mêmes, doivent souhaiter que leurs

élémens soient à la portée de tous, ne fût-ce que pour voir discuter les principes sur lesquels elles reposent, voir développer les conséquences qui s'en déduisent, et recevoir cette flexibilité, cette étendue que peuvent seuls lui donner les hommes de tout rang sans cesse occupés à les plier à leur usage. Mais pour atteindre ce but, il faut qu'on les dépouille, autant que possible, des difficultés artificielles, qu'on les débarrasse des termes techniques qui tendent à leur donner un air de grimoire, à les rendre inaccessibles, à moins d'une sorte d'apprentissage. Elles ont sans doute, comme tout autre chose, des termes particuliers, des idiotismes de langage. Quant à ceux-ci, on le pourrait, qu'il ne serait pas sage de les rejeter. Mais tout ce qui tend à leur donner un aspect sauvage, un air sombre, profond, devrait être sacrifié sans miséricorde ; ne pas le faire, c'est repousser la lumière que le bon sens peut répandre sur un sujet. Empêcher qu'on établisse les principes, c'est pis encore, s'il s'agit de les appliquer à des usages pratiques ; car alors chacun a intérêt à ce qu'ils soient exprimés d'une manière assez nette pour qu'aucune méprise ne soit possible.

64. La même observation s'applique aux arts : ils ne peuvent se perfectionner que lorsque les procédés sont bien exposés, que leur langage est simple, à portée de tous. Un art est l'application des connaissances à un but pratique ; si ces connaissances ne sont que l'expérience répétée, il est *empirique*. Si l'expérience est raisonnée, fondée

sur des principes généraux, l'art prend un caractère plus élevé, et devient *scientifique*. Dans la marche progressive qui a porté l'espèce humaine de la barbarie à la vie civilisée, les arts ont nécessairement précédé la science. Toute sollicitude est d'abord acquise aux besoins qui compromettent la vie; mais une fois satisfaits, le goût du luxe s'éveille, l'ambition des superfluités se développe. On sacrifie à la vanité, à l'orgueil, à l'ostentation. Il faut, pour que les jouissances intellectuelles puissent poindre, qu'on soit fatigué de plaisirs sensuels. Lorsque les choses sont à ce point, les délices de la poésie, les arts qui en dépendent, précèdent encore les douceurs de la contemplation et les jeux plus sévères de la pensée. Quand, enfin, ceux-ci commencent à séduire, lorsque les sciences se développent, tout est d'abord pure spéculation. L'esprit secoue les chaînes qui le retenaient sur la terre, et s'abandonne au charme qu'il trouve à déployer ses forces, sa vigueur. Les abstractions de la géométrie, les propriétés des nombres, le mouvement des sphères célestes, ce qui est ardu, abstrait, imaginaire; voilà les premiers objets auxquels la science se cramponne : les applications viennent plus tard. Les arts suivent leur marche progressive; mais ils restent isolés jusqu'à ce qu'une heureuse, une puissante inspiration comble l'espace qui sépare la pratique de la théorie, et les éclaire l'une par l'autre. Ils se créent un langage, des conventions que ne connaissent que ceux qui les cultivent. Tout ce qui est empirique tend à s'en-

velopper d'expressions techniques, et se plaît à
des formes, à des mystères auxquels les adeptes
seuls sont initiés. L'expérience, en un mot, veut
surprendre, étonner par ses résultats, mais ca-
cher ses procédés. Il en est tout autrement des
sciences. Elles se plaisent aux recherches, elles
les suivent, les provoquent ; elles ne sont pleinement satisfaites des résultats qu'elles obtiennent
que lorsqu'elles sont parvenues à les étendre, à les
généraliser. Il en est de même dans les applications ; elles repoussent les mots techniques, elles
portent la lumière sur ce qui est obscur, recueil-
lent tous les procédés pour les perfectionner, les
asseoir sur des principes rationnels. On dirait que,
pour arriver à la conception des *sciences appliquées*, il faut deux choses tout-à-fait opposées. On
dirait qu'il faut à la fois jeter ses pensées dans
deux directions, et ramener brusquement ses
idées d'une station éloignée à un point également
distant de l'une et de l'autre. Ce point fut atteint
chez les Grecs par Archimède ; mais il le fut trop
tard ; il ne le fut qu'à la veille de cette grande
éclipse qui devait durer dix-huit siècles et se prolonger jusqu'au moment où Galilée, en Italie, et
Bacon, en Angleterre, dissipèrent les ténèbres,
l'un par ses inventions, ses découvertes, l'autre
par la force irrésistible de ses argumens et de son
éloquence.

65. Appliquées aux besoins de l'espèce humaine,
les sciences physiques rendent la vie plus douce,
plus assurée. Elles font mieux encore ; elles nous

habituent à raisonner nos actions , à porter dans nos rapports sociaux le calme, la sagacité qu'elles exigent elles-mêmes. La législation , la politique deviennent ainsi une sorte de sciences expérimentales. L'histoire n'est plus une pénible nomenclature d'actes tyranniques, de meurtres qui , en immortalisant les forfaits d'une génération , inspire à celle qui la suit l'ambition de les commettre. C'est une suite d'expériences heureuses et malheureuses qui tendent progressivement à la solution du grand problème, à déterminer les avantages réciproques des gouvernans et des gouvernés. Il est de jour en jour moins vrai de dire que l'expérience ne profite pas aux nations. L'économie politique, du moins, se trouve avoir pour bases des principes fondés sur la nature morale et physique de l'homme. Ces principes ont été quelquefois méconnus , quelquefois même contestés, rejetés avec dédain ; mais enfin ils ont pris faveur, et chaque génération leur donnant plus de consistance, ils finiront tôt ou tard par triompher des objections qu'on leur oppose.

DEUXIÈME PARTIE.

DES PRINCIPES SUR LESQUELS DOIT REPOSER L'ÉTUDE
DES SCIENCES PHYSIQUES ET DES RÈGLES QUI DOI-
VENT PRÉSIDER A UN EXAMEN SYSTÉMATIQUE DE
LA NATURE, AVEC DES EXEMPLES DE LEUR IN-
FLUENCE, TELS QU'EN PRÉSENTE L'HISTOIRE DE
LEURS PROGRÈS.

—

CHAPITRE I.

DE L'EXPÉRIENCE, CONSIDÉRÉE COMME SOURCE DE NOS CON-
NAISSANCES. — DU REJET DES PRÉJUGÉS. — DE L'ÉVIDENCE
DE NOS SENS.

66. L'idée de cause n'entre pas, comme nous l'a-
vons déjà observé, dans la science abstraite. Les
vérités sur lesquelles celle-ci se fonde sont nécessairement unes, et existent indépendamment de
toute cause. Il peut en réalité ne rien y avoir dans
l'espace qui ressemble à un triangle rectangle,
mais dès que nous en concevons un dans notre
esprit, nous ne pouvons refuser d'admettre que
la somme de ses trois angles est égale à deux angles droits. Si nous le supposons rectangle, nous
sommes forcés d'admettre que le carré construit
sur l'hypothénuse est égal à la somme des carrés
construits sur les côtés opposés. Soutenir le contraire serait nier qu'il est à angle droit. Personne
n'est cause que tous les diamètres d'une élipse
sont divisés en deux dans son centre. Assurer

que cela n'a pas lieu, ne serait pas se révolter contre une loi, une puissance, mais démentir son langage. *Cause* et *effet* sont, dans les sciences naturelles, les derniers rapports que l'on considère, et les *lois* maintenues ou imposées, que nous sommes à même de concevoir, pourraient avoir été tout autres qu'elles ne sont. Cette distinction est très importante. Un homme intelligent, livré à lui-même et maître de prendre son temps, peut comprendre toutes les vérités mathématiques, en partant de ces simples notions d'espace et de temps, dont il est impossible qu'il se dépouille sans cesser de penser. Mais, quelque effort qu'il fasse, le raisonnement ne lui apprendra jamais ce que deviendra un morceau de sucre si on le plonge dans l'eau ; il ne lui apprendra pas davantage quelle impression un mélange de bleu et de jaune produira sur ses yeux.

67. Nous sommes conduits à regarder l'expérience comme la source de la connaissance que nous avons de la nature et de ses lois. Nous n'entendons pas parler de l'expérience d'un individu ou d'une génération ; nous voulons parler de celle des siècles, de celle qui a été consignée dans les ouvrages ou s'est conservée par la tradition. On peut l'acquérir de deux manières : 1º en notant les faits tels qu'ils se présentent, sans chercher à les reproduire, sans modifier les circonstances qui les accompagnent, c'est l'observation ; 2º en mettant en action des causes, des objets sur lesquels nous pouvons agir, en variant à dessein leurs

combinaisons, en tenant compte des effets qui en résultent. C'est l'expérience. Les sciences naturelles n'ont pas d'autres bases. En distinguant néanmoins l'expérience de l'observation, nous n'avons pas dessein de les opposer entre elles. Elles sont essentiellement semblables, et diffèrent plus dans le degré que dans l'espèce. Les termes d'observation passive, d'observation active, exprimeraient peut-être mieux ce qui les nuance, ce qui les différencie. Il importe cependant beaucoup de fixer les divers états de l'esprit dans les recherches qui ont besoin de leur aide, ainsi que l'influence qu'elles exercent sur l'avancement des sciences. Dans le premier cas, nous écoutons avec plus ou moins d'attention un récit, peut-être obscur, fait à longs intervalles; ce n'est que par réflexion que nous en saisissons toute la portée, et souvent nous regrettons, après coup, de n'avoir pas étudié des circonstances que nous avons négligées, et dont nous apprécions trop tard la valeur. Dans ce dessein, nous discutons la chose, nous comparons l'une avec l'autre les circonstances qui l'accompagnent, et raisonnant en présence des faits, nous sommes conduits à des questions dont la solution nous met à même de nous faire des idées nettes et précises. Aussi a-t-on invariablement observé que dans les branches de physique où l'on ne peut contrôler les phénomènes, ou dans lesquelles les recherches expérimentales n'ont pu, par d'autres motifs, répandre la lumière, que les progrès ont été lents, incertains, irréguliers, tandis que celles où l'expérience a pu porter son flambeau ont été rapides, sûres et faciles. Nous ne connaissons pas plus aujourd'hui qu'on ne connaissait il y a plusieurs siècles la nature et les causes des volcans, celles des tremblemens de terre, de la chute des aérolithes, de l'apparition de certaines étoiles, de la disparition de quelques autres, celles de ces grands phénomènes qui ne dépendent pas de nous et qui sont trop rares pour qu'on puisse répéter, rectifier les impressions qu'ils produisent. C'est une relation faite lentement, par fractions. Il n'en est pas ainsi de l'astronomie. Elle offre une suite de faits non interrompus. L'observation est toujours là ; toujours elle peut fournir l'information qu'on cherche, et compense ainsi le désavantage de ne pouvoir varier son point de vue. Aussi, l'astronomie, considérée comme science de pure observation, est-elle parvenue, quoique fort lentement, à un haut degré de perfection. Mais du moment qu'elle devint une branche de mécanique, science essentiellement expérimentale, ou, en d'autres termes, science dont chaque principe peut être soumis à une épreuve immédiate et décisive, elle prit un développement rapide ; elle fit des progrès tels qu'on n'a pas craint d'avancer, et nous le croyons sans peine, que les observations faites dans les premiers âges fussent-elles détruites, on pourrait avec celles qui ont eu lieu dans un seul observatoire, pendant la vie d'un homme, en déduire les premières, en construire un ensemble tel qu'il existait d'abord. Choisissons un autre exemple. La minéralogie est, pour ainsi dire, une création moderne. La description des pierres précieuses elles-mêmes, telle que l'ont donnée Théophraste et Pline, suffisait à peine, dans la plupart des cas, pour faire reconnaître leur identité. Les choses les plus simples donnaient lieu à des méprises. A la longue, on s'est décidé à observer avec attention. On a étudié les caractères des minéraux, on en a formé un catalogue ; on a essayé de les arranger, de les disposer avec ordre, de tirer quelques conclusions générales sur les formes qu'ils prennent habituellement. Enfin, on a employé l'analyse chimique pour les résoudre en leurs principes constituans. Dès-lors, dès que, guidé par un heureux hasard, le génie de Busmann eut découvert ce fait général qu'ils peuvent se cliver dans certaines directions ; que ce clivage met à nu leurs formes primitives ou fondamentales, qui sont enveloppées dans les minéraux, comme on peut concevoir, qu'une statue est incrustée dans le marbre ; la minéralogie cessa d'être une liste de noms insignifians, un catalogue fastidieux de pierres, de cailloux ; elle devint, ce qu'elle est aujourd'hui, une science méthodique et d'un haut intérêt, dans laquelle chaque année découvre de nouveaux rapports, de nouvelles lois, de nouvelles applications.

68. L'expérience une fois reconnue comme la source de toutes connaissances de la nature, nous

devons, dans l'étude de celle-ci et des lois qui la régissent, nous défaire de nos préjugés, ou tout au moins suspendre, comme prématurée, toute notion préalable sur ce qui devrait, ou pourrait être l'ordre de la nature dans un cas donné. Nous devons nous contenter d'observer ce qu'elle est, nous en tenir rigoureusement au fait. Il faut, pour se servir avec avantage de l'expérience, une chose préliminaire, qui dépend de nous ; il faut se débarrasser de tout préjugé, de quelque part qu'il vienne, se borner aux faits, aux conséquences logiques qu'on en peut rigoureusement déduire. Du reste, on doit faire une différence entre deux espèces de préjugés qui exercent sur l'esprit une impression très distincte. Au surplus, il n'y a aucune analogie dans les moyens qu'on peut employer pour les détruire ; ce sont :

1° Les préjugés d'opinion,

2° Les préjugés de sens.

69. Par préjugés d'opinion nous entendons les opinions qui ont été admises à la hâte, soit sur l'assertion des autres, soit sur des aperçus superficiels. Nous comprenons aussi dans ce nombre des opinions qui sont le résultat d'une observation commune et qui, toujours reçues sans contestation, ont fini par produire sur nous une impression profonde. Telles sont celles, par exemple, où l'on était autrefois que la terre était le plus grand corps de l'univers ; que, placée au centre, elle s'y tenait immobile, et que le reste de la création.

était destiné à son usage ; que la nature du feu
et des sons est de s'élever ; que la lumière de la
lune est froide, que la rosée provient de l'air, etc.

70. Nous pouvons combattre ces préjugés de
deux manières, en prouvant la fausseté des faits
à l'aide desquels on les accrédite, ou en démon-
trant que les apparences qui semblent les consacrer s'expliquent d'une manière plus satisfaisante
quand on les repousse. Malheureusement les préjugés d'opinion sont vivaces et ceux qui se livrent
à l'étude des sciences naturelles doivent se tenir
en garde à cet égard. Il y aurait de la déraison à
exiger qu'un homme renonce brusquement aux
opinions, aux jugemens qui lui servaient de guide.
Aussi n'est-ce pas là ce que nous demandons.
Tout ce que nous voulons, c'est qu'il ne caresse
pas avec superstition des idées fausses, qu'il les
abandonne, qu'il les rejette dès qu'il a acquis la
preuve qu'elles ne sont pas fondées. Qui refuse
d'en agir ainsi n'est pas apte aux sciences.

71. La tenacité avec laquelle on défend l'autre
classe de préjugés, ceux de sens, est plus vive au
premier abord, mais elle est moins persistante,
moins opiniâtre. Ne pas croire ce qu'attestent nos
sens paraît en effet une chose qu'on ne saurait admettre. Ce n'est pas pourtant le témoignage de
nos sens qu'il s'agit précisément de repousser,
mais les jugemens erronnés que nous en dédui-
sons et qu'infirme un témoignage opposé ; quand
un sens, par exemple, dépose contre un autre,
ou le même sens contre lui-même, les conclu-

sions ne s'accordant pas, il faut bien convenir que l'une des deux est mauvaise. Rien ne paraît, au premier coup d'œil, plus rationnel, plus simple, moins contestable que de penser que la couleur d'un objet est une qualité qui lui est inhérente comme le poids, la dureté, etc., que voir l'objet, et le voir sous la couleur qui lui est propre, est une seule et même chose. Ce n'est pourtant là qu'un préjugé, et la preuve en est fournie par le sens même de la vision dès qu'il est mieux dirigé. En effet, quand les rayons prismatiques sont introduits dans une chambre obscure et tombent successivement sur le même objet, il revêt, quelque soit sa couleur propre, la teinte du rayon qui l'éclaire. Un carré de papier jaune, par exemple, paraît écarlate s'il est frappé par les rayons rouges, jaune s'il l'est par les jaunes, vert par les verts, bleu par les bleus. Sa couleur particulière, comme on l'appelle, ne se mêle pas le moins du monde avec celle qu'il présente alors.

72. Donnons un exemple ou deux de l'espèce d'illusion que les sens produisent sur nous, ou mieux, que nous produisons sur nous-mêmes par une fausse interprétation de leur témoignage. La lune paraît plus grande à son lever et à son coucher que lorsqu'elle est à une certaine hauteur au-dessus de l'horizon. Ce n'est pourtant là qu'une illusion ; car si on mesure son diamètre, on trouve qu'il est plus faible dans la première position que dans la seconde. Ici la vue corrige la vue d'une manière d'autant plus certaine, qu'elle

le fait au moyen de mesures précises. Dans le
ventriloquisme, l'ouïe est surprise comme tous
les autres sens , comme la vue surtout l'est quelquefois, d'une manière étrange. Tel est le cas où
la voix paraît sortir d'un corps sans vie, sans mouvement. Si nous trempons nos mains, l'une dans
de l'eau glacée, l'autre dans de l'eau chaude, et
qu'après les y avoir laissées quelque temps, nous
les plongions dans un vase rempli d'eau à la température du sang, nous éprouvons à l'une une
sensation de chaleur, à l'autre une sensation de
froid. Croisons les deux premiers doigts d'une
main , plaçons entre eux un pois que nous rou-
lerons sur une table, nous croirons, surtout si
nous fermons les yeux, que nous en avons deux.
Tenez-vous le nez en mangeant du citron, vous
n'apercevrez aucune différence entre sa saveur et
celle d'un copeau de sapin.

73. Ces exemples, et une foule d'autres, doivent nous convaincre que, quoique nous ne soyons
jamais déçus dans *l'impression sensible* que font
sur nous les objets extérieurs, nous sommes
néanmoins, dans les jugemens que nous portons,
influencés par les circonstances qui tantôt modifient ces impressions, tantôt les combinent avec
celles qui s'associent d'ordinaire à nos jugemens.
Nous devons en tenir compte dans l'évaluation
du degré de confiance que méritent nos conclusions. Nous ne parlons pas ici d'un sens dont l'organisation a été troublée; telle serait par exemple
un œil affecté d'une distorsion qui produit une vi-

sion double. Nous parlons encore moins d'une affection mentale qui pervertit la voie des impressions sensibles.

74. Comme l'esprit n'est pas en rapport immédiat avec l'objet, nous ne pouvons considérer les impressions sensibles que comme des signaux qui sont transmis au moyen d'un étonnant et inexplicable mécanisme, à notre esprit qui les reçoit, les coordonne et les lie avec les qualités qui leur correspondent, précisément comme une personne qui écrit et compose les signaux d'un télégraphe, interprète leur signification. Si, par exemple, elle observe qu'un signal déterminé est constamment suivi de l'arrivée d'un vaisseau, elle établira entre ces deux faits un rapport de même nature que celui qui unit la notion d'une grande construction en bois pourvue d'un nombreux équipage, avec l'impression qu'elle fait sur la retine d'un observateur qui serait placé sur le port.

75. On trouve dans la relation du voyage du capitaine Head à travers les *Pampas* de l'Amérique méridionale une anecdote qui vient à l'appui. Son guide s'arrêta un jour frappé d'une terreur subite et s'écria les yeux fixés en l'air : Un lion ! Aussi surpris de l'exclamation que de l'attitude, il chercha quelle en pouvait être la cause, et aperçut à une hauteur considérable une bande de condors décrivant un cercle. Au dessous, mais hors de la vue du capitaine comme du guide, gisait le cadavre d'un cheval. Sur ce cadavre était

un lion, comme le conducteur en avait bien jugé,
que les condors regardaient avec envie de la hauteur où ils se trouvaient. La manœuvre de ces oiseaux de proie avait été pour lui ce qu'eût été
l'aspect du lion lui-même.

CHAPITRE II.

DE L'ANALYSE DES PHÉNOMÈNES.

76. Les phénomènes ou apparences, pour rendre
le sens littéral de ce mot, sont les résultats sensibles des procédés et des opérations qu'on exécute
sur les objets extérieurs ou sur les principes
dont ils se composent. Ils en sont les signaux et
se transmettent à notre esprit, comme je l'ai dit
tout-à-l'heure. On peut en diverses circonstances
les rendre sensibles, c'est-à-dire qu'on peut les
analyser, démontrer qu'ils sont dus au mouvement ou autres affections des objets sensibles eux-
mêmes. On peut par exemple établir que le phénomène du son produit par une corde de musique
ou par une cloche, est le résultat d'une opération
qui consiste en un rapide mouvement vibratoire
de ses parties qui est d'abord communiqué à l'air,
puis à l'oreille, et cependant l'effet immédiat qui
a lieu sur les organes de l'ouïe n'éveille pas la
moindre idée d'un tel mouvement. Il y a d'une
autre part une foule d'exemples d'impressions sensibles que nous ne pouvons, à présent du moins,
considérer que comme de simples sensations.
Telles sont celles que produisent sur nous l'amer-

tume, la douceur, etc. Nous pourrions, si nous jugions légèrement, les considérer comme des propriétés premières, mais l'exemple du son nous apprend à être circonspects et nous porte à les envisager plutôt comme de purs résultats de quelque procédé secret qui agit sur nos organes , et qui est si subtil qu'il nous échappe. Une expérience simple rendra cette idée plus sensible. Une solution du sel que les chimistes appellent nitrate d'argent et une solution d'hyposulfate de soude produisent chacune séparément, quand on les goûte, une sensation d'amertume extrèmement désagréable, et, si on les mêle, elles sont de la plus douce saveur. Le sel désigné sous le nom de tunstate de soude est doux quand on le goûte et devient un moment après amer comme de la casse.

77. Jusqu'à quel point nous est-il donné de pénétrer les procédés intérieurs de la nature dans la production des phénomènes? Nous ne pouvons le dire. Mais à en juger par l'obscurité qui enveloppe le seul cas où nous sentions en nous la puissance secrète d'en créer, il ne paraît pas que nous puissions aller bien loin. Le cas dont il s'agit est celui de la production du mouvement par le déploiement d'une force. Nous avons la conscience que nous pouvons mouvoir nos membres et déplacer d'autres corps par leur intermédiaire; nous avons la conscience que cet effet est le résultat d'un procédé inexplicable que nous sentons, mais que nous ne pouvons rendre par des mots, et que nous désignons par celui de force. Lors même

que le développement de cette force ne produit aucun effet visible, comme lorsque nous pressons violemment nos mains de manière à les opposer entr'elles, à détruire l'une par l'autre l'effet qu'elles produisent, nous sentons à la fatigue, à l'épuisement qui en résultent, qu'il se passe en nous quelque chose dont l'esprit est l'agent et la volonté la cause déterminante. L'impression que nous recevons de la nature de la force par nos efforts, par la fatigue qui en est la suite, diffère essentiellement de celle que nous éprouvons en voyant la force déployée par d'autres produire du mouvement. Au surplus, il n'y en aurait point, nous aurions été, dès notre enfance, enfermés dans un sombre cachot, nos membres auraient été enveloppés, incrustés dans le plâtre, que cette conscience intérieure, nous donnerait une complète idée de la force; mais quand nous sommes libres, il n'y a que l'habitude qui nous mette à même de reconnaître son action au signe qui la manifeste, le mouvement, et cela en reconnaissant que la même action de l'esprit qui, dans un état de gène actuel, nous permet de nous fatiguer, de nous épuiser par la tension de nos muscles, nous donne, quand nous sommes en liberté, la faculté de nous mouvoir nous-mêmes, et de déplacer d'autres corps. Quelque obscure que soit la connaissance que nous avons de ce qui se passe en nous dans l'exercice de cet important privilége, qui seul nous permet d'agir comme cause directe, nous pouvons cependant sentir, lorsque nous met-

tons un membre en mouvement, que le siége de
l'action qui semble être dans le membre se trouve
dans le cerveau, l'épine dorsale ou dans la moëlle
épinière ; la preuve en est que, si l'on divise en un
point quelconque de sa longueur une petite fibre
appelée nerf qui forme la communication entre
le membre et le cerveau ou le membre et l'épine
du dos, quelques efforts qu'on fasse, le membre
ne se remue pas.

78. Cet exemple de l'obscurité qui enveloppe
le seul acte de causalité directe, dont nous ayons
la conscience immédiate, suffira pour montrer
combien dans l'investigation de notre nature même,
nous avons peu de chances de parvenir à la connaissance des causes premières. Il nous apprend
à borner nos recherches à celle des lois et à l'a-
nalyse des phénomènes complexes, au moyen de
laquelle on les ramène à de plus simples, que nous
sommes obligés de considérer comme causes,
faute de pouvoir les décomposer. Qui oserait se
plaindre des limites imposées à nos facultés? Nous
avons assez d'espace, nous avons un domaine assez vaste pour déployer toutes les facultés que
nous possédons. Nous pouvons d'ailleurs rapporter la plus grande partie des phénomènes à une
cause unique, à l'action de la force mécanique,
matière si vaste, qu'on a discuté si elle n'était pas
la seule qui soit capable d'agir sur les êtres matériels.

79. Rendons sensible ce que nous entendons
par la résolution des phénomènes complexes en

phénomènes plus simples. Prenons le son pour exemple. Si on considère les divers cas où se produisent des sons de toute espèce, on trouve qu'ils ont divers points communs ; 1º la détermination du mouvement dans le corps sonore; 2º la communication de ce mouvement à l'air ou autre intermédiaire qui est interposé entre le corps sonore et l'oreille; 3º la propagation de ce mouvement qui passe d'une molécule à l'autre du corps intermédiaire dans une succession convenable ; 4º la transmission des molécules, du milieu ambiant à l'oreille ; 5º la transmission qui se fait dans l'oreille aux nerfs auditifs par le moyen d'un certain mécanisme ; 6º la production de la sensation. Or, on sent qu'il y a dans cette analyse deux choses principales qu'il faut comprendre avant de pouvoir se faire une idée exacte et complète du son : 1º La détermination et la propagation du mouvement ; 2º la production de la sensation. Ce sont là deux autres phénomènes d'un ordre plus simple, ou, pour parler plus correctement, d'un ordre plus général, plus élémentaire, dans lesquels le phénomène complexe du son se résout lui-même. Si nous examinons la communication du mouvement d'un corps à un autre, ou d'une partie à un autre du même corps, nous trouvons qu'elle peut aussi se résoudre en plusieurs autres phénomènes : 1º la mise en mouvement d'un corps matériel ou d'une partie de ce corps; 2º la manière dont se comporte une molécule en mouvement quand elle en rencontre une autre sur son chemin, qu'elle est retardée par quelque autre obstacle ou influencée par sa connexion avec les molécules qui l'environnent ; 3° la manière dont agissent les molécules qui l'entravent ou l'influencent dans ces circonstances : ce qui conduit à un autre phénomène qu'il est aussi nécessaire d'examiner, celui de la liaison des parties des corps matériels en masses, au moyen de laquelle ils forment des agrégats et peuvent exercer de l'influence sur leurs mouvemens matériels.

80. Ainsi nous voyons que l'étude des phénomènes du son, conduit à la recherche, 1° de deux causes, savoir : celle du mouvement et celle de la sensation, phénomènes dont nous ne pouvons pousser l'analyse plus loin, au moins dans l'état actuel de nos connaissances. C'est pourquoi nous les admettons comme simples, élémentaires, et devant être rapportés, suivant toutes les apparences, à l'action contraire, immédiate de leurs causes ; 2° de plusieurs questions relatives au rapport qu'il y a entre le mouvement des corps matériels et la cause qui le produit, telle que : qu'arrivera-t-il si un corps en mouvement se trouve entouré par des corps en repos ? qu'arrivera-t-il si un corps en repos est choqué par des corps en mouvement ? Il est évident qu'on ne peut répondre à ces questions que par les lois du mouvement, dans le sens que nous avons attribué plus haut aux lois de la nature, c'est-à-dire, par l'exposé de ce qui arrivera dans tel ou tel cas général. Enfin, nous

sommes conduits en poursuivant l'analyse et en considérant le phénomène de l'agrégation des molécules des corps et la manière dont elles réagissent les unes sur les autres, à deux autres phénomènes généraux, savoir, la cohésion et l'élasticité de la matière. Or, ces phénomènes, nous n'avons aucun moyen de les analyser, et nous sommes, par cette raison, jusqu'à ce que nous soyons conduits à un résultat contraire, obligés de les considérer comme des *phénomènes* primitifs qui sont dus à l'action directe de la *force* d'attraction et de répulsion.

81. Nous avons, ainsi que je l'ai déjà dit, la conscience de la force, en tant qu'elle est contrebalancée par une force opposée ; et quoiqu'il nous paraisse étrange que la matière soit capable d'exercer sur la matière la même espèce d'effort que nous sommes disposés, d'après cette conscience , à considérer comme mentale , nous ne pouvons pas, néanmoins, repousser le témoignage direct de nos sens qui nous font éprouver, quand nous tendons un ressort d'une main, une opposition exactement semblable à celle que pourrait produire l'autre main ou quelque autre individu. La recherche de l'agrégation de la matière se résout donc en la question générale : comment se comporteront des molécules matérielles sous l'action réciproque de forces opposées capables de se contrebalancer? et la loi de l'équilibre , quelle qu'elle soit, peut seule y répondre.

82. La cause de la sensation doit être regardée

comme beaucoup plus obscure que celle du mouvement. Elle le doit d'autant plus que nous n'en avons aucune connaissance intime ; c'est-à-dire, que nous n'avons aucun moyen d'appeler la sensation par quelque acte de notre esprit et de notre volonté. Il est vrai que nous nous en approchons, puisque, par un effort de mémoire et d'imagination , nous parvenons à produire dans notre esprit l'impression ou l'idée d'une sensation qui égale quelquefois en vivacité la réalité même. Dans les rêves et dans quelque dérangement de nerfs , nous avons des sensations sans objets. Mais si nous ne pouvons nous rendre compte de la force comme cause du mouvement au moment même où nous la déployons , combien doit nous. paraître plus obscure l'autre cause dont nous ne pouvons exécuter qu'imparfaitement les effets par un acte volontaire, et de l'action purement intérieure de laquelle nous avons seulement la conscience, fût-ce même dans un état qui nous prive du raisonnement et presque de l'observation !

83. Abandonnant alors comme au-dessus de notre portée l'examen des causes, nous nous bornerons à celle des lois qui régissent les phénomènes et qui semblent leurs résultats immédiats. Concluons de l'exemple que nous venons de citer que toute excursion dans la nature intime d'un phénomène complexe se divise en autant de recherches distinctes qu'il y a de phénomènes simples et élémentaires , dans lesquels il puisse être résolu ; que l'étude de la nature offrirait moins

de difficultés, s'il était possible de déterminer, par quelque moyen, quels sont les premiers phénomènes auxquels peuvent se ramener tous les composés qu'elle présente. Mais il n'y a aucune manière de le faire *à priori*. Il faut avoir recours à la nature elle-même, se guider sur la règle que suit le chimiste dans son analyse, regarder chaque ingrédient comme élémentaire, jusqu'à ce qu'il puisse être décomposé. Nous devons, comme lui, admettre que chaque phénomène est élémentaire ou simple, jusqu'à ce que nous parvenions a l'analyser, et prouver qu'il est le résultat d'autres phénomènes qui, à leur tour, deviennent élémentaires. Il nous est donc permis de parler de causes dans un sens modifié et relatif, n'entendant pas par-là ces premiers principes d'action sur le développement desquels repose toute la nature ; mais de ces anneaux les plus proches qui lient des phénomènes donnés avec d'autres d'un ordre plus simple, plus élevé et plus général. Nous pouvons regarder la vibration d'une corde de musique, par exemple, comme la cause prochaine du son qu'elle produit, et la recevoir comme un fait primitif renvoyant pour un examen ultérieur à la cause des vibrations qui est plus générale et d'un ordre plus élevé.

84. En chimie, quoiqu'on ne puisse les isoler, on est quelquefois forcé d'admettre des élémens qui diffèrent de ceux qu'on connaît déjà, et de convenir que ces substances ont les caractères des composés, et sont, par conséquent, susceptibles

d'analyse, sans savoir pourtant comment s'y prendre pour la faire : de même en physique on sent
qu'un phénomène est complexe, quoiqu'on soit
hors d'état de le suivre dans tous ses détails. Dans
le magnétisme, par exemple, l'action de l'électricité est clairement démontrée, et on prouve qu'ils
sont l'un à l'autre dans le rapport de l'effet à la
cause, du moins en tant que tous les phénomènes
du magnétisme peuvent être produits par l'électricité, et cependant aucun phénomène électrique n'a
jusqu'ici été produit par le magnétisme. Mais l'a-
nalyse du magnétisme, dans ses rapports avec les
métaux particuliers, n'a pas été faite d'une manière satisfaisante, et nous sommes forcés de reconnaître l'existence d'une cause quelconque, soit
prochaine soit dernière, qui existe dans l'un, ne
se manifeste pas dans l'autre, et en fait la diffé
rence. Des cas semblables offrent le plus haut intérêt. Ils poussent à l'examen, semblent toucher
à la solution de l'énigme; ils nous montrent où
est la lumière, qu'il n'y a qu'un voile à soulever.

85. Quand nous nous trouvons arrêtés dans
nos recherches par un phénomène dont nous ne
pouvons nous rendre compte, et que nous som-
·mes, par conséquent, forcés de rejeter, au moins
provisoirement, dans la classe des faits ultérieurs,
et de regarder comme élémentaire, l'étude de ce
phénomène et des lois qui le régissent forme
une branche de science particulière. S'il se présente dans l'analyse de plusieurs phénomènes
composés, il prend plus d'intérêt et acquiert plus

d'importance ; nous obtenons en même temps
une connaissance relative au phénomène même ,
en observant ceux avec lesquels il se rencontre
d'ordinaire, ce qui peut nous conduire à en dévoiler la nature. C'est ainsi que les sciences se
développent et acquièrent une relation et une dé-
pendance mutuelles. C'est ce qui nous rend aussi,
à la longue, capables de suivre la marche et les
analogies qui existent entre les grandes branches
de la science, et nous fait voir, en dernier résultat, qu'elles reposent sur un phénomène commun,
d'une nature plus générale et plus élémentaire
que celui qui forme le sujet qu'elles poursuivent séparément. C'est ainsi, par exemple, qu'on avait
reconnu, avant la grande découverte de l'électro-
magnétisme, par Oërsted, une ressemblance générale entre l'électricité et le magnétisme, et il a été
établi que les phénomènes capitaux de l'un avaient
leurs correspondans dans l'autre. C'est encore ainsi
que l'analogie qui subsiste entre le son et la lumière
a été découverte par une série de rapports qui ne
permettent pas de douter de leur intime coïncidence dans un phénomène commun, le mouvement vibratoire d'un milieu élastique. Qu'on nous
permette encore de tirer nos preuves de la chimie,
de fonder son application, non pas sur ce qui a
été fait, mais sur ce qui se fera un jour, et de dire
que la ressemblance de famille, entre certains
groupes de corps regardés maintenant comme
élémentaires (tels que le nickel, le cobalt, le chlore, l'iode et le brome), conduira peut-être à recon-

naître dans la suite des rapports d'une espèce plus intime , qui nous échappent à présent.

86. On devrait étudier avec le plus grand soin, l'attention la plus minutieuse, les phénomènes que l'on rencontre dans une analyse de la nature et qui repoussent une décomposition ultérieure. On devrait le faire non seulement parce qu'ils rendent raison d'une foule d'observations, qu'ils servent à grouper, à classer une masse de faits prodigieux, mais parce qu'ils sont d'un ordre plus élevé et que c'est en eux que nous devons chercher l'action directe des causes, l'expression la plus étendue, la plus générale des lois de la nature. Une fois connues, ces lois nous donnent l'explication des faits particuliers et deviennent les bases de raisonnemens qui se trouvent indépendans d'essais particuliers. Elles jouent dans la philosophie naturelle le même rôle que jouent les axiomes dans la géométrie. Elles contiennent comme dans une sorte de condensation ce que nous pouvons déduire de l'expérience pour nous mettre à même de suivre le développement des vérités de la physique par la simple application d'un argument logique. A la vérité, les axiomes en géométrie peuvent en quelque façon être considérés, non comme un appel matériel, mais comme un appel mental qu'on fait à l'expérience. Si nous disons que le tout est plus grand que la partie, nous énonçons un fait général qui repose, il est vrai, sur les idées que nous nous fesons du tout et de la partie; mais en abstrayant ces notions, nous commençons

à les considérer comme subsistant dans l'espace, dans le temps et en nature. Nous fesons davantage; nous les envisageons comme existant dans un espace linéaire, superficiel et solide. Bien plus : si nous disons, les égaux des égaux sont égaux, nous comparons mentalement des espaces égaux, des temps égaux, etc., en sorte que ces axiomes, quelque évidens qu'ils soient par eux-mêmes, ne sont encore que des propositions générales qui, bien loin d'être le résultat de l'induction, ne s'offriraient pas même à l'esprit si l'expérience ne les lui présentait. La seule différence qu'il y ait entre les uns et les autres, c'est que, quand on construit ceux de géométrie, les exemples s'offrent d'eux-mêmes, ne se font pas chercher; ils sont simples et peu nombreux; au contraire, quand on formule ceux de la nature, on en trouve un grand nombre, mais compliqués, peu directs, en sorte qu'il faut beaucoup de soins et d'adresse, même pour les mettre en saillie.

87. Le phénomène le plus général que nous connaissions, celui qui se présente le plus constamment dans les recherches qui nous occupent est le mouvement et sa communication. Aussi la dynamique ou la science des forces et du mouvement est-elle placée à la tête de toutes les sciences; mais heureusement pour les connaissances humaines c'est aussi une de celles où l'on peut arriver au plus haut degré de certitude; certitude qui ne le cède pas à celle d'une démonstration mathématique. Les axiomes sont peu nombreux, simples, très distincts, très définis et ont en même temps une

relation immédiate avec la quantité géométrique, l'espace, le temps et la direction. Ils se prêtent ainsi avec une facilité remarquable aux raisonnemens géométriques. On peut, d'après cela, pousser jusqu'à une certaine étendue leurs conséquences par des argumens purement mathématiques. On le peut d'autant plus que la limite de nos connaissances en dynamique n'est déterminée que par celle des mathématiques pures; ce qui n'a lieu dans aucune autre branche de physique.

88. Mais comment résoudre un phénomène composé en de plus simples? Existe-t-il des règles générales pour y parvenir? non, il n'en existe aucune, si ce n'est celles qu'ont établies les chimistes pour l'analyse des substances dont tous les principes sont inconnus. Des règles semblables, si on pouvait les découvrir, embrasseraient toutes les sciences naturelles, mais nous sommes loin de les posséder. Il faut néanmoins ne pas oublier que l'analyse des phénomènes, philosophiquement parlant, est surtout utile en ce qu'elle nous met à même de reconnaître et de réserver pour une investigation spéciale ceux qui nous paraissent simples, d'entreprendre de déterminer méthodiquement leurs lois, de faciliter ainsi la formation d'axiomes généraux ou de formules qui les renferment tous, qui les fassent, pour ainsi dire, passer du monde extérieur dans le monde intellectuel, qui les rendent le produit de la pensée pure et nous permettent d'en raisonner *à priori*. Ce qui rend inappréciable la faculté de procéder ainsi, c'est

qu'en partant des généralités pour descendre aux cas particuliers, les propositions auxquelles on arrive s'appliquent à une multitude immense de combinaisons, de cas qui ne s'étaient jamais présentés à l'esprit, dans les opérations intellectuelles auxquelles est due la découverte des axiomes. Bien plus, si l'on pousse le raisonnement jusqu'aux dernières limites de la particularité, leur résultat se présente sous la forme de *faits individuels* que n'eût pas signalés l'expérience immédiate. Nous ne parvenons pas seulement ainsi à l'explication de tous les faits connus, nous arrivons encore à la découverte de quelques uns qui ne l'étaient pas. On en a déjà vu un exemple remarquable dans la découverte *à priori*, faite par Fresnel, de la réfraction extraordinaire de deux rayons dans un milieu doublement refringent. On peut en citer un autre. La loi de la gravitation est un axiome physique d'une haute, d'une générale importance qui a été fondé par une série d'inductions et d'abstractions fournies par l'observation des faits nombreux et des lois secondaires du système planétaire. Cette loi reconnue, admise comme base du raisonnement appliqué à l'état actuel de notre planète, ont conduit entre autres à cette conséquence, que la terre, loin d'être une sphère parfaite, doit être comprimée ou aplatie dans la direction de son diamètre polaire, qui est plus court que le diamètre équatorial. Cette conclusion à laquelle on n'était d'abord arrivé que par le seul raisonnement, a été plus tard confirmée par l'expérience ;

toutes les prédictions astronomiques sont des exemples de ce génre.

89. Nous n'avons absolument aucun guide dans l'analyse des phénomènes. Il n'en est pas tout-à-fait ainsi dans la formation des axiomes de la nature. Le raisonnement général ou abstrait nous indique, en grande partie, la marche que nous avons à suivre. Une loi de la nature, étant l'expression de ce qui arrive dans certaines circonstances générales, doit être considérée comme l'énoncé de tout un groupe ou classe de phénomènes. Chaque fois, par conséquent, que nous apercevons que deux, trois ou un plus grand nombre de phénomènes présentent assez de points communs ou ont entre eux des analogies assez remarquables pour que nous puissions les considérer comme formant une classe ou groupe, si nous fesons abstraction de toutes celles par lesquelles ils diffèrent, et que nous ne tenions compte que de celles dans lesquelles ils se confondent, nous formerons, à l'aide de cette espèce de convention mentale, une définition ou description qui pourra s'appliquer à tous ; une définition semblable prendra la forme d'une proposition générale qui aura tout au moins, jusqu'à nouvel ordre, le caractère d'une loi de la nature.

90. Par exemple, un grand nombre de substances transparentes, lorsqu'elles sont exposées d'une manière particulière à un faisceau de lumière qu'on a préparé en lui fesant subir certaines réflexions ou réfractions, et qui a acquis de

la sorte des propriétés particulières, ou, comme
on dit, a été polarisé, déploient de belles, de vives
couleurs, disposées en bandes, raies, etc., d'une
grande régularité, qui semblent naître dans la
substance, et qui, d'après une certaine succession
régulière qu'elles présentent dans leur apparence,
sont appelées « couleurs périodiques. » Parmi les
substances qui offrent ces couleurs, on en trouve
un grand nombre qui sont solides, transparentes,
mais on n'en rencontre aucune qui soit fluide ou
solide opaque. Il semble, d'après cela, que l'analogie de nature est assez forte pour nous permettre d'employer un terme général, et d'énoncer
comme une loi que les *solides transparens* déploient des couleurs périodiques lorsqu'ils sont
exposés à la lumière polarisée. Bien que la chose
soit vraie de plusieurs, on ne peut néanmoins
l'appliquer à *tous* les solides transparens; on ne
peut, par conséquent, l'établir sous cette forme
en vérité générale, en loi de la nature, quoique
la proposition inverse, c'est-à-dire que tous les solides qui montrent de telles couleurs dans telles
circonstances sont transparents, soit exacte et
générale. Il est donc nécessaire de faire une liste
de ceux auxquels on peut l'appliquer. Un grand
nombre de substances de toutes espèces seront
ainsi réunies dans une classe que constitue cette
commune propriété. Si nous examinons les individus que renferme ce groupe, nous trouvons
qu'ils présentent la plus grande variété de couleur, de texture, de poids, de dureté, de forme

et de composition ; de telle sorte que, sous ce rapport, nous paraissons avoir fait un assemblage de contraires. Mais si nous les explorons avec soin, si nous les étudions dans leur ensemble, nous trouvons que tous jouissent de la même propriété, que tous possèdent la double réfraction, que nous pouvons, par conséquent, les décrire comme des substances doublement réfringentes. Nous sommes donc autorisés à énoncer comme un fait, que les substances douées de la double réfraction offrent des couleurs périodiques lorsqu'on les expose à la lumière polarisée. Ainsi posée, la proposition a été reconnue vraie, non seulement pour les cas que nous avons signalés d'abord, mais pour tous ceux qui se sont présentés depuis, sans exception. Ainsi elle est générale, et doit être regardée comme une loi de la nature.

91. Nous pouvons donc regarder une loi de la nature, 1° comme une proposition générale énonçant en termes abstraits tout un groupe de faits particuliers relativement à la manière d'agir des agens naturels dans des circonstances données ; 2° comme une proposition exprimant que toute une classe d'individus qui s'accordent dans un caractère s'accordent aussi dans un autre. Par exemple, dans le cas dont il s'agit, la loi à laquelle on arrive renferme entre autres, dans son énoncé général, les faits particuliers que le cristal de roche et le salpêtre déploient des couleurs périodiques, car ce sont deux substances douées de la double réfraction ; 3° elle peut être considérée

comme énonçant une relation entre les deux phénomènes de double réfraction et la production
de couleurs périodiques, qui est, dans le cas actuel, une des plus importantes, savoir la relation
d'*association constante*, puisqu'elle établit que,
si un corps présente l'une de ces propriétés, il
jouit invariablement de l'autre.

92. Les deux points de vue sous lesquels peut
s'envisager l'énoncé d'une loi générale, quoique
menant au même résultat, exercent néanmoins
une influence bien différente sur nous. Dans le
premier, une loi n'apparaît guère que comme
une sorte de mémoire artificielle; dans le second,
au contraire, elle se présente comme une espèce
de guide qui nous mène directement à la recherche, si ce n'est d'une cause dernière, du moins
d'une cause prochaine. Elle y pousse d'autant plus,
que toutes les fois qu'on observe que deux phénomènes sont unis d'une manière invariable, on
en conclut qu'ils ont entre eux les rapports de
cause et d'effet, ou qu'ils sont les effets communs
d'une même cause.

93. Il y a un autre point de vue sous lequel on
peut envisager une loi de l'espèce de celle dont il
s'agit. On peut la considérer comme une proposition qui énonce la liaison mutuelle, dans quelques circonstances même, l'entière identité de
deux classes d'individus, soit objets, soit faits individuels. C'est peut-être la manière la plus simple
et la plus instructive de la concevoir, et celle qui
se prête le plus à la généralisation que peut exi-

ger la formation d'axiomes plus élevés. Dans le
cas, par exemple, dont il vient d'être question, si
l'observation nous avait mis à même de constater l'existence d'une classe de corps jouissant
de la propriété de la double réfraction, que des
observations d'une autre espèce nous eussent
amenés à reconnaître une classe de substances qui,
exposées à la lumière polarisée, possèdent celle
de déployer des couleurs périodiques, une simple
comparaison des listes établirait l'identité des
deux classes, ou nous mettrait à même de nous
assurer si l'une est ou n'est pas renfermée dans
l'autre.

94. Ainsi se révèle, dans les sciences physiques,
la haute importance d'une classification juste,
précise; ainsi se manifeste l'avantage qu'il y a de
pouvoir ranger sous des titres de chapitres bien
choisis, des points de concordance généraux, les
faits particuliers ou les objets individuels, et à
cet égard on ne saurait mieux faire que de prendre les phénomènes simples dans lesquels ils
pouvaient être résolus. En procédant ainsi, chacun de ces phénomènes ou têtes de classification
devient non un fait particulier, mais un fait général. Et quand ces faits généraux sont assez nombreux, ils deviennent à leur tour l'objet d'une espèce de classification plus élevée, et sont eux-
mêmes compris dans des lois qui coordonnent des
groupes, et non des faits particuliers. Ils acquièrent
un degré de généralité beaucoup plus étendu,
jusqu'à ce qu'à la longue, en continuant cette ma-

nière de procéder, ils se transforment en axiomes qui aient toute l'extension dont la science est
susceptible.

95. C'est à cette manière de procéder que nous
donnons le nom d'induction, et il résulte de ce
qui vient d'être dit qu'elle peut être conduite de
deux manières ; savoir, en juxta-posant, en comparant des classes connues, en notant les rapports, les différences qu'elles ont entr'elles, ou en
étudiant les individus d'une classe et en cherchant à déterminer quels caractères leur sont
communs indépendamment de ceux sur lesquels
repose leur classification. On peut employer l'une
ou l'autre de ces méthodes, suivant les facilités
qu'elles présentent pour les recherches. Mais,
toutes les fois que les faits sont nombreux, bien
observés, classés convenablement, la première est
celle qui mérite la préférence ; c'est l'inverse dans
le cas contraire. L'une est mieux adaptée à la
maturité, l'autre à l'enfance de la science. L'une
emploie comme un instrument la division du
travail, l'autre repose principalement sur la pénétration individuelle, exige une réunion de plusieurs branches de connaissances en une seule
personne.

CHAPITRE III.

DE L'ÉTAT DES SCIENCES PHYSIQUES EN GÉNÉRAL AVANT LE SIÈCLE DE GALILÉE ET DE BACON.

96. C'est l'immortel Bacon qui énonça, qui développa lui-même ce grand, ce fécond principe que la philosophie naturelle ne se compose que d'une série de généralisations inductives, qui, commençant par des particularités le plus circonstantiellement établies, sont ensuite transformées en lois universelles ou axiomes qui embrassent dans leur énoncé tout degré de généralité moins étendue, et d'une série correspondante de raisonnemens inverses qui descendent des faits généraux aux faits particuliers. Au moyen de ces raisonnemens, on pousse les axiomes jusque dans leurs conséquences les plus éloignées, et on en déduit toutes les propositions particulières, celles dont la considération immédiate nous a conduits à leur découverte, comme celles dont nous n'avions pas auparavant la moindre connaissance. Nous devons, dans cette excursion, rencontrer tous les faits sur lesquels reposent les arts, les travaux qui ont pour but d'adoucir la vie. Nous devons, par conséquent, acquérir l'ascendant que donne une pratique illimitée et une entente des forces de la nature qui croît à mesure que ces forces se développent : noble perspective qui doit nous faire faire les plus généreux efforts. Elle le doit d'autant plus, que nous avons la preuve qu'elle n'est ni

vaine ni téméraire, que nous avons constamment
obtenu des succès que, dans ses plus hautes espérances, son illustre auteur n'eût osé se permettre.

97. On peut dire qu'avant la publication du Novum Organum de Bacon, la philosophie naturelle,
dans l'acception que ce mot doit avoir, existait à
peine. Si nous examinons les philosophes grecs
des premiers âges, dont nous pouvons apprécier
d'une manière positive, quoique très restreinte,
les connaissances scientifiques, nous sommes
frappés du contraste qu'il y a entre la subtilité
qu'ils ont déployée dans la discussion, les prodigieux succès qu'ils ont obtenus dans les raisonnemens abstraits, l'admirable sagacité dont ils ont fait
preuve dans les sujets purement intellectuels, et
le peu de soins qu'ils apportaient dans l'étude de
la nature extérieure. Ils tiraient, dans certains
cas, les conclusions les moins logiques de principes de généralisation fondés sur des faits peu
nombreux et mal observés : dans d'autres, ils se
prévalaient avec une légèreté inconcevable de
principes abstraits qui n'existaient que dans leur
imagination ; ils employaient de simples formes
de mots qui ne se rapportaient à rien dans la nature, et dont cependant ils déduisaient comme
d'autant de données d'axiomes mathématiques,
tous les phénomènes et les lois qui les régissent.
Ainsi, par exemple, ils s'étaient mis en tête que
le cercle est la plus parfaite des figures, ils en con-
cluaient naturellement que les révolutions des
corps célestes doivent se faire suivant des cercles

exacts et avec des mouvemens uniformes, et si
l'observation établissait le contraire, il ne leur venait pas dans l'esprit d'élever des doutes sur le
principe. Loin de là, ils ne songeaient qu'à sauver
leur perfection idéale, et, pour y parvenir, il n'est
sorte de combinaisons, de mouvemens circulaires
qu'ils n'imaginassent.

98. Nul doute qu'il n'y eût parmi eux des hommes d'un talent supérieur, d'une vertu rare, et
qui feraient la gloire, l'ornement de leur espèce ;
mais, considérés en masse, ils n'apparaissent que
comme une tourbe de disputeurs avides de renommée, trop occupés à entretenir l'ascendant
qu'ils avaient pris sur leurs prosélytes, leurs ad-
mirateurs par l'étalage de connaissances supérieu-
res, pour avoir le loisir, lors même qu'ils en auraient eu la volonté, de fonder leurs prétentions
sur des bases sûres et profondes, et cependant
trop sensibles à la défaveur qui suit une méprise
pour ne pas défendre les dogmes qu'ils avaient
une fois promulgués, quelque superficiels qu'ils
fussent. De là, les idées fausses, les vues chimé-
riques dont leurs systèmes sont surchargés ; leurs
éternelles controverses sur des subtilités de mots,
et, ce qui est pire encore, l'orgueilleuse prétention avec laquelle ils cachaient leur ignorance et
leur apathie à la faveur d'un jargon inintelligible
ou de dogmatiques assertions. Ce travers, néanmoins, appartient plus aux philosophes des derniers temps de la Grèce qu'à ceux qui vivaient à
l'époque de sa splendeur. Si l'on peut juger de

leurs opinions par les données incertaines et contradictoires qui sont parvenues jusqu'à nous, ce goût des recherches rationnelles semble avoir été plus vif, mais non moins inquiet parmi les uns que parmi les autres. Nous ne savons pas au juste quel sens Thalès attachait à son opinion, que l'eau était l'origine de toutes choses ; mais les géologues modernes concevront sans peine , qu'un voyageur qui observe, puisse se pénétrer de cette idée sans avoir recours aux souvenirs mystiques de l'Egypte ou de la Chaldée. Ses opinions sur les éclipses et sur la nature de la lune étaient fondées, et sa prédiction d'une éclipse de soleil fut suivie de circonstances si remarquables , qu'elle a été soumise à une discussion sévère de la part des astronomes modernes. Au milieu de notions grossières, mal exposées , Anaxagore avait des idées assez justes sur la cause des vents, sur celle de l'arc-en-ciel. Il raisonnait d'une manière moins absurde sur les tremblemens de terre, que ne l'ont fait, de nos jours, une foule de géologues. Il semble, qu'en général, il observait la nature et tirait de ses phénomènes de justes inductions. Pythagore, de son côté, soit qu'il se fût élevé de lui-même à ce résultat, soit qu'il l'eût emprunté aux prêtres de l'Egypte ou de l'Inde, était parvenu à se faire une idée exacte de la disposition générale des parties du système solaire et de la place qu'y occupe la terre. Il avait même, à ce qu'on prétend, été jusqu'à considérer l'attraction du soleil comme le lien qui les unissait.

99. Mais ceux qui succédèrent à ces observateurs de la nature avilirent l'étendard de la vérité, et, profitant du crédit justement attaché à leurs découvertes, ils renoncèrent au rôle modeste de savans, s'érigèrent en docteurs, et affectèrent le ton d'hommes qui n'ont plus rien à apprendre. Malheureusement pour la vraie science, le caractère national encourageait les prétentions de cette espèce. La vague inquiétude, le besoin d'innover qui distinguaient les Grecs dans leurs rapports civils et politiques, les poursuivaient encore dans leur philosophie. Les rêveries les plus étranges, si elles étaient ingénieuses, nouvelles, avaient pour eux un attrait irrésistible. Le philosophe qui pouvait revêtir une pensée saillante d'un langage brillant, s'éviter, éviter à ses partisans, à l'aide d'une assertion hardie, l'ennui de penser ou de raisonner, devenait aussitôt célèbre, et acquérait souvent, à peu de frais, une renommée de savoir extraordinaire. S'il avait quelques notions des faits les plus communs, les plus évidens, il les revêtait des termes abstraits, les érigeait en principes, signalait comme impie, comme absurde tout ce qui leur était opposé, et sa réputation était faite.

100. Dans cette guerre de mots, l'étude de la nature était négligée, et la patiente, la modeste recherche des faits, considérée comme indigne d'un sage. L'erreur radicale de la philosophie grecque fut d'imaginer que la méthode qui avait donné de si beaux résultats en mathématiques était applicable en physique, et qu'en partant de no-

tions simples, de notions presque évidentes ou
d'axiomes, on pouvait tout discuter. Aussi voit-on
ceux qui la cultivent constamment occupés à découvrir ces principes qui doivent devenir si féconds.
L'un fait du feu la matière essentielle et l'origine de
l'univers, et l'autre adopte l'air; un troisième trouve la solution et l'explication de tous ces phénomènes dans le το απειρον ou l'infini; un quatrième
les voit dans le το ον et le το μη ον, c'est-à-dire, dans
l'entité et la non entité. Enfin, un philosophe qui
devait commander deux mille ans à l'opinion dé-
cida que la *matière*, la *forme* et la *privation* devaient être considérées comme les principes de
toutes choses.

101. Ce serait néanmoins être injuste envers
Aristote que de le juger sur un exemple semblable. Il sentit la nécessité d'avoir recours à la nature pour tout ce qui concerne les principes de la
physique, et, comme observateur, comme compi-
lateur, comme historien des faits et des phénomènes, il fut pour son temps sans égal. On ne
peut s'en prendre qu'à cette triste manie qui
régnait alors de disputer sur les mots, s'il se con-
tenta de ces notions vagues et diffuses que donne
une observation vulgaire, au lieu d'examiner avec
soin, de chercher dans des exemples bien appréciés,
bien choisis, les véritables lois de la nature. Ses
nombreuses productions qui embrassaient toutes
les connaissances humaines ont péri pour la plupart. Son ouvrage sur les animaux nous met cependant à même d'apprécier son talent d'observa-

tion, et la comparaison qu'a faite un excellent professeur d'Oxford de ses classifications avec celles des plus célèbres naturalistes de nos jours, atteste combien son coup-d'œil était juste ses vues profondes, et quel contraste elles présentent avec la confusion, le vague et la présomption de ses opinions physiques. On reconnaît aisément dans celles-ci un esprit qui n'obéit pas à son allure, qui est dominé par le besoin de dire quelque chose de savant, de systématique : ainsi, il divise les mouvemens en naturels et non-naturels. Le mouvement naturel du feu, des corps légers étant de s'élever, celui des corps pesans étant de descendre, ils obéissent chacun à leur nature ; les uns tendent au ciel, les autres vers la terre. Les impressions immédiates, par exemple, que font sur nous les objets extérieurs, tels que la dureté, la couleur, la chaleur, etc., tiennent, dans la philosophie d'Aristote à des qualités occultes, en vertu desquelles elles sont ce qu'elles sont, et au-delà desquelles il est inutile de pousser ses recherches (1). Il y a, sans aucun doute, des limites que

(1) Voici un exemple de la manière dont procède la philosophie d'Aristote. Pour prouver l'immutabilité et l'incompatibilité, elle raisonne ainsi :

I. La mutation est ou génération ou corruption.

. II. La génération et la corruption n'ont lieu qu'entre contraires.

III. Les mouvemens des contraires sont contraires.

IV. Les mouvemens célestes sont circulaires.

V. Les mouvemens circulaires n'ont pas de contraires

les facultés purement humaines ne sauraient franchir; mais où se trouvent ces limites? L'expérience seule peut nous l'apprendre. Soutenir que nous les avons atteintes passe généralement pour un caractère certain de dogmatisme.

102. Dans les premiers temps de l église, on poursuivit les écrits d'Aristote comme donnant trop aux sens, à la raison. On alla p us loin au douzième siècle : on les livra aux flam nes, on excommunia ceux qui se permettaient de les lire. Peu à peu cependant ils prirent faveur, et devinrent enfin les œuvres de prédilection de tout ce qui se livrait à l'étude. Ils fesaient les délices des scolastiques, et leur fournissaient des armes pour la controverse. On les citait, on en appelait dans

α. Parce qu'il ne peut y avoir que trois mouvemens simples.

I. Vers le centre.

II. Autour du centre.

III. Partant du centre.

β. De trois choses, une seule peut être contraire à l'autre.

γ. Mais un mouvement qui tend au centre est manifestement contraire à celui qui part du centre.

δ. Par conséquent celui qui se fait autour des autres (le circulaire) n'a pas de contraire.

VI. Par conséquent, les mouvemens célestes n'ont pas de contraires; — par conséquent, parmi les choses célestes, il n'y a pas de contraires; — par conséquent, le ciel est éternel, immuable, incorruptible, etc.

Voyez Galilée, *Systema cosmicum dial.*, p. 30.

toutes les discussions à leur autorité souveraine ;
de sorte qu'une proposition, pour peu qu'elle dif-
férât de celle du « grand maître », était à l'instant
étouffée par les clameurs, et celui qui l'avait
émise réduit au silence par un argument encore
plus efficace : par une violente persécution. Si la
logique de cette époque barbare peut être définie
avec raison « l'art de parler d'une manière inintelligible sur des choses qu'on ne connaît pas, »
on doit considérer sa physique comme une préférence réfléchie de l'ignorance au savoir en matières d'expérience et d'usage quotidien.

103. Dans « cette obscurité de la nature et de
l'ame, » la malheureuse activité des alchimistes fesait seule jaillir de temps à autre une douteuse
étincelle (1), et l'illustre Bacon resplendit dans ces
ténèbres comme une étoile matinale qui annonce
l'aurore. Ce ne fut cependant qu'au seizième siècle qu'on commença à se livrer à l'observation de
la nature, à étudier celle-ci d'une manière régulière
et progressive. L'efficacité que Paracelse attribuait
à ses remèdes chimiques, à ses élixirs, la répro-
bation dont il frappait l'ancienne pharmacie, tout
cela, appuyé comme il le fut par des cures sur-

(1) Macquer observe avec raison que les alchimistes
ont rendu à la chimie un service essentiel; qu'ils ont
rapporté aussi clairement celles de leurs expériences qui
n'ont pas réussi, qu'ils ont enveloppé d'obscurité celles
qu'ils prétendent avoir été couronnées de succès. (Macquer, Dict. Ch.)

prenantes, convainquit les médecins ratio nnels que la chimie peut fournir d'excellens moyens de guérison qui étaient encore inconnus (1). Médecins et chimistes se mirent à l'œuvre ; chacun voulait découvrir, chacun voulait décrire quelque médicament nouveau. Les arts chimiques et métallurgiques, exploités jusque-là par des hommes que l'expérience seule avait initiés à leurs secrets, furent étudiés d'une manière plus large, plus rationnelle, et peu à peu on vit s'agrandir toutes les branches des sciences naturelles. Georges Agricola surtout se livra à la minéralogie, à la métallurgie dans les mines de Bohème,, de Schemnitz, et publia des mémoires nombreux et méthodiques où il consigna tous les faits qui lui étaient connus. De son côté, le docteur Gilbert de Colchester mit au jour, en 1590, un traité sur le magnétisme, où se trouvent des faits précieux, des expériences développées avec talent. Il étendit ses recherches sur une foule d'autres objets, et principalement sur l'électricité.

104. L'astronomie nous fournit une preuve du

---

(1) Paracelse fit la plupart de ses cures à l'aide du mercure et de l'opium, dont il apprit l'usage en Turquie. Les médecins de son temps ne connaissaient aucune préparation mercurielle, et ils repoussaient l'opium comme « froid au 4e degré. » Le tartre était aussi employé par Paracelse, qui lui donna ce nom « parce qu'il contient de l'eau, du sel, de l'huile et de l'acide, qui brûle le patient comme ferait l'enfer. »

changement qui s'opérait dans la direction des facultés humaines. Cette science, la seule où les anciens ont fait des progrès réels, et où ils se sont élevés à de grandes, à de vastes conceptions, commença également à être étudiée dans un meilleur esprit. Le système de Copernic ou de Pythagore reprit faveur, et acquit bientôt de nombreux partisans. Galilée parut, et attaqua sans détour les dogmes d'Aristote au sujet du mouvement. Il leur opposa le témoignage des sens et les expériences les plus convaincantes. Les persécutions que lui attirèrent ses découvertes, sa résignation, ses souffrances, le triomphe qu'obtinrent enfin ses opinions, sont trop connus pour qu'il soit besoin de les reproduire.

105. Copernic, Kepler, Galilée en avaient appelé aux faits. Leurs découvertes firent justice des erreurs de la philosophie d'Aristote. Mais il restait à démontrer comment et en quoi elle s'était méprise, à faire connaître la faiblesse de son système et à substituer à sa place un corps de doctrines qui fût mieux entendu. Cette tâche fut remplie par François Bacon de Verulam, qui sera justement considéré par tous les siècles à venir comme le réformateur de la philosophie, quoiqu'il ait peu ajouté à la masse des vérités physiques, et que ses idées ne soient pas toujours exemptes d'erreurs, erreurs qu'il faut plutôt attribuer à l'ignorance de son siècle qu'à une étroitesse de vues qu'il n'avait pas. On a essayé d'atténuer les services qu'il a rendus en

prouvant que sa méthode est une chose d'instinct, qu'elle a été employée en diverses occasions par les anciens et les modernes. Mais ce n'est pas d'avoir introduit le raisonnement d'induction comme procédé nouveau, comme procédé inusité, qui fait le mérite de la philosophie de Bacon. Ce qui la recommande et la caractérise, c'est sa perspicacité, son enthousiasme, la confiance avec laquelle elle s'annonce comme l'alpha et l'oméga de la science, comme la grande et unique chaîne qui lie les vérités physiques, comme la clef de toute découverte, application nouvelle. Ceux qui, sur de tels motifs, refuseraient à Bacon une gloire si justement acquise, dépouilleraient aussi Jenner et Howard de leurs couronnes civiques, parce que quelques personnes, dans quelque province éloignée, auraient anciennement connu la vaccine, et que des philantropes auraient, dans tous les siècles, visité, en certaines occasions, le prisonnier dans son cachot.

106. La science reçut alors une immense impulsion. On eût dit que le génie de l'homme, long-temps contenu, échappait à ses entraves ; qu'il s'élançait enfin dans l'univers ; qu'il commençait à défricher un sol vierge, à mettre à nu les trésors enfouis dans son sein. On reconnut généralement la pauvreté et l'insuffisance de la science en *matière de faits*. Chacun se mit en recherche, et bientôt s'ouvrit une ère nouvelle pleine d'enthousiasme et de merveilles, à laquelle on ne trouve rien de comparable dans les annales du genre

humain. La nature semblait elle-même seconder l'impulsion. Tandis qu'elle fournissait des moyens nouveaux, extraordinaires, aux sens qui devaient l'explorer, tandis que le télescope et le micros-cope ouvraient l'infini de toutes parts, elle dé-ploya, comme pour fixer l'attention sur ses mer-veilles et signaler cette époque, le plus éclatant, le plus mystérieux des phénomènes astronomi-ques ; l'apparition et l'extinction totale d'une étoile fixe, que Galilée put observer deux fois (1).

107. Les successeurs immédiats de Bacon et de Galilée bouleversèrent toute la nature par des faits nouveaux et surprenans, auxquels se mêlèrent un peu de cet amour du merveilleux qui doit être considéré comme un reste du siècle de la magie et de l'alchimie, mais qui, bien réglé, est l'aiguil-lon le plus puissant et le plus utile pour exciter aux recherches expérimentales. Boyle surtout pa-rut animé d'une ardeur qui le poussa d'expérien-ce en expérience, sans lui laisser un instant de repos. Hooke, de son côté, Hooke, le contempo-rain et presque le rival de Newton, embrassa une série de recherches encore plus étendue. Les faits se multipliant de plus en plus, les lois com-mençaient à surgir, et les généralisations à se dé-velopper. La marche des découvertes fut si rapi-

(1) L'etoile temporaire, observée dans Cassiopée, par Cornelius Gemma, en 1572, était si brillante, qu'on la voyait à midi. Celle qui fut aperçue dans le serpentaire, par Kepler, en 1604, surpassait en éclat toutes les autres étoiles et les planètes

de, le triomphe de la philosophie inductive si éclatant, qu'il suffit d'une génération et des travaux d'un seul homme pour établir le système du monde sur une base inébranlable.

108. Nous allons essayer d'énumérer, d'exposer en détail les principaux degrés par lesquels on arrive à de justes, à de larges inductions, ainsi que les procédés à l'aide desquels l'esprit se dépouille successivement, dans la recherche des lois naturelles, des superfluités qui s'attachent aux faits particuliers, et gênent la perception des points de ressemblance et de liaison qu'ils ont entre eux. Nous exposerons les rapports qui pourront s'offrir à nous dans un travail de cette importance, en procédant d'une manière méthodique, et en notant avec soin les moyens qui ont constamment réussi, en indiquant comment on doit les entendre, les adapter aux cas qui peuvent s'offrir. C'est une espèce d'induction mentale qui n'est en elle-même ni d'une médiocre utilité ni d'une faible étendue, puisqu'en l'employant elle seule, nous pouvons atteindre une connaissance plus intime que celle que nous avons maintenant des lois qui mènent à la découverte de la vérité et des règles auxquelles peut se réduire l'invention. En procédant ainsi, nous commençons avec l'expérience elle-même considérée comme surcroît de connaissance d'objets et de faits individuels.

CHAPITRE IV.

DE L'OBSERVATION ET DE LA RÉUNION DES FAITS.

109. La nature nous offre deux sortes de sujets de contemplation dans le monde extérieur : les objets, et l'action qu'ils exercent les uns sur les autres. On conclura sans peine, de ce que nous avons dit au sujet de la sensation, que nous ne savons des objets eux-mêmes que ce que nous apprennent les impressions qu'ils font sur nous, impressions qui sont le résultat de certaines actions, de certaines opérations dans lesquelles se trouvent en jeu et les objets sensibles et les parties matérielles de nous-mêmes. Ainsi notre observation de la nature extérieure est bornée à l'action réciproque que les objets matériels ont les uns sur les autres, et aux faits, c'est-à-dire à l'association des phénomènes ou apparences. Nous n'apprenons rien en reconnaissant qu'une chose est noire ; mais si nous reconnaissons en même temps qu'elle est fluide, nous acquérons au moins la certitude que la couleur noire n'est pas incompatible avec la fluidité , et nous nous avançons ainsi, quoique de peu de chose, vers une connaissance plus intime de ces deux qualités. Ainsi, quand nous voulons résoudre un phénomène en de plus simples, ou déterminer quelle est la marche ou la loi de la nature sous telle contingence générale donnée, la première chose est de réunir une suffisante quantité de faits bien connus, ou de produire des

exemples convenables. Le sens commun indique
ce procédé, qui donne les moyens d'envisager le
même sujet sous plusieurs points de vue. Plus les
faits qu'on présente diffèrent à tous autres égards
de celui qui est en discussion, plus ils sont décisifs. Les points qui sont en désaccord forment
ainsi un contraste qui fait mieux ressortir ceux
qui coïncident.

110. Les seuls faits qui puissent servir de base
aux recherches physiques sont ceux qui, dans les
mêmes circonstances, se reproduisent d'une manière invariable et uniforme. La chose est évidente : car, s'ils n'ont pas ce caractère, ils ne peuvent être considérés comme lois. Ils manquent de
cette universalité qui les met à même d'entrer
comme élémens dans la constitution de ces axiomes généraux que nous avons pour but de découvrir. Si, toutes choses égales d'ailleurs, on n'obtient pas constamment, invariablement le même
résultat, c'est qu'il y a caprice (c'est-à-dire intervention arbitraire de l'agence mentale), ou que les
circonstances qui nous paraissent identiques ne
sont pas réellement les mêmes. Dans l'un et l'autre cas, nous pouvons présenter ces faits comme
curieux, comme susceptibles d'une explication
qui révélera quelque incident encore inaperçu ;
mais nous ne pouvons nous en prévaloir dans nos
recherches. Aussi, toutes les fois que nous apercevons quelque phénomène frappant, devons-nous
d'abord nous enquérir comment il se développe,
sous quelles circonstances il a lieu, s'il se re-

produira toujours quand elles se présenteront.

111. Les circonstances qui accompagnent un fait, quel qu'il soit, sont donc les traits qu'on doit recueillir avec le plus de soin, au moins jusqu'à ce qu'on ait acquis la preuve qu'elles n'ont sur lui aucune influence, jusqu'à ce que l'expérience ait démontré qu'il en est indépendant. Ainsi, quand on observe, qu'on rapporte un fait entièrement nouveau, on ne doit omettre aucune circonstance qui mérite d'être notée, de crainte qu'elle n'ait avec lui une liaison étroite, que son omission ne réduise l'expression implicite d'une *loi de la nature* au simple exposé d'un *événement historique*. La chute des aérolithes, par exemple, est quelquefois accompagnée d'éclairs qui s'échappent des nuages, et d'une détonation qui ressemble à celle du tonnerre. Ces circonstances, le coup subit, la destruction qui en résulte, les firent prendre longtemps pour un effet de la foudre; mais on ne tarda pas à reconnaître combien on s'était mépris. On s'aperçut que l'éclair et le bruit émanent d'un *petit nuage* isolé dans un *ciel serein*, circonstance qui n'a jamais lieu dans les orages, mais qui est sans doute intimement liée avec la véritable origine des aérolithes.

112. Une observation comprend deux parties distinctes : 1º la description exacte de l'objet observé et de toutes les particularités qu'on peut supposer avoir avec lui quelque rapport naturel ; 2º l'exposition véritable et fidèle de toutes ces circonstances. Comme nos sens sont

les seuls intermédiaires par lesquels nous recevons les impressions des faits, il faut avoir soin, pendant l'observation, de les tenir tous en activité, afin que rien de ce qui peut les affecter ne leur échappe. Si le tonnerre, par exemple, frappait la maison que nous habitons, il faudrait noter quelle espèce de feu nous avons vu, si c'est une flamme, des étincelles ou un zig-zag brisé, quelle direction il affectait, à quels objets il s'attachait, quelle était sa couleur, quelle a été sa durée, etc. Il faudrait indiquer l'espèce de son qui se fesait entendre, si c'était une explosion, un bruissement, un éclat passager qui a crû, s'est affaibli par degrés, etc. Il faudrait dire s'il répandait de l'odeur et s'il en exhalait, faire connaître si elle était sulfureuse, métallique, ou si elle était simplement le produit des substances qui ont été consumées. Il faut enfin indiquer si on a éprouvé quelque choc, quelque sensation particulière, senti dans la bouche quelque saveur étrange. Il faut encore, outre les effets du choc, exposer toutes les circonstances qui peuvent l'attirer, le produire, le modifier, telles que la présence de conducteurs, les objets environnans, l'état de l'atmosphère, les données du baromètre, celle du thermomètre, etc., et la disposition des nuages. Ces diverses circonstances connues, reste la question de savoir comment la maison a été frappée, car enfin elle peut l'avoir été parce qu'un éclair a jailli à une assez grande distance de la *terre aux nuages*, par suite de ce qu'on appelle choc en retour.

113. Un physicien raconte, dans le Journal philosophique d'Edimbourg (1), qu'il a été engagé dans une suite de recherches sur la nature chimique d'un acide par la saveur amère qu'il remarqua dans un liquide. La chimie est pleine de faits semblables.

114. Si les phénomènes sont passagers, s'ils sont un peu complexes, qu'ils laissent peu de temps à l'observation, il ne faut pas attendre que l'impression qu'ils ont faite soit affaiblie; il faut de suite noter ce qu'ils ont de curieux, raffraîchir sa mémoire en se plaçant autant que possible dans les mêmes circonstances. Il faut se porter sur les lieux pour discuter la relation qui les décrit, il faut interroger avec soin tout ce qui reste des traces qui les rappellent. Cette attention est surtout nécessaire quand on n'a pas vu soi-même, qu'on n'a que recueilli, présenté les observations d'autrui; elle l'est encore plus si ces observations sont d'individus de peu de lumières ou à préjugés, qu'elles retracent des phénomènes rares, tels que le passage d'un météore, une chute d'aérolithes, un tremblement de terre, etc.

115. Dans tous les cas qui admettent la numération ou le mesurage, il est de la dernière importance d'obtenir des nombres précis, soit qu'il s'agisse d'une évaluation de temps, d'espace, ou de toute autre quantité. La plus légère omission de ce genre expose aux illusions des sens, et

_____

(1) Edimb., Phil. Journ., 1819, vol. 1, p. 8.

peut produire les erreurs les plus graves. C'est ainsi que dans les pays montagneux on se trompe constamment dans l'estimation des hauteurs et des distances, et l'on ne se corrige de ces fausses appréciations que pour donner dans l'excès contraire. Mais ce n'est pas seulement à préserver d'évaluations inexactes que sert la précision numérique ; elle est véritablement l'ame de la science, la pierre de touche à laquelle on reconnaît la vérité des théories, l'exactitude des expériences. C'est au défaut de précision dans les quantités que doivent être attribuées les méprises et la confusion de la chimie de Sthall, confusion qui s'est évanouie comme la rosée du matin dès qu'on a senti que tout devait être pesé, mesuré, déterminé avec rigueur. La chimie est surtout une science de quantités. Rappeler les découvertes auxquelles l'a conduite la simple détermination des poids et mesures serait, en quelque sorte, exposer son histoire. Nous ne citerons que la loi des proportions définies qui détermine la composition de chaque corps de la nature par la proportion en poids des élémens qu'il renferme.

116. C'est, en effet, un caractère des premières lois de la nature de prendre la forme d'un rapport de *quantités* précises. Ainsi la loi de la gravitation, la vérité la plus universelle à laquelle la raison humaine soit parvenue, n'exprime pas simplement le fait général de l'attraction que tous les corps exercent les uns sur les autres ; elle n'exprime pas seulement ce vague énoncé que l'action

de cette force croît comme la distance augmente, mais elle fixe exactement le rapport numérique dans lequel elle décroît, de manière que si on le connaît pour une distance, on peut le calculer rigoureusement pour toute autre. Ainsi les lois de la cristallographie, qui bornent les formes que prennent les substances naturelles, quand rien n'entrave leur puissance d'agrégation, à des figures géométriques précises avec des angles et des proportions fixes, ont le même caractère essentiel d'une rigoureuse expression mathématique, sans lequel on ne pourrait jamais en tirer de conclusion particulière exacte.

117. Mais pour arriver aux lois de cette espèce, il est évident que chaque résultat doit être précis, rigoureux, avoir toute la force d'un énoncé numérique, et que les observations elles-mêmes qui servent, en définitive, de base à toutes les lois, doivent avoir la même propriété. Aucun de nos sens, néanmoins, ne nous met à même de faire une exacte comparaison des quantités. Le nombre, à la vérité, je parle du nombre entier, est de leur ressort, parce que nous pouvons compter; mais peser, mesurer, se faire une idée précise des parties fractionnaires par leur moyen seul est impossible. On trouverait difficilement une différence entre vingt livres et vingt livres plus ou moins quelques onces. On trouverait plus difficilement encore le rapport qu'il y a entre une once d'or et cent grains de coton en les balançant dans les mains. Prenons un autre exemple. L'œil

ne peut juger de la proportion des différens degrés de clarté, même lorsqu'il les voit à côté les
uns des autres. Qu'est-ce donc s'il les voit à distance, si les circonstances ne sont pas les mêmes?
Quand nous contemplons ces nuages que dore le
soleil couchant, qui se montrent comme baignés
de lumière, tout resplendissans de flammes, ce
n'est pas sans peine que nous nous persuadons
que ces nuages sont ceux même qui, à midi, passaient inaperçus, qui présentaient un aspect blan-
châtre, et qu'ils ne doivent qu'à la position où ils
se trouvent cette teinte rougeâtre qui les rend si
brillans dans une grande étendue des vapeurs at-
mosphériques, et qui perdent par là quelque
chose de leur lumière. Il en est de même de nos
évaluations du temps, de la vitesse et de toutes les
autres quantités. Elles sont beaucoup trop vagues
pour qu'on puisse en déduire quelque conclusion
rigoureuse.

118. Dans cette conjoncture, on est obligé d'a-
voir recours aux instrumens, c'est-à-dire, aux inventions qui remplacent les impressions incertaines des sens par les précises impressions des nombres, et réduisent tout mesurage à un calcul. On
établit d'abord des étalons de poids, de dimensions,
de temps, etc., et on imagine des machines pour
les répéter, autant qu'on le veut, d'une manière
exacte et facile, et compter combien de fois un
étalon pris pour unité est contenu dans la chose,
que ce soit poids, espace, temps ou angle qu'on
veut mesurer. S'il y a quelque fraction, on l'éva-

lue commé une nouvelle quantité en parties ali-
quotes du premier étalon.

119. Si chacun n'avait pour but, dans ses recherches , que sa satisfaction personnelle ; s'il ne raisonnait que sur ses observations particulières, les
étalons qu'il adopterait, si toutefois il en adoptait,
les inventions qu'il mettrait en œuvre seraient
chose peu importante. Mais s'il veut , ce qui est
préférable, que ses travaux passent à la postérité,
il est évident qu'il a un avantage immense à employer un étalon commun et susceptible de résister à l'action du temps. On concevra aisément
combien le choix , la vérification de ces étalons
sont difficiles, si l'on réfléchit que, seulement pour
s'assurer de la permanence d'une unité semblable, il faut le comparer avec d'autres qui peuvent
être inexacts ou tout au moins avoir besoin de vérification.

120. Ici on ne peut appeler à son aide que la
permanence présumée des grandes lois de la nature, permanence qui , du reste , est garantie par
l'expérience, par l'idée que nous avons de la composition générale et de la fixité de tout ce qui fait
partie de la masse que nous habitons. La rotation uniforme que le globe accomplit sur son axe
nous fournit une mesure du temps que rien n'autorise à considérer comme variable. Nous pouvons
même , si nous en jugeons par d'autres périodes
que fournissent les révolutions des planètes autour du soleil , la regarder comme n'ayant subi
aucune altération depuis les époques les plus an-

ciennes dont il est fait mention dans l'histoire. Les dimensions de la terre offrent, pour mesurer l'espace, une unité naturelle qui possède toutes les qualités désirables, et les recherches de dynamique, sur son attraction combinée avec sa rotation, nous mettent à même d'obtenir, au moyen du pendule, un autre étalon invariable, plus savant et moins simple, il est vrai, dans son origine, mais d'une vérification plus prompte, et ayant le grand avantage de pouvoir servir de contrôle à l'autre. Le premier, c'est-à-dire, la mesure directe des dimensions de la terre, est l'origine du mètre qui nous sert d'unité linéaire; le second, celle du yard anglais. On peut, théoriquement parlant, adopter l'un ou l'autre; mais si l'on considère que, dans le premier cas, la *quantité directement mesurée* est une longueur qui se trouve plusieurs millions de fois unité finale, et que, dans le second, elle est presque l'unité même, on ne peut hésiter à donner la préférence au mètre, parce que, s'il s'est glissé quelque erreur dans le procédé à l'aide duquel on le détermine, elle se subdivise dans le résultat final, tandis que la plus légère méprise dans l'évaluation du pendule se multiplie à mesure qu'on fait usage de l'unité.

121. L'admirable invention du pendule donne le moyen de diviser le temps jusqu'à l'infini. Une horloge n'est autre chose qu'un mécanisme qui sert à compter les oscillations de cet instrument, et comme une vibration commence exactement quand l'autre finit, il n'y a aucune partie du temps de

gagnée ni de perdue dans la juxta-position des unités qu'on nombre ainsi ; en sorte qu'on peut connaître ainsi la fraction du jour précise que mesure chacune de ces unités.

122. C'est à cette propriété particulière, à l'aide de laquelle on fait *sans erreur* la juxta-position de ces unités de temps et de poids qu'on doit la précision avec laquelle on multiplie, on subdivise le temps et le poids (1). On ne peut en faire autant pour l'espace, quelle que soit celle des méthodes connues dont on fasse usage ; de sorte que les moyens que nous avons de les subdiviser sont beaucoup moins précis. Le beau principe de répétition imaginé par **Bor**da fait exception, mais n'est pas néanmoins exempt de la source d'erreurs dont il s'agit. La méthode de double pesée, que nous devons au même savant, fournit un exemple de la comparaison directe de deux poids égaux indépendante de toutes les causes d'erreur qui peuvent affecter ces sortes d'opérations. Avant qu'on connût cette élégante méthode, les instrumens ne donnaient, selon la remarque de Biot, aucun moyen exact de déterminer le poids d'un corps.

(1) Le principe abstrait de répétition en fait de mesure, c'est-à-dire de juxta-position d'unités sans erreur, peut s'appliquer à une multitude de cas où les quantités doivent être déterminées avec une minutieuse exactitude. Il est facile de l'employer en chimie pour déterminer l'étalon atomique du poids des corps. A l'aide de ce procédé, les déterminations chimiques pourraient marcher de pair avec celles que fournit l'astronomie.

123. Il ne suffit pas de posséder un étalon de cette espèce, il faut construire une mesure matérielle, véritable, et en tirer des copies exactes ; c'est, du reste, chose facile : ce qui l'est moins, c'est de le conserver intact de siècle en siècle ; car, si nous ne transmettons pas à la postérité les unités de mesures telles que nous les avons employées nous-mêmes, nous ne lui léguerons qu'à demi les résultats de nos travaux. C'est un point que l'on néglige, et pour lequel, cependant, on devrait prendre quelque sage mesure.

124. Mais si nos mesures de quantité sont aussi susceptibles d'erreurs, comment nos observations peuvent-elles avoir cette exactitude numérique qui doit faire la base des lois dont la perfection, la qualité distinctive consistent dans une expression rigoureusement mathématique ? La réponse est facile ; d'abord cette erreur, qui est en quelque sorte inhérente aux moindres observations, nous pouvons toujours assigner des limites qu'elle ne saurait dépasser, ensuite l'étendue de cette *latitude d'observation* est d'autant plus faible que les instrumens dont on fait usage sont plus parfaits, et qu'on apporte plus de soins dans leur emploi. Elle est presque insignifiante dans les évaluations qu'on fait aujourd'hui. On peut même en quelque sorte l'affaiblir à volonté ; il n'y a qu'à répéter un nombre de fois suffisant l'opération, la faire dans des circonstances diverses, et prendre la moyenne des résultats. De cette manière, l'erreur se reproduit en sens inverse, et finit par

se compenser. Ce n'est pas tout ; quand on raisonne sur des observations , on doit toujours tenir compte de l'existence et de la somme à laquelle peut s'élever l'inexactitude des évaluations de quantité. On ne doit jamais perdre de vue les limites où elle pourrait affecter les théories. Si on s'appuie sur des observations qui ne soient pas en harmonie avec les lois générales , on doit avoir soin de ne considérer les conclusions qu'on en déduit que comme conditionnelles , aussi loin qu'elles peuvent être affectées par ces inévitables imperfections, et quand enfin on est arrivé au plus haut point, qu'on est parvenu aux axiomes qui admettent des raisonnemens généraux et déductifs, la question, qu'ils soient ou qu'ils ne soient pas viciés par des erreurs d'observation , reste encore à décider, et doit être soumise à une vérification nouvelle. Ce point sera le sujet d'une discussion particulière quand il sera question de la vérification des théories et des lois de probabilités.

125. Quant au journal d'observations, il ne doit pas seulement être circonstancié, il doit encore être *fidèle*, c'est-à-dire, qu'il doit contenir tout ce qui a été observé, mais pas autre chose. On peut, sans le vouloir, sans s'en apercevoir même, altérer les observations qu'on y consigne. Il suffit pour cela de mêler à un fait vrai les vues, le langage d'une théorie inexacte. Si on dit, par exemple, en décrivant les effets de la foudre, « le tonnerre a frappé avec violence le côté d'une maison , et a pénétré dans la muraille, » on établit un fait qu'on n'a pas

vu, on porte le lecteur à croire qu'il s'agit d'un projectile solide ou pondérable. La forte odeur de soufre qu'on dit quelquefois accompagner la foudre est un reste de la théorie qui considérait le tonnerre et l'éclair comme l'explosion d'une espèce de poudre aérienne composée d'exhalaisons sulfureuses et nitreuses. Il y a quelques sujets, surtout, qui sont tels que la description de ce qu'on voit réellement est toujours mêlée de ces faux aperçus de théorie. L'ancienne chimie était si imbue de ses erreurs, qu'elle fesait peu de cas des expériences les plus belles et les plus laborieuses. Il n'y a pas très long-temps encore qu'il était souvent extrêmement difficile, à raison de cette circonstance, de reconnaître, en géologie, quels étaient les faits observés. Ainsi, Faujas Saint-Fond, dans son ouvrage sur les volcans de la France centrale, décrit avec une sorte de précision minutieuse des cratères qui n'ont jamais existé que dans son imagination. A moins de falsifier les faits, un observateur ne saurait faire de faute plus grave.

126. Lorsque des branches particulières de science ont pris une certaine extension, acquis une certaine consistance, la tâche de l'observateur et celle du théoricien deviennent tout-à-fait distinctes. L'un aime à suivre le développement d'un fait, l'autre se plaît à méditer sur ses causes ; mais cela ne serait pas, que le principe de la division du travail les emporterait encore. La chose est heureuse ; car, sans cette diversité d'esprit, cette variété de goût, il est douteux que les hautes sciences

eussent jamais atteint le degré de perfection où elles sont parvenues. A mesure que les lois prennent de l'extension, les observations particulières perdent de leur influence ; elles ont besoin d'être de plus en plus délicates, de plus en plus nombreuses pour reprendre crédit. Les grandes théories de l'astronomie, par exemple, sont tout-à-fait dégagées d'observations pratiques.

127. Pour bien observer, néanmoins, il faut une grande étendue de connaissances. Il faut non seulement être habile dans la branche qu'on cultive, mais encore dans toutes celles qui peuvent mettre à même d'apprécier, de neutraliser les causes étrangères de perturbation. Muni d'une instruction semblable, on ne laissera échapper aucune de ces minutieuses indications qui (telle est la subtilité de la nature) lient souvent entre eux des phénomènes qui paraissent n'avoir absolument rien de commun. On doit recueillir jusqu'aux moindres circonstances qui seraient en opposition avec les théories reçues ; car ce sont communément autant d'indices qui conduisent à des découvertes. La déviation que produit sur l'aiguille aimantée un fil de fer électrisé a sans doute eu lieu bien des fois, d'une manière sensible, en présence d'hommes qui se livraient à des expériences galvaniques, et qui étaient entourés de tous les appareils qu'elles exigent; mais il fallait l'œil exercé d'un savant tel que Oersted pour saisir l'indication, la rapporter à sa cause, et lier ainsi deux grandes branches de science. La découverte de la

polarisation de la lumière par réflexion est due à la remarque que fit Malus de la disparition de l'une des images d'une fenêtre du Luxembourg, qu'il examinait à travers un prisme doublement refringent, comme le soleil à son déclin l'inondait de lumière.

128. Il est de la plus haute importance de profiter, pour assembler, réunir des faits, de tous les avantages que présentent l'industrie, l'activité que développe partout la diffusion des connaissances. Il n'y a personne d'un peu instruit qui ne puisse, s'il le veut, ajouter quelque chose d'essentiel à la masse commune. Il suffit pour cela d'observer avec ordre et méthode, la classe de faits qui a le plus frappé son attention, ou que sa position l'a mis à même d'étudier avec plus d'avantages. Citons un ou deux sujets qui ne peuvent être avancés que par les observations d'un grand nombre de personnes placées à de longues distances les unes des autres. La météorologie est une des branches de la science les plus compliquées, mais aussi les plus importantes. C'est en même temps une de celles qui peut le plus profiter par les soins d'un homme qui observe avec une attention et une sagacité convenables. Quels avantages n'a pas tirés la géologie de l'activité de quelques individus qui, laissant de côté tout aperçu théorique , se sont bornés à réunir les échantillons que présentent les pays qu'ils ont visités ! Il n'y a pas une branche de science, quelle qu'elle soit, qui ne puisse, si elle propose des questions simples, obtenir une masse

de précieuses informations ; il n'y a pas d'homme qui, placé dans une position à fournir un renseignement utile, à résoudre un problème qu'on lui pose, ne se hâte de le faire.

CHAPITRE V.

DE LA CLASSIFICATION DES OBJETS ET DES PHÉNOMÈNES NATURELS. — DE LA NOMENCLATURE.

129. Les objets, les rapports que présente la nature sont immenses, et nous ne pourrions les embrasser dans toute leur étendue si une sage distribution ne suppléait à notre insuffisance. Nous sommes obligés de les ranger par classes qui n'en offrent à la fois qu'un petit nombre à nos méditations, de les former par groupes que lient des traits généraux de ressemblance qui peuvent, sous le point de vue où nous les envisageons, être considérés comme individuels. Il faut, pour saisir un sujet si vaste, pour entreprendre un travail qu'on puisse regarder comme un aperçu général, systématique de la nature, connaître, si ce n'est d'une manière exacte, au moins approximative, les élémens qu'elle renferme et les combinaisons qui en résultent. Il faut que ceux de ces corps qui, sous quelque rapport que ce soit, paraissent avoir de l'importance, soient distingués par des noms qui, non-seulement servent à les graver dans la mémoire, mais puissent constituer des points de repaire autour desquels se groupent

les données qu'apportent les travaux de chaque
jour. Le nom que reçoit un objet, qu'il s'agisse
d'une chose naturelle, d'un phénomène ou
d'une suite de faits, de rapports considérés sous
un point de vue particulier, fait toujours époque dans son histoire. Il ne sert pas seulement
à le rappeler sans périphrase dans la conversa-
tion, dans les écrits ; il fait plus, il le constitue
comme chose à part. Il consacre son existence,
l'indique à l'examen, en forme une espèce de terme commun qui sert à classer, à lier entre eux
tous les faits qui ont quelque analogie.

130. Un nom provisoire, un nom puisé dans le
langage ordinaire peut suffire pour atteindre ce
but ; mais s'il se présente une multitude d'objets
qui doivent être rapportés à une classe ; si ces objets ne présentent pas de caractère bien net, de
différences bien tranchées, il faut recourir à une
nomenclature plus systématique, plus régulière,
dont les noms retracent ce que les individus, dont
une classe se compose, ont de commun, ont de
différent. Il faut que le rapport direct qu'il y a
entre le nom et l'objet qu'il représente concoure
matériellement à la solution du problême : « étant
donné l'un, trouver l'autre. » On voit de suite à
quel point ceci peut devenir nécessaire si l'on considère combien chaque branche de science un peu
étendue renferme d'objets individuels ou, mieux,
d'espèces qui demandent une désignation spéciale. La botanique, par exemple, en compte 80 à
100,000 ; l'entomologie à peu près autant ; la chi-

mie étudie les propriétés des corps auxquels donnent naissance les principes combinés deux à deux, trois à trois, etc.; ces corps forment déjà une masse énorme. Cependant chaque jour en amène de nouveaux, chaque jour en voit éclore qui n'existaient pas la veille, et auxquels il faut donner des noms. Les objets d'astronomie sont à la lettre aussi nombreux que les étoiles, et quoiqu'il n'y en ait pas au-delà de 100 à 200 qui aient besoin de recevoir une dénomination particulière, néanmoins le nombre dont on est obligé de s'occuper d'une manière spéciale dépasse de plus de cent fois cette quantité, et tous doivent figurer dans les catalogues, si ce n'est par des noms, du moins par des indications équivalentes.

131. La nomenclature est ainsi une chose des plus importantes ; elle nous empêche de nous noyer dans les détails, de nous plonger dans une inextricable confusion. On n'éprouve heureusement aucun obstacle à la faire dans les grandes branches de science où elle est plus indispensable, où les objets à classer sont plus nombreux. La multitude de ceux-ci donne même la facilité de les grouper, de les subdiviser, d'établir des classes assez tranchées pour recevoir des noms et de les subdiviser elles-mêmes en d'autres dénominations qui se rattachent, se rapportent aux premières, ou même se combinent avec elles. La manière dont procèdent les botanistes, les entomologistes, les chimistes, montre ce qu'on peut faire en ce genre quand les caractères sont distincts. Il y a

des branches cependant où la chose n'est pas sans
difficulté. On en éprouve surtout lorsque les espèces qu'on doit distinguer ne présentent dans
les propriétés communes qu'une différence de dé-
gré, ou que les nuances vont insensiblement se
perdre les unes dans les autres. Peut-être des sujets semblables ne sont-ils pas assez connus pour
recevoir une nomenclature systématique ; peut-
être devrait-on se borner à l'appliquer aux groupes qui présentent des caractères évidemment
naturels et génériques, et continuer pour les autres de faire usage de dénominations triviales jusqu'à ce que, mieux étudiés, ils soient susceptibles
d'une classification systématique.

132. En effet, sous un point de vue systématique, la nomenclature est peut-être plus un résultat qu'une cause de connaissances étendues. Chacun, pour discourir plus commodément d'une chose, peut lui donner le nom qu'il juge convenable ;
mais lui assigner une dénomination qui la classe
dans un système, exige qu'on connaisse ses propriétés, et le système doit être assez large, assez
régulier pour qu'elle puisse prendre la place
qu'elle doit avoir, et n'être pas rejetée dans une
autre. Il est douteux, néanmoins, que ces nomenclatures si déliées, si subtiles, soient favorables
aux progrès des sciences. Si celles-ci étaient arrê-
tées, les systèmes de classification assigneraient à
chaque objet le rang qu'il doit avoir dans la classe
à laquelle il appartient d'une manière plus saillante, et celui-ci prendrait dans cette classe un

nom qui serait désormais invariable. Mais tant qu'il n'en sera pas ainsi, tant que chaque jour dévoilera de nouveaux rapports, nous ne devons insister qu'avec réserve sur l'établissement, l'extension des classes qui, envisagées comme base d'une nomenclature rigoureuse, ne laissent pas de présenter quelque chose d'artificiel. Nous ne devons pas surtout confondre la fin avec les moyens, sacrifier les convenances, les traits distinctifs à la manie de la classification. Toute nomenclature fondée sur des classifications artificielles est nécessairement sujette à varier, et je ne sais quel avantage peut compenser le désordre que produit un changement de noms consacrés par l'usage. Dans la nature, un seul et même objet fait partie d'un nombre infini de systèmes différens : un même individu entre dans une multitude inouïe de groupes plus ou moins importans, suivant les différens points de vue sous lesquels on l'envisage. C'est pourquoi on peut imaginer autant de systèmes de nomenclature qu'on découvre de modes de classification, et cependant il serait à désirer que la même chose reçût partout le même nom, fût connue partout sous la même dénomination. En conséquence, dans tous les sujets où ne s'offrent pas des chefs de classification simples, naturels, la nomenclature doit être un assemblage de noms bien choisis, courts, *sans signification*, et une fois reçue, quelle qu'elle soit, elle vaut mieux que toute autre.

133. Il n'y a pas de science où les désordres qu'en-

traine la manie des nomenclatures se soient faits
plus cruellement sentir que dans la minéralogie.
Les minéraux simples, admis par les minéralogistes
n'excèdent pas quelques centaines, et néanmoins
il n'y en a pas un qui ne soit désigné par quatre
ou cinq noms. La chose est des plus fâcheuses. Aucune dénomination n'a le temps de prendre raci-
ne; chacun de ceux qui écrivent sur cette science
fait justice de la nomenclature qui est admise, et
en propose une autre à sa place. Le désordre a
été porté au dernier point par un ouvrage, du reste, plein de mérite sous d'autres rapports, et qui,
par conséquent, fait autorité. Les noms les plus
généralement admis, ceux qui s'étaient mainte-
nus au milieu de la confusion, qui avaient pénétré, avaient été adoptés dans le langage ordinaire, qui désignaient des *espèces* trop définies
pour exposer à des méprises, ont été inopinément
transformés en dénominations génériques, étendus à des groupes qui n'ont de commun que les
traits qui servent de base à une classification arbitraire, à une classification qui se joue des rapports naturels les plus importans (1).

134. Les classifications qui aident au progrès des
sciences sont tout-à-fait différentes de celles qui
servent de bases aux systèmes artificiels de nomenclature. Elles se gènent, se contrarient et ont

(1) Dans le système dont il s'agit, l'iolite, l'obsidienne
prennent le nom de quartz; la plombagine, le chlorite,
l'uranite, celui de mica, etc. (Voy. le Système de minéralogie de Moss.)

également l'ambition d'embrasser tous les objets de la nature dans un réseau étroit et compact de rapports, de dépendances mutuels. Aussitôt qu'un certain nombre de choses manifestent quelque analogie, quelque ressemblance, quelles soient corps, phénomènes ou lois, elles sont, par ce fait seul, constituées en groupes ou classes. A celles-ci se joignent d'autres objets du même genre, et les substances qui entrent dans la composition du monde, se trouvent groupées en familles naturelles. C'est ainsi que la chimie a ses groupes d'acides, d'alcalis, de sulfures, etc., la botanique ses euphorbes, ses ombellifères, etc. C'est encore ainsi que les phénomènes se rangen sous des traits généraux de ressemblance; tels sont en optique ceux qui se rapportent à la classe des couleurs périodiques, à la double réfraction, etc. Ces ressemblances une fois saisies, c'est à l'in duction à les généraliser, à les énoncer en propo sitions abstraites.

135. Mais toute classe formée sur une ressemblance positive de caractères, ou sur une analogie distincte, emporte la conséquence d'une classe négative qui n'offre plus trace de ressemblance ou même présente un caractère opposé. Ce n'est pas tout. Il y a des classes où une qualité donnée suit une progression décroissante. Or, il est important de distinguer les cas, de s'assurer si l'opposition est réelle ou si elle n'est qu'apparente, s'il s'agit d'une qualité qui va s'affaiblissant jusqu'au point où elle devient imperceptible. La transparence et l'o-

pacité, par exemple, semblent tout-à-fait opposées au premier abord. Cependant, si on les examine de plus près, qu'on suive les dégradations que présente la première dans les substances naturelles, on reconnaît que, loin d'être l'opposée de la seconde, elle n'en est que le dernier terme. Si on envisage les corps sous le rapport du poids ou de la pesanteur spécifique, on n'en trouve pas un qui en soit affranchi, pas un qui présente l'opposé de la gravitation, qui ait une légèreté positive. D'un autre côté cependant, il y a des électricités opposées, des pôles magnétiques contraires; parmi les agens chimiques, les uns ont des propriétés acides, les autres des propriétés alcalines; les plateaux de cristal de roche déterminent des rotations positives et négatives sur les plans de polarisation des rayons de lumière : tout cela, et divers autres exemples, prouvent qu'il n'y a pas seulement négation, mais encore opposition véritable de qualités. Ces modes de classification ont chacun leur importance. L'un exerce une influence utile sur les procédés d'induction, en ce qu'il fait souvent jaillir des rapports de la correspondance des échelles d'intensité respective : l'autre les fait sortir de leur contraste.

136. Il y a aussi une très grande distinction à faire entre les classes qui sont fondées sur un trait de ressemblance entre des individus très distincts, et celles qui reposent sur une foule d'analogies que présentent des objets dont la différence est néanmoins très frappante sous plus d'un

point de vue. Si, par exemple, nous prenons pour titre de classification la transparence incolore, nous grouperons ensemble les objets les plus disparates, tels que l'eau, l'air, le diamant, l'esprit de vin, le verre, etc. D'un autre côté, les familles chimiques d'alcalis, de métaux, etc., fournissent des groupes qui présentent à plusieurs égards, des propriétés différentes, mais se confondent sous d'autres qui les font considérer comme ayant entre eux une relation naturelle. Nous cherchons ainsi à déterminer les causes qui produisent la ressemblance ou à trouver celles qui déterminent la différence.

CHAPITRE VI.

DU PREMIER DEGRÉ D'INDUCTION. — DÉCOUVERTE DES CAUSES PROCHAINES. — LOIS DU PLUS FAIBLE DEGRÉ DE GÉNÉRALITÉ ET LEUR VÉRIFICATION.

137 La première chose à laquelle s'attache un esprit philosophique quand un phénomène se présente, c'est à *l'expliquer* ou à le rapporter aux causes immédiates qui l'ont produit. S'il ne peut y parvenir, il doit chercher à le généraliser, à le comprendre avec d'autres phénomènes du même genre, dans l'expression de quelque loi. Un jour peut-être, lorsque la science sera plus avancée, ce moyen permettra de pénétrer ce qui échappe encore.

138. L'expérience ayant fait connaître la manière dont un phénomène dépend d'un autre dans

une foule de cas, on se trouve pourvu d'une masse
d'antécédens, de causes prochaines qui suivent
les progrès de la science, et sont susceptibles lorsqu'elles sont diversement modifiées de produire
une grande multitude d'effets, outre ceux qui ori-
ginellement les ont fait connaître. C'est à ces causes que Newton a donné le nom de (*causæ veræ*),
causes véritables, c'est-à-dire de causes recon-
nues pour avoir une existence réelle dans la nature,
et ne pas être de simples hypothèses, de pures
fictions de l'esprit. Rendons la différence sensible par un exemple :

On a assigné diverses causes aux coquillages qu'on trouve dans les rochers à des hauteurs plus ou moins considérables au dessus du
niveau de la mer. Les uns ont attribué ces productions à une vertu plastique qui appartient au
sol ; les autres à la fermentation. Ceux-ci ont supposé qu'elles étaient dues à l'influence des corps
célestes ; ceux-là au passage fortuit de pélerins
chargés de leurs bourdons, ou aux oiseaux qui vivent de poissons à coquille. Enfin les géologues
modernes les ont attribuées à de véritables mol-
lusques qui ont vécu, péri au fond des eaux, et à
l'altération du niveau relatif de la terre et de la
mer. Or, la vertu plastique, l'influence des corps
célestes, sont de pures fictions. La dissémination
attribuée aux pélerins est réelle, elle peut même
expliquer comment on trouve quelques coquillages çà et là dans les passages fréquentés ; mais
elle ne saurait être considérée comme cause de

l'effet qu'on lui assigne. La fermentation est en général une cause réelle, quand elle existe toutefois, mais on ne peut l'envisager comme celle qui produit les coquillages dans les roches, d'abord parce qu'on n'a jamais observé production semblable et qu'ensuite les roches ni les pierres ne subissent de fermentation. Quant aux poissons à coquille qui vivent, périssent au fond de la mer, et laissent leurs dépouilles dans la vase où elles se stratifient, c'est un fait qui se répète chaque jour; il en est de même du lit où elles s'accumulent. Nous savons qu'il tend à s'élever au niveau du sol, à se convertir en terre sèche. Nous en avons la preuve sous les yeux. Nous voyons même qu'il s'exhausse avec une telle force, et sur une si vaste échelle, qu'il nous est impossible de ne pas considérer ce dépôt comme une véritable cause.

139. Prenons un autre exemple, que nous emprunterons encore à cette science si justement réputée populaire. On ne peut méconnaître le grand changement qui s'est opéré dans le climat général des vastes contrées du globe, si ce n'est de la terre entière. On ne peut non plus contester l'abaissement qu'a subi la température. C'est un fait admis par les géologues, et qui résulte de l'examen des débris d'animaux, de végétaux des premiers âges que renferment les couches. Quelles en sont les causes? On en assigne plusieurs. Les uns considèrent le globe comme une masse qui, d'abord en fusion, va continuellement se refroidissant. D'autres pensent que les premiers volcans avaient une acti-

vité bien supérieure à celle dont jouissent ceux qui existent aujourd'hui, et attribuent la différence de température qu'on observe à celle de la chaleur qui s'échappe de ces foyers dans une proportion plus faible qu'elle ne l'était d'abord. Ni l'une ni l'autre de ces opinions ne saurait être admise dans le sens qu'on lui donne. Nous n'avons aucune preuve du refroidissement que suppose l'une, ni de l'activité sur laquelle l'autre repose. On a cru voir une cause plus plausible, dans l'influence qu'exerce la distribution de la terre et de la mer sur la surface du globe (1). Le changement que produisent à la longue, dans cette distribution, la dégradation des vieux continens, la formation des nouveaux, est un fait qu'on ne saurait contester; et l'influence que ces révolutions exercent sur les climats des régions particulières, si ce n'est sur le globe entier, est un résultat que confirme tout ce que nous connaissons à cet égard. C'est là du moins une cause sur laquelle on peut raisonner, quoi-

(1) Principes de Géologie par Lyell, vol. I. Fourrier, membre de l'Académie des sciences, tom VII, page 592.

L'établissement et le progrès des sociétés humaines, l'action des forces naturelles, peuvent changer notablement et dans de vastes contrées, l'état de la surface du sol, la distribution des eaux et les grands mouvemens de l'air. De tels effets sont propres à faire varier dans le cours de plusieurs siècles, le degré de la chaleur moyenne; car les expressions analytiques comprennent des coefficiens qui se rapportent à l'état superficiel, et qui influent beaucoup sur la valeur de la température.

qu'on ne puisse, tant que la matière n'est pas complètement éclaircie, décider si les changemens qui s'opèrent justifient la conclusion dans toute son étendue, où même y conduisent véritablement.

140. A cet exemple, nous pouvons en ajouter un autre qui a tous les caractères d'une véritable cause ; nous le puiserons dans le fait astronomique de la diminution lente, actuelle de l'excentricité de l'orbite de la terre autour du soleil comme une cause générale affectant la *température moyenne du globe entier*, et comme une cause dont l'effet est également inévitable et susceptible d'être, du moins jusqu'à un certain point, évalué d'une manière exacte; cette diminution d'excentricité mérite considération. Il est évident que la température moyenne de tout le globe en tant qu'elle est maintenue par l'action du soleil à un plus haut degré que celui qu'elle atteindrait, si cet astre venait à s'éteindre, doit dépendre de la quantité moyenne des rayons solaires qu'elle reçoit, ou ce qui revient au même, de la quantité totale qui lui en arrive dans un temps donné. D'une autre part, la longueur de l'année est invariable, quelles que soient les fluctuations du système planétaire. Il résulte de là que la somme annuelle des rayons solaires, toutes choses égales d'ailleurs, détermine le climat général de la terre. Or, il n'est pas difficile de faire voir que, cette somme est en raison inverse du petit axe de l'élipse que cette planète décrit autour du soleil, considéré comme peu variable ; que par

conséquent , le grand axe restant toujours constant , comme nous savons qu'il l'est en effet, et
l'orbite tendant chaque jour à s'approcher du cercle, le petit axe augmente la somme moyenne des
rayons solaires, reçue par la masse terrestre, doit
diminuer maintenant. C'est là une cause réelle ,
directe et d'une généralité suffisante pour rendre
compte des phénomènes.

141. Toutes les fois qu'un phénomène se présente, nous cherchons naturellement à le rapporter à l'une ou à l'autre de ces causes dont l'expérience a constaté l'existence, et fait connaître
l'aptitude à produire des faits du genre de ceux
que nous observons. Nous y parvenons plus ou
moins bien suivant 1° que ces causes sont plus ou
moins nombreuses , plus ou moins variées ; 2°
suivant que nous sommes plus ou moins habiles à les faire servir à l'explication des phénomènes ; 3° suivant que le nombre des phénomènes
analogues que nous avons pu réunir, ou dont nous
sommes parvenus à rendre compte, est plus ou
moins grand, plus ou moins lié avec ceux qui
s'offrent à nous.

142. Nous voyons par là combien il est important d'avoir une certaine masse d'exemples ou de
phénomènes analogues; l'explication de l'un mène
naturellement à celle de l'autre, et l'on arrive
ainsi à la solution du tout. Si l'analogie de deux
faits est étroite, frappante, et que la cause de l'un
soit manifeste, on ne peut guère refuser d'admettre
que l'autre est dû à l'action d'une cause analogue,

quoiqu'elle soit peu saillante. Prenons une fronde
pour exemple. Quand nous voyons la pierre dont
elle est chargée décrire autour de la main un orbite circulaire, tendre la corde et la projeter au
loin, dès qu'on lâche un des bouts, nous ne pouvons
balancer à admettre qu'elle est retenue par la tension de la corde, c'est-à-dire par une force dirigée
vers le centre : car nous sentons que nous exerçons
réellement une force de ce genre, nous avons là
la *perception directe* d'une cause : quand nous
voyons un grand corps, tel que la lune, faire une
révolution circulaire autour de la terre, nous sommes forcés d'admettre quelque retenue dans son
orbite, non, il est vrai, par un lien matériel, mais
par une force analogue à celle qui opère dans
l'autre cas par l'intermédiaire de la corde, par
une force qui tend constamment au centre. Nous
nous pénétrons ainsi à chaque instant de l'existence de causes qui n'agissent que sous un voile
qui nous dérobe leur action directe.

143. En général, nous ne devons jamais perdre
de vue que le mouvement, qu'il soit imprimé ou
modifié, est constamment le produit d'une force ;
que par conséquent les forces de la nature se manifestent, se mesurent par les mouvemens qu'elles
déterminent. Ainsi la force du magnétisme se révèle aussi bien par la déviation de l'aiguille aimantée, par la trémulence d'une aiguille ordinaire
placée au-dessus d'un aimant, que par la tenacité avec laquelle elle adhère au contact, et qu'on
ne surmonte jamais qu'à l'aide d'un certain effort.

Il en est de même des courans électriques. Les traces qu'ils laissent sur une surface de vif-argent, ont rendu sensible l'existence et la direction de forces très intenses que développe le circuit électrique, dont, sans elle, on n'eût pas soupçonné l'existence (1).

144. Mais quand la cause du phénomène ne se présente pas d'une manière sensible, qu'elle n'est pas désignée par une forte analogie, comme dans les cas qui ont été cités plus haut, on n'a d'autre ressource que de réunir, de discuter les exemples de même espèce ; c'est-à-dire de former une classe de faits qui peuvent se ranger à la suite du phénomène qu'on étudie, d'examiner les points communs qu'ils présentent, et ceux par lesquels ils diffèrent. Cet examen fera infailliblement connaître la cause qui les produit. Si on croyait en apercevoir plusieurs, il faudrait essayer de trouver, et si on ne pouvait trouver, de *produire des faits nouveaux*, qui, distincts de ceux qu'on aurait déjà, rentrassent néanmoins dans la question qu'on s'efforce d'éclaircir. Ce serait le cas de recourir à ce que Bacon appelle des *exemples cruciaux*, c'est-à-dire à des phénomènes qui mettent à même de décider entre deux causes qui ont chacune des analogies en leur faveur. Nous sentons ici combien l'expérience est utile, combien elle diffère de la passive observation. Nous fesons une expérience d'espèce cruciale, quand nous formons

(1) Trans. Phil., 1824.

de nouvelles combinaisons et que nous mettons
en œuvre des causes dont les unes seront exclues
et les autres admises. Nous fesons une expérience
cruciale quand l'accord ou le désaccord des phénomènes qu'elle produit avec ceux qu'on discute
a pour but de décider l'opinion que nous devons
en prendre.

145. Quand on a une grande masse de faits dont
on recherche la cause, et qu'on abandonne les règles générales qui doivent guider, faciliter les investigations, il ne faut pas oublier la relation de
cause et d'effet qui les lie et qu'on veut surtout
découvrir. Ces caractères sont :

1º Une connexion invariable et surtout une invariable antécédence de cause et de conséquence
d'effet, à moins de quelque circonstance qui intervienne et la détruise. Il faut néanmoins observer que, dans un grand nombre de phénomènes
naturels, l'effet se produit graduellement, et que
la cause va croissant en intensité, de manière que
l'antécédence de l'une, et la conséquence de l'autre, deviennent difficiles à établir, quoique, du reste, elles soient fort réelles. D'un autre côté, l'effet
suit souvent la cause d'une manière si instanta-
née qu'on ne peut saisir l'intervalle qui les sépare. Il est, en conséquence, souvent fort difficile
de dire quel est, de deux phénomènes qui ont
constamment lieu ensemble, celui qui est la cause,
celui qui est l'effet.

2º Absence constante d'effet, dans l'absence
de la cause, à moins d'intervention de quelque

autre cause capable de produire le même résultat.

3° Accroissement ou diminution de l'effet quand la cause éprouve un accroissement ou une diminution d'intensité dans les cas qui en admettent.

4° Rapport de l'effet avec la cause dans tous les cas où celle-ci n'a rien qui l'entrave.

5° Suppression de l'effet avec celle de la cause.

146. Ces caractères nous conduisent aux observations suivantes, qu'on peut considérer comme autant de propositions applicables aux cas particuliers ou, mieux, comme des règles de philosophie : 1° Si dans un groupe de faits il s'en trouve un qui ne présente pas une particularité donnée ou qui en présente une opposée, cette circonstance ne peut être la cause cherchée.

147. 2° Une circonstance que reproduisent tous les faits peut être la cause que l'on cherche ou tout au moins, un effet collatéral de la même cause. Si cette coïncidence est la seule que présentent ces faits, cette possibilité devient une certitude. S'ils en offrent plus d'une, celles-ci peuvent être des causes concourantes.

148. 3° On ne peut pas nier l'existence d'une cause qui a pour elle un concours de fortes analogies, quoiqu'on soit hors d'état de dire comment elle produit son effet, ou qu'on ne puisse même concevoir comment elle existe dans les circonstances où elle se fait sentir. En pareils cas, on doit plutôt en appeler à l'expérience, quand elle est possible, que de décider *à priori* que la cause n'est

pas véritable. On doit même essayer de la rendre apparente.

149. Par exemple, nous voyons que le soleil est éminemment lumineux, et toutes les analogies portent à croire qu'il est animé d'une chaleur très-intense. Comment la chaleur produit-elle de la lumière? nous l'ignorons. Comment une chaleur semblable peut-elle être maintenue? nous ne le savons pas davantage. Nous ne pouvons néanmoins contester la conclusion.

150. 4° Les faits contraires ou opposés sont aussi instructifs pour la découverte des causes que ceux qui leur sont favorables. ·

151. Prenons un exemple. Mettons une certaine quantité d'acier et de limaille de fer dans un vase clos et disposé sur l'eau : elle diminue de volume, une partie se combine avec le fer et produit la rouille. Si on examine alors ce qui reste dans le vase, on trouve que ce résidu est également impropre à entretenir la flamme et la vie animale. Ce fait contraire prouve que le principe qui les soutient l'un et l'autre réside dans cette partie de l'air, qui s'unit au fer et le rouille.

152. On rend très-souvent les causes sensibles en disposant les faits suivant l'ordre d'intensité dans lequel certaines circonstances se manifestent. Cela n'est cependant pas rigoureusement exact, parce que des causes qui contrarient ou modifient l'effet agissent souvent simultanément.

153. Citons un exemple. Les sons ne sont autre chose que des impulsions que l'air transmet à nos

oreilles. S'il en apporte une série d'égale force dans des intervalles de temps égaux, que ces impressions soient d'abord lentes, puis, peu à peu, plus rapides, l'impression sourde, en premier lieu, produit ensuite une sorte de mouvement, puis un bruit confus, et, prenant par degré le caractère d'une note musicale, elle s'élève de plus en plus jusqu'à ce qu'enfin elle soit trop aigüe pour que l'oreille la saisisse. Et nous concluons du rapport qu'il y a entre la hauteur de la note musicale, la rapidité avec laquelle les impulsions se renouvellent, que la sensation des diverses hauteurs des notes musicales est due à ces différens degrés de vitesse avec lesquels les impulsions parviennent à nos oreilles.

154. 6° Que des causes de cette espèce, c'est-à-dire, des causes qui contrarient ou modifient, peuvent subsister inaperçues, et arrêter les effets de celles qu'on cherche, dans des cas qui, d'après leur action, se rangeraient dans la classe des faits favorables qu'on peut, par conséquent, souvent faire disparaître des exceptions, en éloignant les causes contraires ou en tenant compte de leur action. Cette remarque acquiert une grande importance (et c'est souvent le cas) quand une exception saillante, mais unique, surgit au milieu d'une masse de faits qui déposent unanimement en faveur d'une cause.

155. Ainsi, on a trouvé en chimie que la qualité *alcaline* des bases alcalines et terreuses est due à la présence de l'oxigène combiné avec tel ou tel

corps, qui constitue une série particulière de métaux. Cependant, l'ammoniaque forme une exception remarquable, puisqu'elle est composée d'azote
et d'hydrogène. Mais ici se trouvent des indices
presque sûrs que cette exception n'est pas réelle,
qu'elle est due à des circonstances qu'on ne peut
encore bien apprécier.

156. 7° Si nous pouvons trouver ou produire
nous-mêmes deux faits qui coïncident exactement
dans tous les points, hors un, et diffèrent dans
celui-là seul, son influence, s'il en a, dans la production du phénomène, devient sensible par cela
même. Si cette particularité se rencontre dans un
fait et ne se présente pas dans l'autre, la production ou la non-production du phénomène prouvera
si elle est ou non la seule cause. La chose se
verra mieux encore si cette particularité se manifeste, d'une autre manière, dans les deux cas, et
empêche ainsi l'effet de se produire. Si, au contraire, l'absence ou la présence de cette particularité n'exerce d'influence que sur le *degré* ou
l'intensité du phénomène, on peut seulement conclure qu'elle agit comme cause concourante ou
comme condition avec quelque autre qu'il faut
chercher ailleurs. Dans la nature, il est très-rare
de trouver des faits qui ne diffèrent qu'en une circonstance et coïncident dans toutes les autres. Si,
au contraire, on recourt à l'expérience, il est facile de les produire. C'est là, du reste, la grande
explication des *expériences de recherches* dans la
physique. Ils acquièrent d'autant plus d'impor-

tance et donnent des résultats d'autant plus nets qu'ils approchent davantage de cette condition (de coïncider dans tous les points, hors un), attendu que la question devient plus saillante et la réponse plus décisive.

157. 8° Si on ne peut complètement faire disparaître la circonstance dont on veut apprécier l'influence, on doit chercher des cas où elle présente de grandes différences dans la manière dont elle agit. Si l'on ne peut y parvenir, il faut faire en sorte d'affaiblir ou d'accroître son action au moyen de quelque circonstance nouvelle qui d'elle-même paraisse *en état* de produire cet effet, et obtenir ainsi la preuve indirecte de l'influence qu'elle exerce. Mais alors il ne faut pas oublier que la preuve que l'on obtient de la sorte est indirecte, et que la circonstance qu'on a fait intervenir peut avoir une influence directe sur elle ou en modifier quelque autre.

158. 9° Quand les phénomènes sont compliqués, qu'ils sont le produit de plusieurs causes, soit concordantes, soit opposées ou indépendantes entre elles, on peut aisément les simplifier. On peut isoler l'effet de celles qui sont connues, autant du moins que la nature de la question le comporte, au moyen de l'induction ou à l'aide de l'expérience, et réduire le phénomène à une sorte de *résidu* dont il faut chercher l'explication. Ce n'est qu'à la faveur de ce procédé que la science, dans l'état où elle est parvenue, peut faire des progrès. La plupart des phénomènes que nous

offre la nature sont très compliqués, et quand on les a disséqués, qu'on a fait le triage qui vient d'être indiqué, ce qui reste se présente constamment sous la forme d'un phénomène à la fois neuf, et propre à conduire aux plus importantes conclusions.

159. Je citerai un exemple : le retour de la comète que le professeur Encke a annoncé devoir se reproduire plusieurs fois de suite; la parfaite coïncidence de la position assignée par le calcul et de celle qu'a donnée l'observation pendant une des périodes où l'astre était visible, nous conduisent à admettre que la gravitation vers le soleil et les planètes est la cause unique et suffisante de tous les phénomènes que présente l'orbite qu'elle décrit ; mais quand l'effet de cette cause est bien évalué, qu'il est déduit avec soin du mouvement observé, on trouve qu'il reste encore un *phénomène résidu* que, sans cette méthode, on n'aurait jamais aperçu. C'est une petite anticipation sur le temps de ses réapparitions ou une diminution de son temps périodique dont la gravité ne rend pas complètement compte, et dont par conséquent il faut chercher la cause. Une anticipation semblable peut être déterminée par la résistance d'un milieu disséminé à travers les régions célestes, et comme il y a d'autres bonnes raisons de croire que c'est là une véritable cause, c'est à elle qu'on l'a attribuée.

160. Cette dernière observation est d'une telle importance que nous ajouterons encore un exem-

ple ou deux. M. Arago ayant suspendu une aiguille aimantée par un fil de soie, et l'ayant mise en mouvement, remarqua qu'elle arrivait plus vite au repos quand elle oscillait au-dessus d'un plateau de cuivre. Il y avait là deux causes qui pouvaient produire cet effet : d'abord la résistance de l'air qui affaiblit et éteint à la longue tout mouvement qui s'accomplit dans ce gaz ; ensuite le défaut de mobilité parfaite dans le fil de soie. Mais l'effet de ces deux causes était exactement connu à l'aide de l'observation faite en l'absence du cuivre : il était évalué, déduit, et le phénomène résidu consistait dans le fait que le cuivre lui-même développait une influence retardatrice. Ce fait, une fois constaté, conduisait rapidement à une classe de rapports tout-à-fait neufs, tout-à-fait inattendus. Ajoutons un autre exemple. S'il est vrai, comme Fourrier le croyait démontré, que les régions célestes ont une température indépendante du soleil qui n'est pas de beaucoup inférieure à celle de la congélation du mercure, et qui est bien supérieure aux froids artificiels qu'on est parvenu à produire, on peut l'attribuer à deux causes. L'une est indiquée par l'auteur que nous venons de nommer, c'est la radiation des étoiles ; l'autre peut se trouver dans l'éther, dans le milieu élastique dont il a été question dans le paragraphe précédent. Les phénomènes de lumière, la résistance qu'éprouvent les comètes nous autorisent à penser qu'il remplit l'espace. On peut même croire par analogie qu'il a, comme tous les milieux élastiques

connus, une température, une chaleur spécifique
qui lui sont propres, et qu'il peut communiquer
aux corps qu'il enveloppe. Maintenant, si nous
considérons que la chaleur rayonnée par le soleil
suit la même proportion que la lumière émise
par cet astre, et que nous pensions pouvoir admettre que les lois qui régissent la chaleur solaire
régissent aussi celle que dégagent les étoiles, l'effet de la radiation de celles-ci sur la température
de l'espace sera aussi inférieur à celui de la radiation du soleil que la lumière d'une nuit sans lune
l'est à celle d'un midi équatorial, c'est-à-dire,
qu'elle sera incompârablement plus faible ; mais
en accordant à cette cause tout ce qu'elle peut
produire, il y aurait encore un résidu considérable qu'il faudrait attribuer à la présence de l'éther.

161. Plusieurs des nouveaux élémens de la chimie sont liés à l'examen des *phénomènes résidus*.
C'est ainsi, entre autres, qu'a été découverte la li-
thine. Arfwedson, qui en est l'auteur, observa un
excès de poids dans le sulfate que contenait un
minéral qu'il avait soumis à l'analyse; il rechercha
à quoi tenait cette circonstance et trouva le nouveau principe qu'il a fait connaître. C'est également
ment ainsi, qu'en étudiant les *résidus des grandes
opérations des arts*, on a successivement trouvé
l'iode, le brome, le selenium et les nouveaux métaux qui accompagnent le platine dans les expériences de Wollaston et de Tennant. Ce fut aussi
une heureuse pensée qu'eut Glauber, d'examiner
les résidus que chacun jetait au loin.

162. Enfin, nous devons observer que la découverte d'une cause *possible*, par la comparaison de cas divers, doit conduire à l'une de ces choses : 1° la découverte d'une cause réelle, de son mode d'action qui rende complètement raison des faits ; 2° l'établissement d'une loi abstraite qui montre deux phénomènes d'espèce générale comme invariablement liés entre eux, et garantisse que, si l'on en connaît un, on ne peut manquer de trouver l'autre. Une relation de cette espèce, une relation invariable est elle-même un phénomène d'un ordre plus élevé qu'aucun fait particulier, et quand on en a découvert quelques-uns, on peut recommencer à les classer, à les combiner, les examiner, chercher les causes qui les produisent, ou découvrir des lois plus générales encore, et ainsi de suite.

163. Montrons, par exemple, comment on procède en cas semblable. Supposons que c'est de la rosée que nous voulons trouver la cause. Nous la séparons de la pluie, de l'eau que versent les brouillards, et nous restreignons le terme à ce qu'il signifie véritablement, c'est-à-dire à l'apparition spontanée de l'humidité dont se chargent les substances exposées à l'air libre dans un temps sec. Les gouttelettes dont se tapissent un métal, une pierre qui reçoit une bouffée d'haleine, celles qui se déposent sur les parois d'un verre rempli d'eau bien fraîche placé dans un air chaud, celles qui se montrent sur la surface intérieure des vitrages quand la pluie, la grêle, abaissent brusquement

la température extérieure, celles qui coulent le long des murs quand le retour de la belle saison vient suspendre les gelées, sont autant de phénomènes analogues, de phénomènes qui ont un point commun ; savoir, une température comparativement plus basse que celle de l'air ambiant. (Règle 2, § 147.)

164. Dans le cas de la rosée de nuit, est-ce là une *cause réelle ?* L'objet recouvert de gouttelettes est-il à une température véritablement plus basse que celle de l'air ? On serait tenté de le croire ; cependant cela n'est pas et ne saurait être. Mais les analogies sont pressantes, unanimes, et, d'après la règle 3, § 148, nous ne devons pas repousser les indications qu'elles nous présentent. La vérification est d'ailleurs facile à faire. Il n'y a qu'à prendre deux thermomètres, l'un qu'on met en contact avec la substance qu'humecte la rosée, l'autre un peu plus loin pour le soustraire à son influence. L'expérience a été fréquemment faite. La question a souvent été reproduite, et la réponse a été constamment affirmative. Toutes les fois qu'un objet se couvre de rosée, il est plus froid que l'air. Là est, par conséquent, une circonstance *concomittante invariable*, mais la basse température est-elle l'effet ou la cause de la rosée ? C'est une observation générale que la rosée est toujours accompagnée de refroidissement, et l'opinion commune est que cette circonstance doit plutôt être envisagée sous le premier aspect que sous le deuxième. Il faut, par conséquent, réunir encore

des faits, ou, ce qui revient au même, varier les circonstances ; puisque, chaque exemple qui se présente sous une face nouvelle est un fait nouveau, et que nous devons surtout noter les cas contraires ou négatifs (Règle 4, § 150), c'est-à-dire ceux où il n'y a pas de rosée.

165. Or la rosée ne se forme pas sur les *métaux polis;* mais elle se dépose en abondance sur la surface supérieure du verre, dans quelques cas même elle s'accumule sous l'inférieure, circonstance qui ne permet pas de croire (Règle 1, § 146) qu'elle vienne du ciel, comme il semble naturel de le penser. Si l'on fait usage de métaux polis et de verres polis, le contraste du résultat qu'on obtient prouve que la nature du corps n'est pas sans influence sur le phénomène. Il faut, par conséquent, autant que possible, ne diversifier que la substance. Cette diversification donne naturellement une *échelle d'intensités* (Règ. 5, § 152.) Elle donne encore un autre résultat : elle fait voir que les substances polies qui conduisent mal la chaleur sont celles qui se chargent le plus de rosée, et que celles qui conduisent bien la première sont celles qui prennent le moins la seconde. Nous trouvons là une loi du premier degré de généralité. Mais si nous essayons des surfaces qui, loin d'être polies, soient raboteuses, nous trouvons que la loi est suspendue (Règ. 5, § 152.) Ainsi, du fer brut, surtout s'il est peint ou noirci, se couvre d'une rosée plus abondante que le papier verni. La nature de la surface a donc une véritable in-

fluence. Si par conséquent nous éprouvons le même corps en variant sa surface (Règ. 7, § 156), nous obtenons une autre échelle d'intensité. Les surfaces qui rayonnent le plus fortement sont celles qui prennent plus de rosée. Nous trouvons ainsi une loi aussi générale que la première par la comparaison de deux classes de faits dont l'une se rapporte à la rosée et l'autre à la radiation de la chaleur. L'influence qui appartient à la *substance* et celle qui tient à la *surface* nous conduisent à examiner celle de la *texture*. Nous rencontrons encore ici de grandes différences; nous trouvons une troisième échelle d'intensité; échelle qui prouve que les substances d'une texture ferme, serrée, telles que les pierres, les métaux, etc., prennent difficilement la rosée, tandis que celles qui ont un tissu lâche, comme la laine, le velours, le coton, l'édredon, etc., s'en chargent avec la plus grande facilité. Ces substances sont précisément celles qui conviennent davantage aux vêtemens, c'est-à-dire celles qui empêchent mieux la déperdition de la chaleur, ou qui froides au dehors, restent chaudes au dedans.

166. Enfin on peut observer, entre autres preuves négatives (§ 150), que la rosée n'est jamais abondante dans les lieux couverts, et qu'elle est nulle dans les *nuits nuageuses*. Mais si les nuages se dissipent, ne fût-ce que pour un instant, elle se forme, s'accumule rapidement. Ici encore, se révèle une cause qu'on ne peut reconnaître (§ 146), On voit que les nuages sont une condition essen-

tielle, ou, ce qui revient au même, que les nuages, que les objets environnans, agissent comme *causes contraires*. La chose est d'autant plus palpable, que la rosée qui se forme pendant les intervalles où le ciel est limpide, se dissipe aussitôt qu'il se recouvre de nuages. (Reg. 4, § 150).

167. Quand on est parvenu à rassembler toutes ces inductions partielles, et qu'on veut en tirer une conclusion générale, on considère, 1° que toutes les conclusions qu'on en peut déduire supposent un fait commun, le refroidissement de la surface du corps exposé à la rosée, au-dessous de la température de l'air. Les surfaces qui rayonnent davantage, celles qui soutirent avec difficulté la chaleur des corps qui les entourent, sont naturellement celles qui refroidissent le plus, si quelque circonstance favorise leur émission sans aider à réparer les pertes qu'elle entraîne. Or, la limpidité du ciel est cette circonstance. Tous ceux qui s'occupent de la chaleur savent qu'elle se dégage incessamment de tous les corps, et que la radiation rend d'une part ce qu'elle emporte de l'autre. Les nuages et les objets environnans agissent par conséquent comme des causes opposées, en restituant la totalité, ou du moins une grande partie de la chaleur que le rayonnement disperse, et il n'y a réellement de perdu que celle qui se dissipe par les vides que présente l'espace. Ainsi, nous arrivons peu à peu à la cause prochaine de la rosée. Nous la trouvons dans la surface qui perd la chaleur plus vite qu'elle n'en soutire au sol, ou qu'elle n'en reçoit par le rayon-

nement. Elle devient ainsi plus froide que l'air, et condense la vapeur d'eau dont il est chargé.

168. Nous avons pris pour exemple la théorie de la rosée qu'a publiée le docteur Wells (1), parce que c'est une des recherches expérimentales, où l'induction a été employée avec le plus d'adresse. L'espace ne nous permet pas d'en faire ressortir toute la sagacité, mais nous recommandons vivement ce petit ouvrage aux élèves, c'est un modèle qu'ils ne peuvent trop méditer.

169. Dans l'analyse que nous venons de faire, la rosée est rapportée à deux phénomènes généraux, la radiation de la chaleur, et la condensation de la vapeur. La cause du premier phénomène exige de hautes, de pénibles recherches, et l'on peut dire qu'elle est tout-à-fait inconnue; celle du deuxième forme aujourd'hui une branche de physique très importante. Dans un cas semblable, quand nous sommes parvenus à un dernier fait, nous regardons un phénomène comme pleinement expliqué. Ainsi, une branche nous paraît à la fin au point où elle se marie au tronc, et un bourgeon à celui où il se confond avec la branche; ainsi un ruisseau conserve son nom et son importance jusqu'à ce qu'il se perde dans quelque affluent plus considérable, ou qu'il se jette dans la rivière, qui le verse dans l'Océan. Ceci suppose toujours cependant que l'admission d'un tel fait, ainsi que les

(1) Wells, sur la rosée.

14*

lois qui s'y rapportent, rend parfaitement compte de *toutes les circonstances* qu'il présente. Il en est de même de ceux qui, développés dans le cours de l'induction, nous l'ont fait connaître; de ceux qui ont été négligés ou étudiés avec moins de suite. La radiation eût été une chose nouvelle que l'induction nous l'eût rendue sensible, et sans doute elle eût aussi dévoilé plusieurs de ses lois.

170. Il ne faut donc pas, quand on se livre à l'étude de la nature, s'inquiéter de la manière dont on parvient à la connaissance de faits généraux. Il suffit de les constater avec soin quand ils sont découverts. Le reste importe peu. Voyons comment se vérifient les inductions.

171. Si dans l'induction chaque cas individuel a été apprécié, discuté, on peut être assuré qu'il se trouvera convenablement représenté dans la conclusion finale. Mais telle est la tendance de l'esprit humain à la spéculation que, s'il aperçoit une sorte d'analogie entre quelques phénomènes, il croit aussitôt avoir une cause, une loi, et ne pousse pas plus loin ses recherches, en sorte que nos principales inductions ne doivent généralement être envisagées que comme une série d'élans et de chutes, comme une suite de conclusions déduites de quelques cas et vérifiées sur plusieurs.

172. En conséquence, toutes les fois qu'on pense être arrivé par la voie de l'induction à la connaissance de la cause prochaine d'un phénomène ou d'une loi de la nature, la première chose à faire est d'examiner avec soin tous les cas de même es-

pèce qu'on a rassemblés. Il faut s'assurer si effectivement la cause en rend bien compte, si la loi les renferme réellement. Trouve-t-on une exception, il faut en prendre note pour la soumettre plus tard à un nouvel examen, pour l'étudier quand on croira pouvoir en assigner la cause, ou en tenant compte de l'effet produit, négliger l'exception même. S'il y en avait plusieurs, cependant, qu'elles fussent variées, de physionomies différentes, la conclusion qu'on aurait obtenue commanderait moins de confiance, et perdrait naturellement de son importance en perdant de sa généralité.

173. Nous devons considérer dans cette vérification, si la cause ou la loi à laquelle nous sommes conduits, est déjà admise, reconnue comme une cause, une loi générale dont la nature est bien comprise, et dont le phénomène qui nous occupe n'est qu'un cas particulier qui s'ajoute à ceux qu'on connaissait déjà, ou si elle est nouvelle, moins générale, moins reçue. Si la loi est nouvelle, nous devons nous en tenir à une simple vérification, surtout si cette vérification établit que les cas qu'on examine sont bien ceux que la loi comprend. Si celle-ci est établie, la marche qu'on doit suivre dans la vérification est beaucoup plus sévère. Il faut suivre l'action de la cause d'une manière plus distincte, plus précise, indiquer les modifications qu'elle subit dans chaque cas ; il faut évaluer son action, faire voir qu'elle rend compte de tout, du moins

tant qu'il ne survient pas de cause qui la modifie.

174. Arrivé à ce point, on peut chercher le phénomène résidu, appliquer le procédé dont nous avons parlé au paragraphe 158. Si l'induction est bonne, bien entendue, ce qui reste à expliquer quand on compare la conclusion qu'on en déduit avec des cas particuliers dans les circonstances où ils se présentent, est un phénomène de ce genre, et doit à son tour devenir le sujet d'un raisonnement d'induction pour en découvrir la cause ou la loi. C'est ainsi que nous pouvons dire que nous voyons les faits avec les yeux de la raison; c'est ainsi que nous arrivons sans cesse à la connaissance de nouveaux phénomènes, de nouvelles lois qui gisent sous la surface des choses, et donnent naissance à la création de nouvelles branches de science qui s'éloignent de plus en plus de l'observation commune.

175. L'astronomie physique en fournit de nombreux et éclatans exemples. Citons-en un. On sait que les planètes sont retenues dans leur orbite autour du soleil, et les satellites autour de leurs planètes par une force d'attraction qui décroît comme le carré des distances augmente, et on vérifie cette loi en déduisant pour chaque cas particulier les mouvemens qui doivent avoir lieu, en les comparant avec ceux qui s'effectuent réellement. Cette comparaison prouve l'existence de la loi de gravitation, et son aptitude à rendre raison des principaux mouvemens que chaque corps accomplit dans le système du monde. Mais elle laisse

à expliquer quelques petites déviations qui se présentent dans ceux des planètes, et quelques-unes qui sont même assez considérables dans celui de la lune et des autres satellites : ce sont là des phénomènes résidus dont il reste à trouver les causes. On a étudié les premières avec soin, et on est enfin parvenu à découvrir les secondes. On a reconnu qu'elles tiennent à l'action mutuelle que les planètes exercent les unes sur les autres, et à l'influence perturbatrice du soleil sur les mouvemens des satellites.

176. Mais une loi de la nature n'a pas ce degré de généralité qui la rend propre à servir de base à des inductions plus générales, si elle n'est pas *universelle* dans son application. Nous ne pouvons nous en prévaloir pour étendre nos vues au-delà du cercle des faits d'où nous l'avons déduite, si nous n'avons éprouvé sa portée, si elle ne nous met à même de dire avant l'expérience ce qui arrivera dans des circonstances analogues à celles qui nous occupent, si, en un mot, nous ne nous sommes rangés au nombre de ceux qui la combattent, si nous n'avons vainement tenté de lui trouver des exceptions. Elle n'a de valeur, elle ne prend d'importance qu'en raison de la manière dont elle résiste à une si rude épreuve. La première chose à faire quand on veut vérifier une induction est donc de chercher à l'étendre à des cas que, dans le principe, on n'avait pas en vue, à varier les circonstances dans lesquelles les causes agissent, afin de s'assurer si leur action est géné-

rale, et à pousser l'application de nos lois aux cas extrêmes.

177. On peut citer comme un modèle en ce genre l'induction qui conduisit Galilée à conclure que la puissance accélératrice de la pesanteur est la même pour tous les corps ; qu'elle agit indifféremment sur toutes les masses quelles qu'elles soient, grandes ou petites. Il vérifia cette induction en laissant tomber simultanément du sommet d'une tour élevée des substances de nature et de poids très différens, qui toutes achevèrent leur chute dans le même temps , à très peu de chose près: circonstance qu'il attribua, avec raison, à la différence de résistance que l'air oppose à la chute des corps graves, suivant qu'ils pèsent plus ou moins. On n'aurait pu à cette époque constater par le fait la justesse de cette conjecture, soumettre à l'expérience des corps légers, comme du liége, des plumes , du coton, etc., à cause de la grande résistance que l'air leur opposait dans leur chute. On n'avait alors aucun moyen d'isoler cette cause de perturbation. Ce ne fut qu'après l'invention de la machine pneumatique qu'on pût soumettre cette loi à l'épreuve. On fit le vide , et on abandonna à elles-mêmes une pièce d'or et une barbe de plumes qu'on avait disposées au-dessous de la partie supérieure de l'appareil, et l'une et l'autre achevèrent leur chute au même instant.

178. Si la loi qu'on vérifie est *quantitative* , il ne faut pas se borner, pour établir qu'elle est générale, à la soumettre à l'épreuve dans les circons-

tances les plus variées , il faut encore que chaque épreuve soit mesurée , faite avec précision. Les moyens qu'on emploie doivent eux-mêmes être choisis de manière à répéter, à multiplier un assez grand nombre de fois la déviation, s'il y en a, pour la rendre sensible.

179. Supposons, par exemple, que nous avons à vérifier la loi suivante : *la pesanteur d'un corps est en raison directe de sa masse,* ce qui est une autre manière d'exprimer la loi de Galilée, dont nous parlions tout à l'heure. Le temps que met à sa chute un corps qui tombe d'une hauteur peu considérable ne peut être mesuré avec assez de précision pour en établir la justesse; mais, si nous pouvons le répéter un très-grand nombre de fois sans *rien perdre , sans rien gagner* dans les intervalles, et que la somme totale de ces temps répétés soit comptée avec une montre, si nous pouvons en même temps faire que la résistance soit exactement la même pour tous les corps soumis à cette épreuve, nous aurons une expérience beaucoup plus décisive que celle de Galilée, et qui sera évidemment plus exacte. Or, tout cela, Newton l'a fait d'une manière fort ingénieuse. Ce grand homme choisit les corps qui diffèrent le plus à tous égards ; tels sont l'or, le verre , la laine , l'eau , le froment, etc. Il en prit des poids égaux, les renferma dans un pendule creux (1), mesura le temps que le pendule ainsi chargé met-

____

(1) Principia, liv. 3, prop. 6.

lait à faire un certain nombre d'oscillations : les poids tombaient et s'élevaient alternativement dans chacune de ces oscillations, sans perte de temps, et parcouraient *identiquement* les mêmes espaces. De cette manière, s'il y avait eu quelque différence dans la chute ou dans l'ascension, quelque insignifiante qu'elle eût été en elle-même, elle serait à la fin devenue sensible. Or, comme on n'en a découvert aucune par ce procédé délicat, on peut considérer la loi comme vérifiée sous le rapport de la généralité et de l'exactitude. Cette vérification cependant, n'est rien, comparée à celles qu'on apporte dans les phénomènes astronomiques, où les déviations, s'il en existait, s'accumuleraient, non pendant un petit nombre d'heures, mais pendant de milliers d'années.

180. Rien ne prouve, cependant, rien n'atteste mieux qu'une induction est large, bien entendue, que les vérifications qui jaillissent spontanément, qui viennent des points d'où on devait le moins les attendre. C'est mieux encore lorsque celles-ci se présentent d'abord d'une manière hostile. Un fait semblable est irrésistible, et porte avec lui un ascendant qu'aucun autre ne saurait avoir. Ainsi, pour citer un exemple, Mitscherlitz avait annoncé la loi suivante : les élémens chimiques dont tous les corps sont formés peuvent être classés en groupes distincts qu'il appelle isomorphes, et ces groupes ont entre eux un tel rapport, que les composés similaires qui résultent de la combinaison d'individus appartenant à deux, trois, quatre, etc., d'entre

eux, affectent dans leur cristallisation les mêmes formes géométriques. Cette curieuse, cette importante loi paraissait avoir une exception remarquable. Suivant Mitscherlitz, les acides arsénique et phosphorique sont des combinaisons similaires qui se trouvent dans son domaine. Leurs produits devaient donc, lorsqu'ils s'unissent à l'eau, à la soude, cristalliser sous les mêmes formes. Cependant, il n'en était pas ainsi. Les arseniates et les phosphates en présentaient de tout-à-fait différentes. L'anomalie paraissait évidente, lorsqu'un chimiste anglais, M. Clarke, examinant ces deux sels avec soin, découvrit qu'ils ne présentaient point la composition similaire qu'exige la loi de Mitscherlitz. L'exception disparut alors. C'était quelque chose. Clarke ne s'arrêta pas là, néanmoins. Il poursuivit ses recherches, et parvint à former un nouveau phosphate de soude qui ne contenait pas la même proportion d'eau et présentait la même composition que l'arseniate. Il le fit cristalliser, et trouva que les cristaux avaient identiquement la forme de ceux que fournit l'arseniate. Il vérifia ainsi d'une manière frappante, et tout-à-fait inattendue, la loi dont il s'agit, ou, comme il l'appelle, la loi de l'isomorphisme.

181. On trouve souvent dans des recherches tout-à-fait différentes de celles qu'on poursuivait, la confirmation la plus inattendue et la plus frappante des lois qu'on a établies par l'induction. La transmission du son en offre un exemple remarquable, dans le développement de la chaleur

que produit la compression. Les recherches qu'on
avait faites sur la cause qui le produit avaient conduit au sujet de son mode de transmission à des
résultats d'où l'on pouvait déduire sa vitesse dans
l'air. On soumit celle-ci au calcul ; et quand on
compara les nombres qu'on avait obtenus avec ce
qui se passe dans la nature, on trouva que l'accord était suffisant pour montrer la coïncidence
générale de la cause et du mode de propagation
assignés, mais n'expliquait pas *tout* l'effet produit. Il restait à rendre compte d'un excès de vitesse qui pendant long-temps embarrassa les savans. Enfin, Laplace pensa que cet excès pouvait
tenir à la chaleur développée dans la condensation que produisent nécessairement les vibrations
de l'air qui transmettent le son. Il vérifia la chose,
et trouva à la fois dans ses calculs la preuve de sa
conjecture et de l'exactitude de la loi dans des circonstances que l'imitation ne peut modifier.

182. Il y a dans l'extension qu'on donne aux inductions, une chose qui fait constamment sur
l'esprit une profonde impression ; souvent même
elle produit une sensation de surprise et de
nouveauté qui lui donne une importance bien au-
dessus de celle qu'elle a véritablement : c'est la
transition du petit au grand, ou du grand au petit, la première surtout. Il est si beau de voir, par
exemple, une expérience faite dans un verre de
montre, avec un chalumeau, réussir dans une
grande fabrication, sur des masses considérables
de matière, ou dans le sein d'un volcan, sur des

millions de pieds cubes de lave, que nous oublions
que ces grandes masses ne sont que des amas de
petites quantités telles que celles qui étaient renfer-
mées dans le verre de montre, et dans les globules
des chalumeaux. Nous voyons les immenses intervalles qui séparent les étoiles, les planètes, laisser
place à une foule de phénomènes, donner passage à
la lumière, à la chaleur, aux mouvemens curieux,
compliqués, qui ont lieu entre elles. Nous examinons avec plus de soin, et nous voyons les systèmes
sidéraux qui sans doute ne sont ni moins étendus,
ni moins complexes que le nôtre, apparaître dans un
petit espace (attendu la distance où ils sont de nous),
et former des groupes ressemblant à des corps d'apparence substantielle, ayant forme et figure. Néanmoins, nous reculons avec une sorte d'incrédulité,
nous ne pouvons nous défendre de surprise quand
on nous demande pourquoi nous ne pourrions
concevoir que les atomes d'un grain de sable
n'auraient pas entre eux, toute proportion
gardée, autant de distance qu'en ont les étoiles,
pourquoi il ne se passerait pas entre ces atomes
des phénomènes aussi compliqués, aussi merveilleux que ceux qui se reproduisent sans cesse dans
le ciel. Cependant, celui qui se livre à l'étude de
la nature rencontre à chaque instant des faits
qui portent la pensée d'une extrême à l'autre. Il
trouve, par exemple, que le phénomène de
la propagation des vents est régi par les mêmes lois que la propagation du mouvement dans
les plus faibles masses. Ceux que présente la fou-

dre peuvent être assimilés à la simple communication de l'étincelle électrique, et ceux qui accompagnent les tremblemens de terre aux frémissemens d'un fil métallique ; il voit, en un mot, que les distinctions de grand et de petit s'évanouissent dans la nature. Il est heureux pour l'homme qu'il en soit ainsi, et que les lois qu'il peut découvrir, vérifier dans sa petite sphère, lui profitent quand il les applique sur une plus grande échelle. Ce n'est qu'à la faveur de cette circonstance qu'il peut s'immiscer d'une manière efficace dans les opérations de quelque étendue, et qu'il prend toute son importance dans la création

183. Mais ce n'est pas à cela que se bornent les avantages de l'induction. Il faut, pour retirer tous ceux qu'elle peut produire, la suivre dans ses dernières conséquences, l'appliquer aux cas qui semblent avoir le moins de rapports avec le sujet qu'on discute. Chaque observation ajoute à la masse de nos connaissances, et nous fournit les moyens de les accroître encore, d'explorer la partie des phénomènes qui jusque-là nous avait échappé. On ne peut assez insister auprès des jeunes gens, assez leur répéter qu'il n'y a pas un fait de philosophie naturelle qui n'exige, pour être pleinement, complètement expliqué, le concours de plusieurs sciences, si ce n'est de toutes. Il faut en excepter les grands phénomènes de l'astronomie; mais cela tient à ce qu'ils se passent sur une échelle immense, qu'ils sont régis par une des forces les plus générales, les plus

énergiques de la nature ; que tous les agens subalternes , que toutes les causes secondaires se
perdent dans l'ensemble , s'évanouissent dans le
mouvement commun ; mais il n'en est pas ainsi
des phénomènes plus intimes qui nous entourent. Dans quelle complication des branches de
la science ne sommes-nous pas conduits par la
considération d'un phénomène , comme la pluie,
ou la flamme , ou une foule d'autres qui se
passent incessamment sous nos yeux ? Aussi est-
il à peu près impossible d'arriver à une loi un peu
générale dans quelque partie que ce soit ; mais
elle nous fournit les moyens d'arriver à une foule
d'autres, d'arriver à ceux qui sont les plus éloignés
du point d'où nous sommes partis, de telle manière que, lorsqu'on s'embarque dans quelque recherche physique, on ne peut assigner le terme où
l'on arrivera.

184. Cette remarque s'applique surtout au procédé inverse, au procédé de déduction à l'aide duquel
on suit une loi jusque dans ses dernières conséquences. Mais il est important d'observer que,
pour mener à bien des recherches, il faut tantôt
faire usage de l'*induction,* tantôt employer la *déduction.* On n'escalade pas de prime-abord les
sommités qui couvrent la science. La voie qui
mène à ces hauteurs escarpées est tortueuse, difficile. Il faut monter, descendre, faire des haltes,
établir des stations ; la tâche n'est pas de celles
qu'on exécute de plein saut. En d'autres termes,
il n'y a rien de si instructif, de si propre à conduire

à des points de vue généraux, que de presser
une loi dans ses dernières conséquences. La découverte d'une nouvelle loi, d'un nouveau fait
ultérieur, ou même d'un fait qui en revêt momen-
tanément l'apparence, est comme la découverte
d'un nouvel élément en chimie. Ainsi le sélénium
avait à peine été observé par Berzelius dans les
mines de Fahlun, qu'il se montrait déjà dans
les matières sublimées de Stromboli, dans les rares et curieux produits des mines de Hongrie. Il
en est de même de toute nouvelle loi, de tout
fait général. On ne l'annonce pas sur un point
qu'on le discerne sur une foule d'autres, qu'on s'é-
tonne de ne l'avoir pas observé plus tôt. On s'en
empare partout; une lumière inattendue jaillit
sur les parties de la science qui étaient encore
dans l'obscurité, qui même avaient été abandonnées de désespoir.

185. Nous avons déjà parlé (178) de la vérification des lois quantitatives; mais elles sont si importantes en physique, que nous ne pouvons nous
dispenser d'entrer dans quelques détails sur la
nature des inductions qui les font connaître. Dans
leurs degrés les plus simples ou les moins généraux (les seuls dont il soit maintenant question),
elles expriment d'ordinaire quelque rapport numérique entre deux quantités qui dépendent
l'une de l'autre, soit comme faits collatéraux d'u-
ne cause commune, soit comme résultat de l'effet produit par cette cause dans des circonstances
numériques déterminées. La loi de réfraction,

par exemple, que nous avons exposée précédemment (§ 22) exprime, par une relation très simple,
la quantité de la déviation angulaire que subit un
rayon de lumière quand l'angle qu'il fait avec la
surface refringente est connu, c'est-à-dire que,
tant que la substance refringente ne change pas,
le sinus de l'angle que le rayon incident fait avec
une perpendiculaire à sa surface, et celui de l'angle
fait par le rayon réfracté avec la même perpendiculaire, ont un rapport constant. Or, pour arriver
par induction à des lois de cette espèce, quand une
des quantités dépend de l'autre, ou varie avec
elle, il suffit d'avoir une série de mesures
exactes, précises, de bien connaître l'état des circonstances que l'on assigne ou que l'on cherche.
Ici, néanmoins, la forme mathématique de la loi
étant de la plus haute importance, on doit donner
la plus grande attention aux *cas extrémes*, ainsi
qu'à tous ces points où le plus petit changement
qui survient dans une quantité entraîne dans l'autre une variation correspondante. Ces résultats
doivent être consignés dans une table où les données croissent rapidement depuis le terme le plus
bas jusqu'au plus élevé dont ils soient susceptibles. Cette table prend plus ou moins la forme
d'une loi mathématique, suivant qu'on manie l'a-
nalyse avec plus ou moins d'habileté. Une chose
facilite souvent la découverte de ces sortes de
lois d'une manière singulière. C'est l'étude d'une
classe de phénomènes, dont il sera question plus
tard sous le titre d'exemples collectifs (§ 194), où la

nature de l'expression mathématique dans laquelle la loi doit être énoncée est désignée par la figure de quelque courbe.

186. Au surplus, si l'induction n'embrasse pas une série de cas qui renferment toute l'échelle des variations que peuvent subir les quantités dont il s'agit, l'expression mathématique ainsi obtenue ne peut être envisagée comme la véritable; si l'échelle, au contraire, est peu étendue, l'extension qu'on donne à la loi, l'application qu'on en fait aux cas extrêmes, peuvent entraîner d'assez graves erreurs. L'air, par exemple, est un fluide élastique, un fluide tel, qu'enfermé dans un espace clos et soumis à une pression, il diminue de volume. On conclut d'un grand nombre d'expériences où il a été réduit à la moitié, au tiers, au cinquantième de son volume, « que la densité de l'air est proportionnelle à la force comprimante », ou que son volume est en raison inverse de cette force. On trouve encore que même chose a lieu quand on le raréfie, qu'on affaiblit la pression qu'il supporte dans des limites fort étendues. Il est néanmoins impossible, dans l'acception rigoureuse du mot, d'admettre que ce soit là la véritable loi, car, s'il en était ainsi, la condensation de l'air n'aurait pas de bornes; et cependant, en jugeant par analogie, nous avons toute raison de croire qu'avant d'atteindre le terme que la réduction dont il s'agit suppose, il se liquéfierait, si même il ne prenait la forme solide.

187. Les lois qu'on fait d'une manière directe,

ou en résumant en formules mathématiques les résultats fournis par un nombre de mesurages plus ou moins grand, sont appelées « empiriques. » Les travaux que le docteur Young a publiés (*Transactions philosophiques pour 1826*) sur les tables de mortalité, nous fournissent un bel exemple de ces sortes de lois. Ce sont des *inductions non vérifiées;* on ne doit les admettre, s'en servir qu'avec réserve. Hors des limites qui circonscrivent les données dont on les a déduites, elles ne méritent aucune confiance, et même dans ces limites il faut les discuter, voir jusqu'*à quel point* elles représentent les faits qu'elles expriment, c'est-à-dire qu'il faut s'assurer si la différence que présentent les résultats qu'elles produisent et les quantités qu'on éprouve, peut être attribuée à une erreur d'observation. Quand elles ont été soumises à ce sévère examen, elles prennent plus de poids. Souvent même, quand elles ont été vérifiées théoriquement par des procédés de déduction (comme nous l'expliquerons dans le chapitre suivant), elles sont reçues comme des lois de la nature, et donnent la sanction la plus sûre, la plus éclatante dont les théories soient susceptibles. Les plus beaux exemples qu'on ait en ce genre sont les grandes lois des mouvemens planétaires, que Kepler a déduites en comparant les observations entre elles, sans être le moins du monde aidé par la théorie. Ces lois sont celles-ci : Les planètes décrivent des ellipses autour du soleil; chacune d'elles décrit autour du centre de cet astre des aires égales dans des temps égaux ; dans les orbites des différentes planètes, les carrés des temps des révolutions sont en raison du cube des distances. Tels furent les résultats de cet inconcevable travail de calcul et de comparaison. Le labeur qu'ils avaient coûté était immense, mais les conséquences qu'ils emportaient l'étaient aussi. Ils jetaient les bases du système de Newton, et le mettaient à l'abri de toute attaque. D'une autre part, les lois empiriques deviennent, quand on les étend au-delà des limites que comportent les observations dont elles sont déduites, une source de fâcheuses méprises. Les formules que l'expérience a données, jusqu'à ces derniers temps, sur l'élasticité de la vapeur, sur la résistance des fluides et autres sujets semblables, se sont trouvées défectueuses, inexactes, dès que la théorie a voulu s'en servir.

188. Un fait à la fois heureux et remarquable, c'est que la plus courte et la plus directe de toutes les inductions est celle qui a conduit, pour ainsi dire, de prime-abord, aux plus hautes lois de la nature ; j'entends celles de la force et du mouvement. Rien ne peut être plus simple, plus précis, plus général que l'énoncé de ces lois ; et, comme je l'ai déjà observé, l'application aux faits particuliers dans la méthode déductive n'a d'autres bornes que celles des mathématiques. Il semblerait, d'après cela, que la dynamique n'est pas une science d'induction, qu'elle n'est qu'un sujet de raisonnemens *à priori,* comme la géométrie. Il

en serait effectivement ainsi si les méthodes analytiques étaient parfaites, que toutes les données
fussent exactement connues. Malheureusement
nous n'en sommes pas là. Nous en sommes même
si loin, que, dans plusieurs des branches de dynamique les plus intéressantes, les mathématiques
sont insuffisantes. C'est surtout ce qui a lieu pour
les mouvemens des fluides. On met les problêmes
en équations; on démontre que celles-ci renferment des solutions; mais les équations sont elles-
mêmes si peu traitables, si pénibles, qu'on n'en
est pas plus avancé. Elles ne présenteraient pas,
d'ailleurs, ces difficultés, qu'il faudrait encore recourir à l'expérience pour établir les *données* sur
lesquelles sont fondées les applications particulières. L'analyse mathématique donne sans doute
de grands moyens de représenter les données
de toute espèce de cas et de déterminer ensuite
par la comparaison des résultats avec le fait, ce
que ces données doivent être pour expliquer les
phénomènes observés; mais, sous quelque point de
vue qu'on envisage la chose, il n'en faut pas moins
revenir à l'expérience toutes les fois qu'il s'agit
d'explication. Il le faut, lors même qu'on regarde
les principes généraux comme suffisamment établis sans elle. Dans tous les cas semblables nous
devons recourir à nos procédés d'induction et
considérer les branches de dynamique où on les
emploie comme purement expérimentales. Nous
obtenons de la sorte un immense avantage. Les
conclusions distinctes auxquelles ont conduit les

principes dynamiques abstraits se vérifient partout avec éclat ; quand l'induction nous a livré un de ces résultats, nous ne pouvons nous empêcher de sentir combien elle est sûre, combien elle est convenable.

189. La nécessité d'en appeler à l'expérience dans tout ce qui se rapporte au mouvement des fluides en grand, était depuis long-temps sentie. Newton qui a posé les premières bases de l'hydrodynamique (c'est ainsi que s'appelle cette branche de science), l'avait reconnue lui-même, et avait donné l'exemple en fesant une suite d'expériences exactes, laborieuses, sur la résistance qu'ils déploient dans le mouvement. Venturi, Bernoulli, d'autres savans encore, ont appliqué la même méthode aux mouvemens des fluides dans les tubes, dans les canaux, et les frères Weber ont publié tout récemment d'excellentes recherches expérimentales sur les phénomènes que présentent les ondes. Une des plus grandes, des plus heureuses tentatives néanmoins qui aient eu lieu pour amener dans le champ de l'expérience une branche importante et jusqu'à présent bien obscure de la dynamique, est celle qui a été faite par Chladni et Savart sur le son et les mouvemens vibratoires en général. Il est à désirer que même chose se fasse dans plusieurs autres qui sont presque aussi épineuses, et se prêtent tout aussi peu aux méthodes théoriques. Dans ces sortes de cas, l'induction et la déduction doivent s'éclairer mutuellement, se vérifier l'une l'autre. La théorie et l'expérience for-

ment, en se combinant, un moyen de découvertes bien supérieur à ce que produirait leur action isolée. Cet état est peut-être le plus intéressant que puisse présenter une branche de science, et celui qui promet le plus à l'investigation.

190. Nous ne pouvons terminer la division qui nous occupe sans faire mention des faits « prérogatifs » de Bacon. Il comprend sous cette dénomination des phénomènes caractéristiques choisis sur la masse de ceux que présente la nature, et qui, par leur nombre, leur complication, leur physionomie incertaine, sont plus propres à égarer qu'à diriger l'esprit dans la recherche des causes et des sources de l'induction. Les phénomènes choisis à raison de quelque trait qui frappe, qui imprime une espèce de tendance à la causalisation ou une aptitude particulière à la généralisation, Bacon les considère à juste titre comme privilégiés, comme ayant plus de force, méritant plus d'attention.

191. Nous avons déjà observé qu'en fesant nos inductions, nous sommes d'ordinaire conduits aux conclusions qui en dérivent par la force spéciale de deux ou trois faits marquans, bien plus que par l'impression que produit l'ensemble. C'est là ce qui rend indispensable une rigoureuse vérification. Telle est la propension de l'esprit humain que rien n'est plus ordinaire que de trouver des personnes toujours prêtes à assigner une cause à ce qu'elles voient, à assembler les choses les plus disparates par les analogies les plus étranges. Les esprits étant faits ainsi, il est évidemment de la

16

plus haute importance que les premières impressions qui les frappent soient produites par des
choses qui sont de nature à donner de conve
nables inductions. Le malheur est qu'en philosophie naturelle le choix ne dépend pas de nous.
Nous sommes obligés d'accepter les exemples ,
comme la nature nous les présente. Ils seraient
même distribués par ordre qu'il faudrait encore
les comprendre, les comparer les uns avec les autres avant de pouvoir dire quels sont ceux qui
méritent le plus de considération. Après que tout
cela sera fait, après que nous nous serons vainement donné beaucoup de peine, que nous aurons
établi des groupes au hasard, il surgira un fait, il
se présentera un phénomène imprévu qui éclaircira
la matière avant même que nous ayons le temps
de déterminer à quelle classe la prérogative appartient. Les lois de la cristallographie , par
exemple, étaient obscures. La cause de ce phénomène l'était davantage encore quand Hauy laissa
heureusement tomber un beau cristal de spath
calcaire , et le brisa. Il chercha à en rajuster les
fragmens, et s'aperçut que leurs facettes ne cor-
respondaient pas avec celles du cristal lorsqu'il
était intact, mais appartenaient à une autre forme. Il suivit l'indication que lui présentait un « fait
éclatant » qu'avait produit une circonstance fortuite, et découvrit les belles lois du clivage et les
formes primitives des minéraux.

192. L'avantage d'une classification semblable ,
quelque juste qu'elle soit, m'a toujours, je l'avoue,

semblé plus apparent que réel. Avant de ranger un fait dans un système, il faut en sentir la portée, et pour sentir l'une il faut connaître l'autre. Or, nous n'avons pas besoin, quand il est apprécié de nous enquérir d'où il tire son importance, d'où lui vient l'ascendant qu'il exerce sur nos décisions, pour en faire usage, l'employer dans nos inductions. Cependant, puisqu'on tient communément à cette partie de l'ouvrage de Bacon, nous donnerons des exemples pour montrer la nature de quelques-uns des principaux cas qu'il discute. Nous avons déjà fait mention de ce qu'il appelle « faits éclatans ». Dans ceux-ci la nature, ou la cause qu'on cherche (qui, dans le cas actuel, est la forme externe, ou la structure interne du cristal), « est mise à nu, isolée, et cela d'une manière éclatante, ou au plus haut degré qu'elle puisse l'être. » Des faits de cette espèce sont assurément décisifs; mais la difficulté en physique est d'en trouver de semblables, et non de mesurer leur force quand ils sont trouvés.

193. Les faits opposés sont les « clandestins », ceux où la nature cherchée se présente dans son état le plus faible et le plus imparfait. Bacon a donné lui-même un admirable exemple d'un fait clandestin dans la cohésion des fluides; fait qui nous éclaire sur la nature de la propriété, désignée sous le nom de consistance ou de solidité. Néanmoins la même finesse de distinction qui mit Bacon à même de saisir l'analogie qui lie les fluides aux solides par la propriété commune de

la cohésion lui aurait permis d'en déduire, si elle avait été bien envisagée, toutes les conséquences nécessaires pour se faire une idée juste de cette force ; mais le rapport qu'elle a avec les faits clandestins, n'aide en aucune sorte à étendre, à mûrir le résultat final. Quand il est obtenu néanmoins, quand l'induction est complète, qu'elle a été vérifiée, cette classe de faits s'emploie fréquemment. Dans la réalité, elle n'est guère autre chose que celle des cas extrêmes dont il a été question § 177, qui, plaçant nos conclusions comme cela doit être dans des circonstances violentes, éprouve leur caractère et met leur vigueur à l'épreuve.

191. Les « faits collectifs, » dans la classification de Bacon, ne sont autre chose que des faits généraux ou lois un peu générales, et sont eux-mêmes les résultats de l'induction. Mais il y a une espèce de faits collectifs dont Bacon ne semble pas s'être occupé, et qui portent avec eux une instruction particulière. C'est celle où les cas particuliers qui s'offrent à nous sont assez nombreux pour que l'induction de la loi à laquelle ils sont soumis devienne l'objet d'une inspection oculaire. La forme parabolique, par exemple, que prend un jet d'eau qui jaillit par un trou rond, est un « fait collectif » des vitesses, des directions de toutes les particules qui le composent, *vues simultanément*, et qui nous conduisent sans peine à reconnaître la loi du mouvement d'un projectile. Les belles figures que dessine le sable répandu sur des plateaux réguliers de verre ou de métal mis

en vibration, sont encore des « faits collectifs » d'un nombre infini de points qui se tiennent en repos pendant que le reste est en vibration. Ils nous donnent ainsi un aperçu de la loi qui régit leur arrangement et leur distribution sur toute la surface. Les lemmiscates, si richement colorés qu'on aperçoit à travers les axes optiques des cristaux exposés à la lumière polarisée, nous fournissent un bel exemple du même genre ; exemple qui indique l'expression mathématique générale de la loi qui règle leur production. Il est facile de voir l'importance des faits collectifs du genre de ceux-ci. Ils nous conduisent à une loi générale par une induction qui s'offre spontanément, et nous présente ainsi des points de repaire pour nos recherches. Si nous nous écartons de ceux-ci, il y a déjà un millier de pas de perdus.

195. Un bel exemple de fait collectif est celui du système de Jupiter ou de Saturne avec ses satellites. Il nous offre en miniature et d'un seul coup un système semblable à celui des planètes autour du soleil ; système que nous sommes hors d'état de saisir, attendu que nous en fesons partie, et que, placés comme nous sommes, nous ne pouvons voir qu'en détail ; système dont nous ne nous formons une idée générale que par les efforts lents, progressifs de la raison. La vue des *planètes circumjoves,* comme on les appelle, nous aide maté́riellement beaucoup à bien établir le système de Copernic.

196. Nous avons déjà parlé des « faits cruciaux ».

Nous avons dit que ces faits sont ceux qui donnent les moyens les plus prompts et les plus sûrs d'éliminer les causes étrangères, comme de décider entre des hypothèses rivales. Nous sommes naturellement enclins à faire des suppositions, à préjuger les phénomènes. Quels que soient néanmoins celles qui peuvent se présenter dans la nature, il est rare qu'il y en ait plus de deux ou trois qui nous occupent. Une des considérations qu'employait Bacon pour établir la classe cruciale est fort remarquable. Il ne proposait ni plus ni moins que de faire une expérience directe pour déterminer si la tendance des corps pesans à se précipiter était le résultat de quelque mécanisme qu'ils renferment en eux-mêmes, ou un effet de l'attraction de la terre « par sa masse corporelle comme par une collection de corps de même nature. » S'il en était ainsi, disait-il, il s'en suivrait que plus la distance serait faible, plus la force qui les sollicite serait énergique, et la vitesse qu'elle produit considérable. Plus ils seraient éloignés, plus l'une serait intense, moins l'autre serait rapide; et l'expérience qu'il propose consiste à comparer l'effet d'un ressort et celui d'un poids, en notant les mouvemens de deux horloges réglées et placées tour à tour au sommet des plus hauts édifices et dans les puits des mines les plus profondes. Par horloges, il n'entendait pas les horloges à pendule qui, à cette époque, n'étaient pas connues en Angleterre, mais les horloges à volant; en sorte que la comparaison, quoique grossière, n'était pas contraire aux vrais principes de la mécanique. Son idée, en un mot, était de comparer l'effet d'un ressort avec celui d'un poids dans les mouvemens produits dans un temps donné sur des hauteurs et dans des mines. C'est exactement ce que viennent de faire les professeurs Airy et Whewell dans les mines de Dolcoath. Un pendule, c'est à dire un poids mis en mouvement par la gravité, a été comparé avec un chronomètre mu et réglé par un ressort. Bacon parle aussi dans son 37ᵉ aphorisme de la gravité comme d'une force incorporelle agissant à distance, et *exigeant du temps pour sa transmission*; considération qui, il y a peu d'années, s'est présentée à Laplace dans une de ses plus délicates investigations.

197. Un fait crucial bien choisi, bien caractérisé, est quelquefois de la plus haute importance, lors, par exemple, que deux théories coïncidant, comme cela arrive assez souvent dans l'explication des grandes classes de phénomènes, diffèrent sur un seul fait. La section qui suit en contient un bel exemple. Nous pouvons ajouter à ceux que nous avons déjà donnés de tels faits, celui de l'explication des réactifs chimiques qui, dans le plus grand nombre de cas, sont des expériences cruciales.

198. Les « faits fugitifs » de Bacon sont ceux dans lesquels la nature ou la propriété qu'on étudie est passagère, ou varie en degré, et fournit d'après le § 152, une indication de cause par une gradation d'intensité dans l'effet. Un de ces exemples est très heureux : c'est celui du papier qui est blanc quand,

il est sec, qui le devient moins quand on l'humecte, et se rapproche plus de l'état de transparence par l'exclusion de l'air et l'admission de l'eau. » En lisant de semblables choses dans le *Novum Organum*, on serait tenté de croire que Bacon les a prises dans l'Optique de Newton, si cet ouvrage eût existé à l'époque où écrivait ce grand homme.

199. Les faits fugitifs, comme ceux que Bacon appelle « faits limitrophes », sont des cas dans lesquels nous pouvons suivre la loi qui semble régir toute la nature, celle de continuité, loi qui est exprimée par cette sentence si connue : *Natura non agit per saltum*. L'étude de cette loi, dans les cas où elle ne se manifestait pas d'abord d'une manière bien sensible, a donné lieu à une foule de découvertes physiques, et a conduit à la connaissance d'analogies, de relations intimes entre des phénomènes qu'on ne soupçonnait pas d'abord en avoir aucune.

200. Le phénomène, par exemple, que présente une feuille d'or qui laisse pénétrer une lumière vert-bleuâtre est un fait limitrophe entre la limpidité des corps transparens et l'opacité des métaux. La loi de continuité semblait inexacte. Il la confirme, il la prouve en montrant qu'un corps que l'on regardait comme un des plus opaques, admet lui-même une légère transparence. Il établit ainsi que l'une n'est pas une chose *contraire* ou *opposée* à l'autre, qu'elle n'en est que le dernier terme.

CHAPITRE VII.

DES PLUS HAUTS DEGRÉS DE GÉNÉRALISATION INDUCTIVE. — DE LA FORMATION ET DE LA VÉRIFICATION DES THÉORIES.

201. Les théories se forment comme les inductions particulières, comme les lois générales les moins étendues. L'observation des faits individuels donne naissance aux unes, et les autres sont le résultat de l'étude de ces lois, de celle des causes prochaines dévoilées par les travaux préparatoires, et considérées toutes ensemble comme constituant une nouvelle série de phénomènes qui appartiennent plus à la raison qu'aux sens, et dont chacun représente, sous une expression générale, une multitude de faits particuliers. La raison pure a, par conséquent, plus de marge quand elle tire ces hautes inductions que lorsqu'elle groupe un à un les premiers résultats que nous avons obtenus. L'esprit est moins surchargé et s'agite dans son élément. Ce qu'il étudie se perçoit d'une manière plus intime ; il le perçoit moins par l'intermédiaire des sens, ou tout au moins il le perçoit comme s'il opérait sur les objets qui sont immédiatement de leur ressort. Il ne faut pas cependant supposer que dans la formation des théories, on puisse donner un libre cours à son imagination ; qu'on puisse établir des principes arbitraires, admettre l'existence de causes fantastiques. On peut beaucoup oser quand on crée, qu'on forme une théorie. Néanmoins, la liberté dont on jouit à cet égard a ses limites. Ce n'est pas

la sauvage licence d'un esclave qui échappe à la
chaîne, mais la réserve d'un homme sage qui sait
se contenir dans de justes bornes. Le but final des
plus hautes théories est le même que celui des plus
belles inductions, et les moyens qui nous y mènent
de la manière la plus sûre dans un cas sont aussi
ceux qui réussissent le mieux dans l'autre.

202. Le but immédiat des théories physiques est
l'analyse des phénomènes, la connaissance des procédés secrets que la nature emploie pour les produire. Cette connaissance gît en grande partie dans
la découverte de la structure actuelle ou du mécanisme de l'univers et de ses parties, sur lesquelles,
à l'aide desquelles ces procédés sont exécutés, et
des agens qui concourent à les accomplir. Mais le
mécanisme de la nature est communément monté
sur une échelle qui est trop grande ou trop petite
pour que nos sens puissent immédiatement l'apprécier; ses agens échappent à l'observation directe, et ne se manifestent que par leurs effets. C'est, par conséquent, une vaine entreprise
que de vouloir assister à des opérations fondées
sur des moyens semblables, de se promettre de
pénétrer dans les lieux cachés, dans les laboratoires où elles s'effectuent. On a imaginé des mi-
croscopes qui grossissent plus de mille fois les dimensions *linéaires;* en sorte qu'un grain de sable,
qui est à peine visible, peut paraître un million de
fois plus volumineux. Quand on le considère néanmoins à travers l'objectif, la seule impression qu'il
produise est celle d'un vaste fragment de roche. Sa

structure intime, qui détermine sa couleur, sa dureté et les propriétés chimiques nous échappe toujours; l'expérience ne semble pas même nous avoir approché du but.

203. D'un autre côté, le mécanisme du grand système dont notre planète fait partie, échappe à l'observation immédiate par son immensité, et même par la lenteur de ses révolutions. Le mouvement d'une aiguille à minute n'est sensible qu'autant qu'on y fait une sévère attention, et celui d'une aiguille d'heure ne l'est pas du tout. Mais qu'est-ce que des instrumens de cette espèce sous le rapport de l'impression de lenteur qu'ils produisent sur nous, en comparaison d'un mouvement qui met un an, qui en met douze, trente, quatre-vingts à s'accomplir, comme est celui des planètes dans leurs révolutions autour du soleil ? Nous ne venons pas néanmoins à réfléchir aux dimensions linéaires de ces orbites (que cependant nous ne voyons pas, que nous ne pouvons mesurer que par des procédés longs, détournés, difficiles), que nous restons confondus à la vue de la rapidité de ces mouvemens qui nous semblaient si lents. Les voiles d'un moulin à vent nous offrent, en petit, un exemple de ce genre. A une certaine distance, on dirait qu'elles se meuvent à peine ; mais si l'on approche, on est surpris de la vitesse qui les emporte.

204. Les agens qu'emploie la nature pour agir sur les structures matérielles sont invisibles et ne se manifestent que par leurs effets. La chaleur di-

late la matière avec une force irrésistible. Mais qu'est-ce que la chaleur? On l'ignore encore. Un courant d'électricité qui s'écoule le long d'un fil de fer met en mouvement une aiguille magnétique placée à distance, mais, l'effet à part, on n'aperçoit pas de différence dans le fil, qu'il donne ou ne donne pas passage au fluide. Nous n'appliquons même le terme de courant à l'électricité, que parce que, sous certains rapports, elle nous rappelle quelque chose d'analogue à ce que présente un courant d'air ou d'eau. Il en est de même de la lune. Nous voyons qu'elle tourne autour de la terre, et comme à nos yeux elle n'est qu'une masse solide, que nous n'avons jamais vu de corps de cette espèce tourner autour d'un autre, à moins qu'il ne fût retenu par une force, ou contenu par un lien, nous concluons qu'il y a une force, qu'il y a un mode de liaison entre la lune et la terre. Quel est ce mode? Nous n'en avons aucune idée, nous ne pouvons pas même concevoir comment une telle force peut agir à distance, à travers le vide, ou du moins sur un fluide invisible. (*Voy.* § 148.)

205. Nous ne devons pas cependant perdre courage; chaque jour nous voyons l'industrie obtenir les plus beaux, les plus magnifiques résultats, à l'aide de moyens qui ne paraissent pas, au premier coup-d'œil, avoir le moindre rapport avec eux. Ainsi on place une feuille de papier sur un châssis, on la pousse, on la ramène, on la fait successivement passer sous une demi-douzaine de rouleaux, et on la trouve imprimée des deux côtés. D'où

vient ce labeur? quel agent le produit? Un peu
d'eau mise en ébullition dans une chaudière. Comment cela se fait-il? comment l'eau développe-t-elle cette force puissante qui met tout l'appareil
en jeu? Nous l'ignorons, et sans doute nous l'ignorerons long-temps encore.

206. Cela n'empêche pas d'avoir les idées les plus
justes de toutes les opérations qui constituent le
procédé. On voit des imprimeries; on se forme une
théorie de l'impression, et, prenant la chose au
point où l'action mécanique commence, à la chaudière de la machine à feu, on la vérifie pièce à
pièce, on suit la disposition des roues, celle des
presses, on examine avec soin la transmission du
mouvement qui se fait de l'une à l'autre, et l'on
peut enfin reconnaître si la théorie qu'on s'est
faite est bonne, si on comprend bien l'ensemble
de l'opération. On peut aller plus loin : on peut
appliquer les principes de mécanique qu'on a puisés dans cette recherche à des objets tout-à-fait
différens; on peut construire d'autres machines,
les mettre en mouvement à l'aide du même moteur, et cependant ne pas arriver à une idée juste
sur la source primitive de la force qu'on emploie,
mais si on se plait à imaginer des théories, rien
n'empêche de le faire. Il est même facile de concevoir comment deux hommes, qui ont le goût de
ces sortes de spéculations, se livrent à des hypothèses très diverses sur l'origine de la puissance
qui élève et abaisse alternativement le piston de la
machine à feu. L'un, par exemple, peut soutenir

que la chaudière (nous supposons que tous deux ignorent ce qu'elle contient), est l'autre de quelque animal puissant qu'on ne connaît pas, et la chaleur, la consommation d'eau , de combustible, le sifflement, la fumée, et surtout la puissance développée, ne le laisseraient pas manquer d'analogies. Il soutiendrait, non sans apparence de raison, que là où il y a effet positif, concentration de matériaux, tous les signes, en un mot, de la vie, on n'est pas admis à contester l'existence de celle-ci, parce qu'on ne connaitpas l'animal qui consomme ces matériaux. Il irait plus loin encore : il observerait, à bon droit, que le combustible se compose des ingrédiens même qui constituent la majeure partie des alimens dont se nourrissent tous les animaux, etc.; il pourrait se perdre ainsi dans ses conjectures, tandis que son confrère, s'il avait entrevu le feu, aperçu les causes de l'ébullition, se ferait une idée plus juste de l'opération, et construirait une théorie qui serait plus en harmonie avec les faits.

207. Or, rien n'est plus commun en physique que de rencontrer deux théories, quelquefois même davantage, sur l'origine d'un phénomène naturel. Prenons la chaleur pour exemple : l'un la considère comme une matière fluide, extrêmement subtile, qui pénètre tous les corps et peut même se combiner chimiquement avec eux. L'autre ne la regarde, au contraire, que comme un mouvement vibratoire, ou rotatoire, imprimé aux molécules constitutives des corps échauffés. Il s'étend en

considérations mécaniques ; il met une adresse singulière à prouver que cette hypothèse n'a rien qui soit incompatible avec les principes dynamiques. La même chose a lieu pour la lumière. Celui-ci veut qu'elle soit due à des particules véritables, qui émanent des corps lumineux sur lesquelles agissent des forces d'une intensité extrême, qui résident dans les substances qu'elles frappent. Celui-là la regarde comme le résultat d'un mouvement vibratoire imprimé aux molécules des corps lumineux, et communiqué à un milieu éthéré qui est extrêmement subtil, élastique, qui remplit tout l'espace, et qui est apporté à l'œil comme le son à l'oreille, par les ondulations de l'air.

208. Maintenant doit-on redouter de faire des hypothèses, de construire des théories, parce qu'on rencontre de telles alternatives, qu'on trouve des difficultés insurmontables? Nullement. *Est quodam prodire tenùs, si non datur ultra.* Les hypothèses sont aux théories ce que les causes intimes présumées sont aux inductions particulières. Elles nous portent à discuter les analogies, à soumettre à une investigation sévère tous les cas qui semblent avoir des rapports avec elles. Une hypothèse, bien conçue, si elle est fondée sur des aperçus donnés par des considérations générales, ne peut manquer de nous mettre à même d'étendre tout au moins nos généralisations d'un degré, de grouper ensemble, de renfermer plusieurs lois sous une expression plus universelle. Ce n'est-là, du

reste, qu'un faible aperçu des avantages que peut présenter une hypothèse. Il peut arriver (et c'est ce qui a eu lieu dans le cas de la doctrine ondulatoire de la lumière), que l'analogie, que les probabilités qui l'établissent soient telles qu'on ne puisse refuser d'admettre, ou qu'elle énonce ce qui a véritablement lieu dans la nature, ou que ce qui s'y passe, quel qu'il soit, en approche si fort qu'on ne puisse contester qu'il n'y ait une expression commune. Les phénomènes connus nous autorisent du moins à le croire. Et ce n'est pas seulement là une satisfaction d'amour-propre, c'est encore un résultat qui importe, pour les applications dont il est susceptible, pour les conséquences auxquelles il peut conduire, car, quelles que soient les conclusions qu'on déduise d'une hypothèse de ce genre, elles ont du moins une forte présomption en leur faveur. On est ainsi amené à tenter des expériences curieuses, à imaginer d'utiles expédiens auxquels, sans cette circonstance, on n'eut pas songé. Les uns et les autres ajoutent à la masse de nos connaissances; quelquefois même, si la pratique les sanctionne, au bien-être de la vie.

209. Quand on construit une théorie qui doit rendre un compte rationnel des phénomènes que peut présenter la nature, la première chose qui importe est de bien envisager les agens sur lesquels on la fonde ou les causes auxquelles il faut qu'en définitive elle se rapporte. Or, ces agens, on ne les choisit pas au hasard. Il faut avoir de jus-

tes motifs, des motifs donnés par l'induction, de croire qu'ils existent, qu'ils exercent une action sur les phénomènes analogues à ceux qu'on veut expliquer, ou qu'ils soient tels qu'on puisse constater leur présence, dans le cas dont il s'agit, par des signes non équivoques ; ils doivent, en un mot, être de véritables causes (*veræ causæ*), dont on puisse non seulement établir l'existence et l'action, mais dont on puisse encore déduire les lois d'une manière directe , indépendante d'expériences disposées dans ce but, ou tout au moins se livrer, à cet égard, à des suppositions qui ne démentent pas ce qui se passe sous nos yeux , et que doit vérifier la coïncidence des conclusions que nous en avons tirées avec les faits. Nous supposons, par exemple, dans la théorie de la gravitation, qu'un agent tel qu'une force, une puissance mécanique agit sur un corps matériel qui se trouve en présence d'un autre et tend à les rapprocher. Il y a là une véritable cause (*vera causa*), car les corps pesans tendent tous plus ou moins vers la terre, exigent tous le déploiement d'une force pour paralyser cette tendance et se maintenir dans la position qu'ils occupent. Or, ce qui balance, ce qui centralise un poids est une force. Il y a plus ; un fil à plomb qu'on abandonne à lui-même prend toujours la perpendiculaire ; dans le voisinage d'une montagne considérable, il s'en écarte néanmoins, d'une quantité sensible, ce qui prouve qu'il y a une force qui agit sur lui et produit la déviation. Ce n'est pas tout ; puisque la lune tourne autour de la terre, il faut qu'elle soit attirée vers cette planète par une force, car, s'il n'en était pas ainsi, elle se mouvrait en ligne droite, sans tourner autour de la terre pour circuler dans son orbite et s'échapperait dans l'espace. La force que nous désignons sous le nom de force de gravité est donc une cause réelle.

210. Ce que nous avons ensuite à faire est d'étudier les lois qui règlent l'action des agens primaires, et nous avons trois moyens d'y parvenir : 1° en raisonnant par induction, c'est-à-dire en examinant tous les cas dans lesquels nous savons qu'ils agissent, en évaluant dans chacun d'eux, du moins autant que le permettent les circonstances, la somme ou l'intensité de l'effet produit, en rapprochant ces divers résultats, en généralisant les conséquences qui en résultent et arrivant enfin à ces lois qu'on poursuit ; 2° en formant une hypothèse hardie, en particularisant la loi, en la vérifiant, en la suivant dans ses conséquences et la comparant avec les faits ; ou, 3° en adoptant une méthode qui participe de l'une et de l'autre de celles qui viennent d'être exposées, en combinant les avantages et les défauts qu'elles présentent, c'est-à-dire en donnant aux lois qu'on veut découvrir une expression si générale qu'elle renferme un nombre indéfini de lois particulières, en pressant leurs conséquences par l'application de tous les principes généraux que le cas peut admettre, en les comparant l'un après l'autre avec tous les cas particuliers que nous connaissons, et enfin en modi-

fiant, en restreignant d'après cette comparaison l'énoncé général de ces lois, de manière qu'elles coïncident avec les résultats.

211. Ces trois méthodes présentent des avantages qui varient suivant les circonstances. Nous eussions désiré faire connaître les uns en appliquant les autres au cas de la gravitation, mais la chose serait longue ; elle exigerait l'emploi des mathématiques ; nous nous contenterons de remarquer que la dernière méthode dont il vient d'être question est celle qui, d'après les mathématiciens (ceux surtout qui font usage des modes généraux de représenter, de combiner les quantités, ce qui constitue la haute analyse), est en général plus sûre et plus susceptible d'application. Ils trouvent qu'elle peut être employée avec avantage dans les cas où des inductions, comme celles qui ont été décrites dans la dernière section, ont déjà conduit à des lois d'une certaine généralité, et que celle-ci est susceptible d'expression mathématique. Tel est, par exemple, le cas du mouvement elliptique d'une planète. C'est une proposition générale qui renferme le tableau d'un nombre indéfini de lieux particuliers où, d'après les lois qui régissent son mouvement, on est assuré de rencontrer l'astre à une époque ou à une autre. La loi de la force, par conséquent, doit être considérée comme rendant compte du phénomène.

212. Quant au premier procédé que nous avons indiqué, ce n'est, dans le fait, qu'une induction de l'espèce décrite dans le § 185, et toutes les rè-

marques que nous avons faites lui sont applicables. L'adoption directe d'une hypothèse a, par-
fois, été employée avec succès. Nous citerons
pour exemples les théories de Coulon et de Poisson sur l'électricité et le magnétisme, où des
phénomènes d'une nature très compliquée, très
intéressante, sont rapportés à l'action des forces
attractive et répulsive, que régit une loi dont
l'expression est tout-à-fait semblable à celle de
la loi de gravitation. Mais la difficulté, la peine
qu'on rencontre toujours dans les plus grandes
théories à suivre une loi fondamentale dans ses
conséquences éloignées, empêche qu'on ne fasse
usage de cette méthode comme moyen de découvertes, à moins que l'analogie ou quelque autre
considération ne nous porte à croire que la tentative sera heureuse ou que nous n'ayons été conduits par des inductions partielles à des lois particulières qui la désignent naturellement.

213. Dans ce cas, la loi prend tous les caractères d'un phénomène général, résultant d'une induction de phénomènes particuliers, mais non vérifiée par comparaison avec tous les phénomènes
particuliers ni étendue à tout ce qu'elle peut renfermer. (Voyez § 171.) C'est la vérification de ces
sortes d'inductions qui constitue la théorie dans
l'acception la plus large de ce mot, et qui émbrasse une estimation de l'influence de toutes les
circonstances qui peuvent modifier l'effet de la
cause dont nous cherchons à vérifier les lois. Re-
venons à notre exemple. Des inductions particu-

lières tirées du mouvement de plusieurs planètes autour du soleil, et de ceux des satellites autour de leurs planètes, etc., nous ont conduits à la conception générale d'une force attractive qui s'exerce d'une molécule à l'autre, dans tous les corps qui emplissent l'espace, conformément à la loi que nous désignons sous le nom de gravitation. Si nous voulions vérifier cette induction, il faudrait faire abstraction de la loi, considérer tout le système comme soumis à son influence, comme lui obéissant implicitement et ne contrariant nullement son action. Nous apercevons alors une suite de circonstances modifiantes qui nous avaient échappé lorsque nous cherchions à nous élever de l'analyse des faits particuliers à une loi générale. Nous sentons que toutes *les planètes* doivent *s'attirer entre elles*, qu'elles doivent se pousser hors de l'orbite qu'elles décriraient si le soleil seul agissait sur elles. Comme l'induction n'a jamais tenu compte de circonstances semblables, il reste à constater la justesse de la méthode, ce qui ne peut se faire qu'en déterminant d'une manière exacte la somme de la déviation que produit cette nouvelle classe d'actions mutuelles. Or, la tâche n'est pas facile, ou plutôt c'est la plus difficile dont puisse être chargé le génie de l'homme. Elle a néanmoins été accomplie par la simple application des lois générales de la dynamique, et le résultat (sans aucun doute un des plus beaux, un des plus satisfesans qu'on puisse obtenir) est que toutes les déviations observées dans les mouvemens de notre système, qui se présentent, dans le travail à l'aide duquel nous nous élevons des faits particuliers à une conclusion générale, comme des exceptions (§ 154), ou comme des phénomènes résidus qui attendent de nouvelles recherches (§ 158), ne sont que des conséquences immédiates des actions mutuelles dont il vient d'être question. Comme telles, elles ne sont ni des exceptions ni des faits résidus, mais le résultat des règles générales, des traits essentiels dans l'énoncé du cas, sans lesquels l'induction ne serait pas exacte et la loi de la gravitation tout-à-fait fausse.

214. Dans la théorie de la gravitation la loi est tout en tout ; elle s'applique elle-même et produit directement le résultat (A). Mais, dans plusieurs autres cas, nous n'avons pas seulement à considérer les lois qui régissent les actions des causes dernières, nous avons encore à tenir compte d'un système de mécanisme, ou d'une structure de parties dont l'intervention rend leurs effets sensibles. Ainsi, dans la délicate, la curieuse théorie électrodynamique d'Ampère, l'attraction ou la répulsion mutuelle de deux aimans se ramène à un phénomène plus général, l'action réciproque des courans électriques, conformément à une certaine loi fondamentale ; mais pour ramener ce cas dans le domaine de la loi, Ampère est obligé de supposer une structure, ou mécanisme particulier, qui constitue un corps à l'état magnétique, c'est-àdire qu'il suppose qu'autour de chaque particule

du corps circule constamment, dans une certaine direction, un petit courant de fluide électrique.

215. Tout cela, je le veux, est bien complexe, bien artificiel ; mais si cette structure, ou toute autre, fût-elle dix fois plus compliquée, permet de présenter un grand nombre de faits sous un point de vue général, si elle les fait entrer dans un système, si elle met à même de raisonner du connu à l'inconnu, de prévoir les phénomènes avant qu'ils se consomment, je ne vois pas pourquoi on refuserait de l'admettre. Quand nous examinons les opérations de la nature, que nous pouvons étudier par parties, que nous pouvons comprendre, nous trouvons que rien n'est plus artificiel, dans la plus stricte signification de ce mot. Prenons, pour exemple, la structure de l'œil ou d'un squelette d'animal : quelle complication ! quel artifice ! Dans l'un un *muscle transparent*, une lentille formée de surfaces elliptiques, une ouverture circulaire capable de se dilater, de se contracter, tout en conservant sa forme. Dans l'autre un châssis dont la charpente est des plus curieuses, charpente dans laquelle ne se montre ni une seule ligne droite ni une seule courbe géométrique connue; et néanmoins toute systématique, toute construite d'après des règles qui défient nos recherches. Examinons un minéral cristallisé; nous pouvons, en quelque sorte, le disséquer, et, par conséquent, nous assurer de sa structure interne. Elle ne manque ni part ni de complication. On peut assurer, il est

vrai, que ces apparences ne sont au fond que le produit de quelque chose que nous trouverions très simple si nous le connaissions; mais on aurait pu en dire autant de la machine à feu, de ses mouvemens les plus compliqués, avant même d'avoir fait aucune recherche sur sa nature, d'avoir acquis aucune notion sur la source de sa puissance.

216. En discutant néanmoins le mérite d'une théorie, on ne doit pas trop rechercher si elle établit d'une manière satisfaisante ou non un procédé ou un mécanisme particulier; car nous ne pouvons jamais avoir à cet égard qu'une preuve indirecte, celle qui repose sur les résultats auxquels elle conduit. Ce qui, dans l'état actuel des choses, est beaucoup plus important, c'est de savoir si elle représente véritablement tous les faits, si elle renferme toutes les lois que l'observation et l'induction nous ont fait connaître. Une théorie qui remplit ces conditions permet de hasarder une hypothèse de mécanisme ou de structure, qui en peut devenir une partie essentielle. Mais, si on en excepte un petit nombre de cas, nous sommes bien éloignés d'en être à ce point. Cependant on ne peut, avant d'être à ce terme faire un grand fond sur des hypothèses semblables. On ne peut les considérer que comme de simples échafaudages qui aident à formuler les lois générales; en user autrement, « serait prendre l'échafaud pour la base. » Envisagées sous ce point de vue, les hypothèses sont souvent d'un immense usage. La facilité à les créer, si on ne s'en rend pas esclave, qu'on puisse les

abandonner, les rejetter quand elles ont fait leur temps, est une des plus précieuses qualités que possède un philosophe ; mais aussi se laisser dominer par des aperçus théoriques, se mettre en opposition avec les faits, est une preuve péremptoire d'inaptitude.

247. Il n'y a pas de doute cependant que la méthode la plus sûre, lorsqu'on peut la suivre, est de s'élever par des inductions fondées sur les lois et les faits, de loi en loi, remarquant, à mesure qu'on avance, comment des lois qu'on avait d'abord envisagées comme isolées, sans rapport entre elles, deviennent des cas particuliers, soit les unes des autres, soit d'une loi plus générale, confondues sous le point de vue d'où nous cherchons à les envisager. Un exemple rendra plus clair ce que je veux dire : c'est une loi générale que tous les corps chauds projettent ou *rayonnent* la chaleur dans toutes les directions (nous ne prétendons pas par là que la chaleur soit une substance actuelle, lancée par les corps chauds, nous voulons seulement dire que les lois de la transmission de la chaleur à des objets placés à distance, sont semblables à celles qui règlent la distribution des molécules qui s'échappent dans toutes les directions), que les autres corps, dont la température est moins élevée, et qui sont placés dans le voisinage, s'échauffent *comme s'ils* recevaient la chaleur ainsi radiée. Il y a plus : tous les corps solides qui s'échauffent dans un point, *conduisent* ou distribuent

la chaleur qu'ils reçoivent sur ce point, à travers leur masse entière. Ils la transmettent ainsi de deux manières : ils la rayonnent et la conduisent ; deux modes qui ont sans doute des lois particulières, et, suivant toute apparence, bien différentes. Supposons que nous prenions deux corps de même substance, l'un chaud, l'autre froid, et que nous les rapprochions de plus en plus : à mesure que la distance qui les sépare diminue, le plus froid s'élève de température, et la chaleur qui lui vient du plus chaud, lui est transmise suivant les *lois de la radiation*. Cette chaleur passe ensuite de la molécule qui la reçoit à la suivante ; elle pénètre toute la masse et se répartit suivant les lois *de la conductibilité*. Continuons d'affaiblir la distance, plaçons les corps de manière qu'ils soient légèrement en contact. Comment s'opérera alors la transmission de la chaleur? Sans doute par la radiation ; car dans ce cas encore, il y a intervalle, il y a séparation. Mais si on les repousse l'un contre l'autre, il est évident qu'elle ne peut plus s'opérer que par conductibilité. Ils suivent le mouvement de la pression, ils se rapprochent à mesure qu'elle augmente ; ils se confondent et ne forment plus qu'une même masse. Les choses amenées à ce point, la loi de continuité dont nous avons parlé (§ 199), nous autorise à croire que ce mode de communication change de nature, que le passage d'un contact léger à une sorte de fusion détermine un autre genre de transmission. Mais à quel point a lieu ce changement? Nous pouvons d'autant moins le dire que les molécules des corps les plus solides ne viennent jamais réellement en contact. Les lois de la conductibilité et de la radiation semblent donc dépendre les unes des autres. Les premières ne paraissent même être que les cas extrêmes des dernières. Si donc nous voulons bien comprendre ce qui se passe, ou quel est le procédé de la nature dans la lente communication de la chaleur à travers la substance d'un corps solide, nous devons baser nos recherches sur ce qui a lieu à distance et pousser les lois auxquelles nous sommes conduits jusqu'à leurs limites.

218. Quand deux théories divisent les savans, et que toutes deux rendent également compte d'une multitude de faits, une expérience qui fournit une indication cruciale pour décider entre elles, est d'une haute importance. Et, comme elles sont fondées sur les lois générales, nous pouvons non-seulement en appeler aux cas particuliers, mais encore recourir à des classes de faits tout entières. Nous pouvons choisir, parmi les incidens qu'ils présentent, ceux qui sont de nature à faire sentir quelle est celle des deux opinions qui est bien ou mal fondée. Fresnel cite un curieux exemple de cette espèce, et cet exemple le fixa sur la question qui divisait les savans depuis l'époque de Newton et d'Huyghens, au sujet de la nature de la lumière. (§ 107). Si on place l'une sur l'autre deux glaces qui ne sont pas parfaitement polies, et dont l'une ou toutes les deux ont une convexité imperceptible, on aperçoit entre elles de belles, de vives

couleurs, qui, contemplées à travers un verre rouge, présentent alternativement l'apparence de bandes noires et brillantes. Les bandes se forment entre les surfaces en contact apparent, de manière qu'on peut employer, au lieu d'un plateau de verre plat pour la surface supérieure, un instrument de verre triangulaire, appelé prisme, et regarder à travers le plan incliné qui est le plus voisin de l'œil; disposition qui empêche la lumière réfléchie par la surface supérieure de se mêler à celle qui est réfléchie par les surfaces en contact. Or, les bandes colorées s'expliquent dans les deux théories, et sont invoquées par l'une et l'autre comme des faits qui les appuient et les confirment. Mais elles diffèrent dans une circonstance suivant celle des deux qu'on adopte pour en rendre compte. D'après la doctrine d'Huyghens, les intervalles qui séparent les anneaux brillans doivent paraître *absolument noirs,* et d'après celle de Newton, ils sont *mi-brillans* quand on les contemple à travers un prisme. Fresnel vérifia cet incident dès qu'il aperçut les conséquences qu'entraînaient les théories, et il en présenta le résultat comme décisif en faveur de celle qui envisage la lumière comme une conséquence des vibrations d'un milieu élastique.

219. On s'élève d'une manière plus convenable aux théories par la considération des lois générales, et on les vérifie d'une manière plus sûre en les comparant avec des faits particuliers, parce qu'on vérifie ainsi toute la suite de l'induction depuis le premier terme jusqu'au dernier. Mais dans ce cas,

il faut que la comparaison porte sur des faits choisis, de telle sorte qu'ils renferment toute espèce de cas, qu'ils comprennent les extrêmes, et soient en assez grand nombre pour présenter une probabilité raisonnable de découvrir l'erreur. Une simple coïncidence numérique dans une conclusion finale, quelque frappante qu'elle soit, quelque important que soit le sujet, ne saurait suffire. La théorie du son de Newton, par exemple, conduit à une expression numérique pour sa vitesse actuelle, qui ne diffère que très peu de celle que fournit la théorie développée par Lagrange, et qui, en tenant compte de certaines considérations qu'il a négligées, s'accorde avec le fait. Cette coïncidence, néanmoins, n'est pas une vérification des vues générales de Newton sur la matière, vues qui sont défectueuses dans un point essentiel, comme l'a parfaitement établi le grand géomètre que nous venons de nommer. Cet exemple doit suffire pour nous inspirer de la réserve et faire sentir que la vérification des théories doit reposer sur une grande masse de faits.

220. Mais, d'un autre côté, si une théorie résiste à cette épreuve, si elle soutient cette large comparaison, peu importe la manière dont elle a originairement été formée. Quelque étranges, quelque inadmissibles même que semblent, au premier abord, les données qu'elle se fait, si elle conduit, par des raisonnemens légitimes, à des conclusions qui s'accordent bien avec les nombreuses observations qui ont été faites à dessein dans une assez

grande variété de circonstances, pour embrasser
tous les faits dont elle doit rendre compte, on ne
peut refuser de les admettre, ou si l'on balance à
les considérer comme des vérités démontrées, on
ne peut au moins refuser de les accepter d'une
manière provisoire jusqu'à ce que celles-ci soient
établies. Si elles suffisent pour rendre compte des
phénomènes connus, il n'est pas probable qu'elles
n'en n'expliquent pas davantage, et si toutes les
conclusions auxquelles elles conduisent se sont
trouvées exactes quand on les a vérifiées, il est
présumable qu'il en sera de même pour celles
qu'on n'a pas soumises à l'épreuve ; de manière
que si on les rejetait en masse, on rejetterait toutes
les découvertes auxquelles elles peuvent mener.

221. La plupart des théories ont la prétention
de rendre compte du procédé que suit la nature
dans la production d'une classe quelconque de
phénomènes. Les unes les rapportent à des lois
générales, les autres les attribuent à l'action de
causes générales que modifient diverses circonstances. Mais pour appliquer ces lois, pour suivre
l'action de ces causes dans le cas dont il s'agit,
nous avons besoin de connaître ces circonstances,
nous avons besoin d'avoir ces données. Or, la
plupart ne nous sont connues que par l'observation, et nous avons l'air de tourner dans un cercle
vicieux, puisque, d'un côté, nous avons recours à
l'observation pour établir une partie de nos conclusions théoriques, et que, de l'autre, nous éta-
blissons la théorie elle-même, en la comparant

avec les faits. Un exemple résoudra cette difficulté. La loi la plus générale qui ait été découverte, en chimie, est que toutes les substances élémentaires ne peuvent se combiner qu'en proportions fixes ou définies en poids ; qu'elles ne peuvent s'unir arbitrairement ; en sorte que, lorsque deux corps sont placés dans des circonstances convenables, ils ne se combinent pas entièrement si leurs poids ne sont pas dans une certaine proportion déterminée. L'un ou l'autre laisse un résidu qui échappe à la combinaison. Supposons maintenant que nous avons trouvé une substance qui présente tous les caractères extérieurs d'un corps homogène ou sans mélange, mais que l'analyse nous fait voir être composé de soufre et de plomb dans la proportion de 20 parties du premier et de 130 du second. Supposons encore que nous voulons savoir s'il doit être regardé comme une vérification ou comme une exception de la loi des proportions définies. La question, dans ce cas, se réduit à s'assurer si la proportion de 20 à 130 est ou n'est pas cette proportion fixe et définie (ou une d'elles, s'il y en a plus d'une qui soit possible), dans laquelle le plomb et le soufre se combinent conformément à la loi dont il s'agit. Or, une question semblable ne peut être resolue, si on s'en tient à la loi prise dans la généralité. Il est clair que, si on la particularisait, si on restreignait son expression au soufre et au plomb, elle indiquerait quelles sont les proportions fixes dans lesquelles ces deux corps peuvent se combiner ; c'est-à-dire que nous avons besoin de certaines données, de certains nombres qui les distinguent de tous les autres, et qu'il faut connaître pour pouvoir appliquer la loi générale au cas particulier. Il faut, pour avoir ces données, consulter l'observation, et si nous avions recours à celle de la combinaison réciproque des deux corps dont il s'agit, nous tournerions sans doute dans un cercle vicieux. Mais il n'en est pas ainsi. La détermination de ces données numériques est déduite d'expériences faites à dessein sur une foule de combinaisons diverses. Celle qui nous occupe se trouve dans le nombre; mais elle n'y est pas nécessairement, et comme toutes, quoique indépendantes les unes des autres, s'accordent à donner les mêmes résultats, on peut les considérer avec assurance comme parties du système. Ainsi, la loi des proportions définies, quand on l'applique à l'état actuel de la nature, exige deux énoncés distincts, l'un qui exprime une loi générale de combinaison, l'autre qui particularise les nombres qui conviennent aux divers élémens dont se composent les corps naturels ou données de la nature. Si on consulte les tables des poids atomiques, on trouvera en regard du soufre le nombre 16, et en regard du plomb 104 (1); et comme 20 est à 130 dans le même rapport que 16 à 104, il en résultera que la combinaison dont il s'agit vérifie la loi.

222. La grande importance des données physi-

(1) Thompson, Premiers Principes de chimie.

ques de cette espèce, et l'avantage de les avoir bien déterminées, deviendra sensible, si on considère que la liste de ces données, combinée avec la loi générale, fournit les moyens de déterminer d'un seul coup la proportion exacte des élémens de tous les composés naturels, dès que le rang qu'ils tiennent dans le système est connu. Le nombre des corps simples qu'admet aujourd'hui la chimie s'élève de 50 à 60, et, à mesure que la science s'étend, elle en découvre de nouveaux. Or, du moment que le nombre correspondant à une nouvelle substance est déterminé, nous avons toutes les proportions dans lesquelles elle peut entrer en combinaison avec les autres, de manière qu'une expérience faite avec soin pour déterminer ce nombre, équivaut réellement à autant d'expériences qu'il y a de combinaisons binaires, ternaires, etc., dans lesquelles la nouvelle substance peut entrer comme élément.

223. On ne peut assez insister sur l'avantage qu'il y a d'avoir des données physiques exactes. Sans cela, les théories les plus soignées sont peu de chose. Il est, en effet, bien peu important de savoir d'une manière abstraite que le soleil et les planètes s'attirent proportionnellement à leurs masses et en raison inverse du carré de leurs distances. Mais, connaissons-nous les données de notre système, avons-nous un aperçu exact (peu importe de quelle manière il nous parvient), des distances, des masses et des mouvemens dont il se compose ? Nous pouvons prédire tous les mouve-

mens qu'éprouveront ses différentes parties, tous les changemens qu'il subira pendant des milliers d'années. Nous pouvons même nous reporter aux temps passés; nous pouvons rappeler des phénomènes qu'on a négligés, dont on n'a gardé aucun souvenir, et qui néanmoins ont laissé des traces ineffaçables, dans l'influence qu'ils ont exercée sur l'état de la nature dans notre globe, et sur ceux des autres planètes.

224. La preuve que les données sont justes se trouve dans la vérification de la théorie entière dont elles font partie, dès que celle-ci est adoptée. La comparaison avec l'observation, qui nous met à même de décider de la vérité d'un principe abstrait, nous permet en même temps de reconnaître si la valeur que nous avons attribuée à nos données s'accorde avec l'état actuel de la nature. Si l'une n'est pas en harmonie avec l'autre, il devient important de s'assurer si cette valeur ne peut pas être corrigée, de manière à faire coïncider les résultats de la théorie avec les faits. Il résulte de là que plus celle-ci devient parfaite, plus la détermination des données doit être exacte. Des déviations qui, dans une première, dans une approximative vérification, auraient été regardées comme insignifiantes cessent de l'être quand on est parvenu à un certain degré de précision. Une différence entre la place que le calcul assigne à une planète et celle que lui donne l'observation, différence dont Kepler n'eût pas tenu compte en vérifiant la loi du mouvement elliptique, serait con-

sidérée aujourd'hui comme fâcheuse pour la théorie de la gravité, à moins qu'il ne fût prouvé qu'elle tient à quelque erreur de données numériques de notre système.

225. Les observations qui sont de nature à déterminer promptement, exactement les données physiques sont, par conséquent, celles qu'il importe le plus de faire avec rigueur et persévérance. C'est pour cela que, dans plusieurs circonstances, elles deviennent une affaire nationale. C'est pour cela qu'on élève, qu'on entretient des observatoires et qu'on envoie des expéditions au loin. Dans ce cas, elles sont presque exclusivement bornées à l'astronomie. Et véritablement on ne voit pas pourquoi les observations sont aussi restreintes.

226. Les données physiques qui doivent être employées comme élémens de calcul dans les grandes théories demandent plus de rigueur, plus d'exactitude qu'une simple observation. Elles le demandent, non-seulement à raison de leur importance comme donnant les moyens de représenter une multitude indéfinie de faits, mais parce que, dans la foule de combinaisons qui peuvent avoir lieu, ou dans les changemens que les circonstances peuvent éprouver, il est possible qu'il se présente des cas où une erreur insignifiante dans l'une des données peut prendre un développement immense dans le résultat final qui doit être comparé avec l'observation. Ainsi, dans le cas d'une éclipse de soleil quand la lune entre très oblique-

ment dans le disque de l'astre, la plus faible erreur dans le diamètre de l'un ou de l'autre peut en produire une considérable dans le temps pour lequel le commencement de l'éclipse est annoncé. On doit remarquer que ces conjonctures sont de toutes, celles où les observations sont les plus propres à la détermination des données. En effet, comme une petite erreur dans celles-ci en produit dans ces sortes de cas une grande dans la chose observée, de même, une légère inexactitude commise dans une observation qui a pour but de connaître la valeur des données, n'en peut produire qu'une insignifiante dans le calcul inverse d'après lequel ces dernières doivent être déterminées par l'observation. Cette remarque s'étend à toute espèce de données physiques et ne doit jamais être négligée quand l'objet qu'on se propose est la détermination des données avec le plus grand degré de précision.

227. Mais comment obtenons-nous par l'observation des données plus sûres que l'observation même ? Comment concluons-nous la valeur de ce que nous ne voyons pas avec plus de certitude que celle des quantités que nous voyons, que nous mesurons ? C'est au nombre d'observations que nous devons cet avantage. Quelle que soit l'erreur que renferme l'une d'elles, il n'est pas probable que cette erreur se répète dans le même sens ; en sorte que, lorsque nous prenons la moyenne d'une certaine masse d'observations (à moins qu'il n'y ait une cause constante qui agisse imperturbable-

ment dans un sens ou dans l'autre), nous ne pouvons manquer d'approcher très près de la vérité, et même, en supposant une source de mécompte, d'obtenir une approximation qu'on ne saurait attendre d'une simple observation, qui peut être influencée par cette cause d'erreur.

228. Cette utile, cette précieuse propriété des moyennes d'un grand nombre d'observations, qui nous approche de la vérité plus que ne saurait le faire aucune d'elles, lui donne une haute importance dans toutes les recherches physiques qui exigent de l'exactitude. On ne saurait croire avec quelle rapidité une certaine masse d'observations individuelles égalise les fluctuations et fait disparaître les déviations. La hauteur moyenne du mercure dans le baromètre en est un frappant exemple. On sait qu'elle mesure la pression de l'air, et que ses variations sont connues. Néanmoins si on l'observe régulièrement chaque jour, et qu'à la fin de chaque mois on prenne la moyenne des hauteurs, on reconnaîtra que ses fluctuations ne sont pas, à beaucoup près, aussi grandes qu'elles le paraissent. Si on continue ces observations une ou deux années, on trouve que les moyennes coïncident avec la plus parfaite exactitude. Cette puissance d'égalisation que possèdent les moyennes nous met à même, en détruisant les fluctuations qui sont irrégulières ou accidentelles, de rendre sensibles celles qui sont réellement régulières, qui reviennent d'une manière périodique, qui, plus faibles que quelques-unes des acciden-

telles, ne deviennent jamais apparentes qu'à l'aide de ce procédé. Ainsi, si on observe la position du baromètre quatre fois par jour, qu'on répète cette opération pendant quelques mois, et qu'on prenne les moyennes, on voit qu'il y a journellement une fluctuation régulière très peu considérable ; que le mercure s'élève et s'abaisse deux fois en vingt-quatre heures. C'est par des procédés semblables que nous pouvons nous assurer qu'une simple observation (à moins d'une heureuse coïncidence), ne peut nous donner une idée, jamais une connaissance certaine du véritable *niveau de la mer*, sur un point quelconque de la côte, ou la hauteur à laquelle l'Océan se tiendrait, si les vents, les flots ou les marées ne l'agitaient sans cesse. C'est cependant un sujet important, et sur lequel il serait à désirer qu'on eût une longue série d'observations faites à divers points, sur les côtes des principaux continens, des îles dont se compose le globe.

229. Dans tous les cas où il y a un rapport direct et simple entre le phénomène observé et la seule donnée sur laquelle il repose, chaque observation fournira une valeur de cette quantité, et la moyenne de toutes (sous certaines restrictions) sera la valeur exacte. Je dis sous certaines restrictions : car, si les circonstances dans lesquelles se font les observations ne sont pas semblables, elles ne peuvent également être favorables à l'exactitude, et il serait mal de confondre les unes avec les autres. Dans des cas de ce genre comme dans

tous ceux où les données sont assez nombreuses, assez compliquées pour ne pas admettre une détermination unique et isolée (ce qui se rencontre continuellement), on est forcé d'entrer dans des considérations très-minutieuses et souvent très-compliquées, relativement à l'exactitude probable des résultats ou aux limites dans lesquelles l'erreur est *probablement* comprise. On est obligé d'avoir recours à une branche délicate et curieuse de recherches mathématiques, appelée doctrine des probabilités , dont l'objet, comme son nom l'indique, est de soumettre au calcul les chances de probabilité que présente une conclusion quelconque, de manière à nous mettre à même de rendre plus que conjectural le degré de confiance qu'on peut placer en elle.

230. Pour donner une idée générale des considérations que ces sortes de supputations embrassent , supposons qu'une personne tire au pistolet sur un but collé le long d'un mur placé à trente pas. Nous pouvons admettre , en général , qu'elle touchera l'un et manquera l'autre au premier coup ; mais nous ne pouvons hasarder une conjecture sur la quantité dont elle approchera du but si nous ne connaissons pas son habileté. Or, pour l'apprécier, il n'y a pas de meilleur moyen que de lui laisser tirer une centaine de coups, et de marquer les points frappés par la balle. Supposons que cela a été fait ; supposons que le but a été atteint une ou deux fois ; que le mur l'a été souvent ; qu'il a été touché un certain nombre de fois à un pouce

du but, un certain nombre d'autres de un à deux
pouces , et ainsi de suite; enfin , qu'il l'a été une
ou deux fois à quelques pieds. Voilà à quels résultats nous supposons le tireur parvenu. Quelle idée
pouvons-nous sur cela nous faire de son habileté ?
A quel point pouvons-nous supposer, sans courir
trop forte chance, qu'atteindra le coup suivant ?
Les lois de probabilité nous mettent à même de
le dire. Mais allons plus loin. Admettons, avant de
mesurer les distances que le but a été jeté au loin,
et que nous sommes appelés, sur les marques dont
le mur est chargé, à dire où se trouvait sa place.
Il est clair qu'aucune espèce de raisonnement ne
saurait la désigner avec certitude, et néanmoins il
y en a une qui présente plus de probabilité. Or,
ce cas est absolument celui où se trouve un observateur, un astronome , par exemple, qui aurait à
déterminer la situation exacte d'un corps céleste.
Il fixe son télescope, obtient une série de résultats qui ne coïncident point entre eux, mais qui
cependant s'accordent tous dans certaines limites,
à l'exception , toutefois, de quelques-uns qui dévient beaucoup de la moyenne générale. C'est
d'après ces résultats qu'il doit désigner le point
qu'il regarde comme la place la plus probable de
l'étoile au moment où il la considère. C'est précisément ainsi que les choses se passent dans le calcul des données physiques : quand on n'a pas deux
résultats qui s'accordent exactement , mais que
tous tombent dans certaines limites plus ou moins
rapprochées, comment se guider pour prendre une

conclusion à leur égard? Il est évident que tout système de calcul qu'on peut montrer conduire nécessairement à la conclusion la plus probable, là où l'on ne saurait obtenir de certitude, n'est pas sans importance. Cependant, comme cette doctrine forme une des applications les plus difficiles et les plus délicates qu'on puisse faire des mathématiques à la philosophie naturelle, nous nous en tiendrons, pour le moment, à ce peu de mots.

231. Nous avons essayé, dans ce qui précède, de faire connaître l'esprit des méthodes auxquelles les sciences naturelles sont redevables des vastes, des immenses progrès qu'elles ont faits depuis quelques siècles. Ce que nous avons surtout eu en vue, c'était de convaincre la jeunesse qui s'occupe d'études, que toutes les branches de la philosophie naturelle dépendent les unes des autres; qu'elles sont animées du même esprit, soumises aux mêmes méthodes de recherches. On ne peut l'embrasser tout entière, on est obligé de la diviser, de la suivre dans ses parties. Nous donnerons dans la suite de cet ouvrage une idée sommaire des progrès qui ont été faits dans les différentes branches dans lesquelles elle peut être subdivisée avec le plus d'avantages. Nous essaierons également de donner une idée générale de la nature de chacune de celles-ci, et des rapports qu'elles ont avec les autres. Dans le cours de cette discussion, nous aurons fréquemment l'occasion de montrer l'influence de ces principes généraux que nous avons tenté d'exposer.

Nous ne la développerons, néanmoins, qu'à mesure que l'occasion s'en présentera, sans nous engager dans une analyse régulière de l'histoire de
chacune de ces parties envisagée sous ce point de
vue. Une analyse de cette espèce serait sans doute
utile, précieuse, mais elle dépasserait les limites
dans lesquelles nous devons nous renfermer. Nous
ne désespérons pas, néanmoins, que ce grand, cet
important travail ne s'exécute quelque jour.

TROISIÈME PARTIE.

DE LA SUBDIVISION DES SCIENCES PHYSIQUES EN BRAN-
CHES DISTINCTES, ET DES RELATIONS QUE CELLES-CI
ONT ENTRE ELLES.

———

CHAPITRE I.

DU PHÉNOMÈNE DE LA FORCE ET DE LA CONSTITUTION DES
CORPS NATURELS.

232. L'histoire naturelle peut être considérée sous deux points de vue très-différens : elle peut être envisagée : 1° comme une série de faits, un assemblage de corps dont l'examen, l'analogie et la combinaison nous initient à la connaissance de l'ordre que suit la nature, et des agens qu'elle emploie pour arriver à ses fins, ce qui donne lieu à toutes les sciences ; 2° elle peut être considérée comme une masse de phénomènes dont il s'agit de rendre compte, d'effets qu'il faut déduire de leurs causes, de matériaux qui nous sont confiés pour appliquer nos principes à des objets utiles. L'histoire naturelle, envisagée sous l'un ou l'autre de ces points de vue, est donc l'origine et le but des sciences physiques. Comme la nature nous offre, confondus, pêle-mêle, les élémens de toutes nos connaissances, nous devons chercher à les dégager, à les isoler, à les présenter sous la forme

qui leur est propre. Nous sommes ainsi appelés à résoudre ce problème si important et si complexe : étant donné un effet, ou une série d'effets, déterminer la cause qui les a produits. Les principes sur lesquels repose une telle recherche sont ceux qui constituent la relation qu'il y a de l'un à l'autre, telle qu'elle existe par rapport à nous. Ce sont les lois qui les énoncent, la manière dont on les applique qu'on a essayé de développer dans les pages qui précèdent. Il reste maintenant à exposer, d'une manière sommaire, les résultats auxquels ont conduit les recherches, soit par rapport à la découverte des agens naturels, soit par rapport à la manière dont s'exerce leur action.

233. Le premier grand agent que nous offre l'analyse des phénomènes naturels, celui qui se présente le plus souvent, et d'une manière plus saillante, est la force dont l'action se manifeste 1° par la destruction d'une force opposée, et, par conséquent, la continuation de l'équilibre ; 2° par la production du mouvement.

234. La matière, ou ce je ne sais quoi, qui nous rend les corps sensibles, se présente à nous avec deux qualités générales qui, au premier abord, semblent contradictoires, l'activité et l'inertie. Son activité est prouvée par la puissance dont jouit un corps d'en mettre un autre en mouvement, d'obéir à une impulsion étrangère, de céder même à sa propre influence. Son inertie est démontrée par la propriété que possède chaque objet,

de persévérer dans l'état où il se trouve, à moins que quelque force, quelque choc extérieur ne le déplace. Cette contraction, néanmoins, n'est qu'apparente. La force est la cause, le mouvement l'effet produit. Dire, donc, que la matière est inerte, ou a de l'*inertie*, comme on s'exprime, ce n'est dire autre chose, si ce n'est que la cause s'est épuisée à produire son effet, et qu'elle ne peut, si elle ne se renouvelle, le produire une deuxième, une troisième fois. On peut, sous ce point de vue, concevoir l'équilibre comme la production continuelle de deux effets opposés, qui se paralysent incessamment.

235. Quoiqu'il en soit, cette différence donne naissance à deux grandes divisions de la science des forces qui sont communément connues sous les noms de statique et de dynamique; ce dernier terme, qui est général et que nous avons employé dans son acception la plus étendue, est habituellement restreint à la doctrine du mouvement, en tant qu'il est produit ou modifié par une force. Chacune de ces grandes divisions se subdivise à son tour suivant que l'on considère l'équilibre ou le mouvement de la matière dans les trois états distincts sous lesquels elle se présente dans la nature, solide, liquide et aériforme. Peut-être devrait-on encore ajouter, comme un moyen terme entre les deux premiers, celui de visqueux, dont l'étude est obscure, difficile, mais présente le plus haut intérêt.

236. Les principes de la statique et de la dyna-

mique ont été arrêtés par Newton : comme ils sont généraux, qu'ils s'appliquent à chaque cas, ils résolvent, ainsi que nous l'avons observé, tous ceux que peuvent rencontrer les méthodes de déduction qui servent à rendre raison des phénomènes ou à en calculer les effets. Ainsi, ils embrassent toutes les questions qui peuvent s'élever au sujet du mouvement et du repos des plus petites, comme des plus grandes masses. Mais les inductions, auxquelles ils conduisent, diffèrent entièrement suivant qu'on les applique à des quantités de matière de grandeur sensible ou à ces molécules tenues, si toutefois elles ne sont indivisibles, dont se composent les corps. Les recherches qui ont pour objet cette dernière modification de la matière, sont extrêmement ardues, attendu qu'elles se compliquent forcément des diverses hypothèses qu'on peut faire sur la constitution intime des corps.

237. D'un autre côté, celles qui se rapportent à l'équilibre et aux mouvemens des masses sensibles de matière peuvent heureusement être dirigées de telle sorte, qu'il est inutile de recourir à aucune hypothèse particulière sur la structure des corps. Ainsi, en raisonnant sur l'application des forces à une masse solide, on suppose que les parties, dont celle-ci est formée, sont inaltérablement liées entre elles, peu importe comment elles sont réunies. Il suffit que cette condition soit satisfaite, pourvu qu'aucune de leurs molécules ne puisse être déplacée sans mettre

toutes les autres en mouvement, de manière que leur situation relative ne puisse être changée. Telle est la notion abstraite du solide que le mécanicien emploie dans ses raisonnemens. Les autres conséquences, qu'on peut tirer des principes que nous avons indiqués, s'appliqueront de droit aux corps naturels, mais ne s'y appliqueront, néanmoins, qu'autant qu'ils se plieront à cette définition. Il faut le dire, cependant, il n'y a pas de substance qui la vérifie exactement. Il n'y en a pas dont les molécules soient absolument incapables de céder les unes à l'égard des autres. Mais la déviation dont elles sont susceptibles est si peu de chose, que, pour l'ordinaire, elle est véritablement incapable de troubler les résultats. Du reste, on peut presque toujours mesurer son influence dans les cas où elle en exerce. De là, deux sous-divisions de l'application des raisonnemens mécaniques aux masses solides. Ceux qui se rapportent à l'action des forces sur les corps flexibles ou élastiques, et sur ceux qui sont inflexibles ou rigides : on comprend, sous cette dénomination, tous ceux dont la résistance à la flexion, à la brisure est telle, qu'on n'a pas à craindre d'erreur matérielle en l'employant.

238. Nous disons de même, quand il s'agit de l'action des forces sur une masse fluide, que toutes les parties de celle-ci sont parfaitement libres les unes à l'égard des autres. Si nous allons plus loin, que nous regardions un fluide comme incompressible, les conséquences auxquelles donne lieu une

telle hypothèse , ne seront exactes qu'autant qu'on rencontrera de fluides semblables dans la nature, et il n'y en a pas; mais, pratiquement parlant , la résistance qu'ils opposent dans le plus grand nombre de cas, à la compression, est si grande, que les choses se passent comme s'ils n'y étaient pas sujets du tout. Les mêmes principes généraux nous mettent à même, dans les autres cas, de faire des recherches spéciales sur ce point. De là, la division des fluides en compressibles et en incompressibles que font les mécaniciens, les derniers n'étant que la limite extrême des premiers.

239. Ne nous proposant ici que de rechercher quelle est la constitution actuelle de la nature, nous regarderons tous les corps ainsi qu'ils le sont réellement, comme plus ou moins flexibles, plus ou moins propres à céder. Nous sommes sûrs qu'aucun d'eux ne remplit entièrement l'espace qu'il paraît occuper, attendu qu'il n'en est pas un qui, soumis à l'action d'une force suffisante, ne puisse être *comprimé* ou réduit à un moindre volume, et qui ne soit susceptible de reprendre entièrement, comme l'air, les liquides, ou en partie comme la plupart des solides, les dimensions qu'il avait d'abord, si la force qui les a altérés est détruite. Quand c'est sur l'air qu'on opère, on peut, pour ainsi dire, pousser indéfiniment la condensation. Et, non seulement cet air reprend son volume dès que la force qui le comprime cesse d'agir, mais il se dilate encore au-delà de toute limite,

si on diminue, à l'aide d'une machine pneumatique, la pression qu'il éprouve à la surface de la terre, pression qui tient au poids de l'atmosphère. Nous sommes ainsi amenés à conclure que les molécules d'air sont naturellement élastiques, et qu'elles ont à s'éloigner les unes des autres une tendance qui ne peut être balancée que par l'action d'une force, qu'il est lui-même une force de nature répulsive. Néanmoins, comme il est pesant, et que la gravitation est une propriété générale de la matière, il n'est pas douteux que cette tendance répulsive n'ait une limite, et que, si les molécules d'air sont portées au-delà d'une certaine distance, leur force de répulsion ne cesse d'agir, et ne fasse place à l'attraction. Cette limite se trouve probablement à une très grande élévation au-dessus de la surface de la terre. C'est le terme où finit l'atmosphère.

240. Ce que nous pouvons seulement conclure à l'aide de ce raisonnement ou de considérations analogues, les liquides l'établissent clairement. Tous, quoiqu'à un faible degré, sont compressibles : tous reprennent leurs premières dimensions dès que la force qui les a comprimés cesse d'agir ; mais ils ne peuvent se dilater (par des moyens mécaniques), et ne manifestent aucune tendance, tant qu'ils restent liquides, à dépasser une certaine limite. C'est pour cela qu'ils prennent une surface déterminée pendant qu'ils sont en repos ; que leurs parties opposent à toute séparation une résistance considérable, et don-

nent ainsi naissance au phénomène de la *cohésion des liquides*.

241. Dans l'air comme dans les liquides, les molécules se meuvent librement les unes à l'égard des autres, ce qui aurait difficilement lieu si elles n'étaient séparées et indépendantes. On a conclu de là et des considérations qui précèdent qu'elles ne se touchent pas, mais qu'elles sont maintenues entre elles à des distances déterminées par l'action constante des deux forces d'attraction et de répulsion qui sont supposées se balancer, se faire équilibre à la distance ordinaire des molécules, mais l'emportent l'une par rapport à l'autre, suivant le déplacement relatif que subissent celles-ci.

242. Il n'en est pas ainsi dans les solides. Le mouvement de leurs molécules entre elles n'est pas libre. Il est toujours fortement entravé, souvent même il est détruit. Dans quelques-uns, comme dans les métaux, l'argile, le beurre, la pression, le choc produisent des changemens de configuration lents et gradués, mais considérables; dans d'autres, la moindre tentative pour altérer les formes au-delà d'une limite fort rapprochée, suffit pour déterminer une fracture. Il résulte de là que la structure intime des solides doit nécessairement modifier les résultats généraux des forces attractive et répulsive, en tant qu'on les envisage pour rendre compte des phénomènes qu'ils présentent. Néanmoins, la cohésion de leurs molécules, l'énergie avec laquelle elles résistent au déplacement suffisent pour établir l'existence

de ces forces, quelle que soit l'obscurité qui enveloppe encore la manière dont elles agissent.

243. Cette division des corps en gaz, en liquides et solides donne lieu à trois branches de mécanique, dans chacune desquelles les principes généraux d'équilibre et de mouvement ont un mode d'application particulier ; savoir, la pneumatique, l'hydrostatique, et ce qu'on pourrait peut-être appeler sans impropriété la stéréostatique.

Pneumatique.

244. La pneumatique s'occupe de l'équilibre et du mouvement des fluides aériformes, quelle que soit la pression à laquelle ils sont soumis, la densité et l'élasticité dont ils jouissent. Le poids de l'air, la pression qu'il exerce sur tous les corps qui se trouvent à la surface de la terre, étaient tout-à-fait inconnus aux anciens, et furent aperçus par Galilée à l'occasion d'une pompe aspirante qui refusait de porter l'eau au-dessus d'une certaine hauteur. Jusque-là on supposait que ce liquide ne s'élevait que par suite d'une horreur qu'on attribuait à la nature pour le vide ; horreur qui le précipitait dans les tuyaux pour remplir l'espace que l'aspiration avait dépouillé d'air. Mais si une telle horreur avait existé et qu'elle eût eu la force d'élever l'eau d'un pied, il n'y avait pas de raison pour qu'elle ne l'élevât pas de deux, de trois, d'une quantité indéfinie. Il n'y en avait aucune pour qu'elle cessât brusquement d'agir, qu'elle refusât de porter l'eau à une plus grande

élévation, quelque forte que fût l'aspiration, dès qu'on l'avait, par un moyen quelconque, élevée au-dessus de la hauteur ordinaire.

245. Galilée cependant admit d'abord l'explication commune. Il admit que l'horreur de la nature pour le vide n'était pas assez forte pour porter l'eau au-dessus de trente-deux pieds. Plus tard il supposa que la véritable cause du phénomène résidait dans la pression que l'air exerce sur la surface du liquide; mais cette cause ne fut bien établie que lorsque son élève Torricelli eut eu l'heureuse idée de la vérifier par l'expérience, de substituer à l'eau un liquide beaucoup plus pesant, le mercure. Il n'aspira pas l'air, il employa une méthode plus sûre. Il remplit un long tube de vif-argent et le renversa dans un bain de même métal. La colonne mercurielle baissa et se fixa à vingt-huit pouces. De la sorte, il fut établi d'une manière irrécusable que la suspension du vif-argent dans le tube (qui n'était pas autre chose que le baromètre ordinaire) était due à une cause extérieure qu'on ne pouvait méconnaître. Ses fluctuations suivant celles de l'atmosphère achevèrent de démontrer que c'était bien à la pression de l'air extérieur sur la surface du mercure dans le réservoir qu'était dû l'effet qu'on avait si gratuitement attribué à l'horreur de la nature pour le vide.

246. La découverte de Torricelli fut d'abord mal accueillie; elle fut même repoussée; mais enfin une expérience décisive, imaginée par Pascal, vint

mettre un terme à la discussion. Cet homme célèbre remarqua que, si le poids de l'air ambiant était la cause directe de l'élévation du mercure, il devait être mesuré par la somme de cette élévation; que, par conséquent, si l'on portait un baromètre sur une haute montagne, et qu'on parvînt ainsi au-dessus d'une certaine masse d'air, la pression serait plus faible, et par suite la longueur de la colonne beaucoup moindre. Si, au lieu de la pression, c'était l'horreur du vide qui soutenait le mercure, l'élévation devait être la même, que le tube fût sur la montagne, ou qu'il se trouvât dans la plaine. Peut-être l'effet décisif de l'expérience qu'il fit faire à ce sujet sur le Puy-de-Dôme, haute montagne de l'Auvergne, contribua plus puissamment, que tout ce qui avait été fait jusqu'alors, à fortifier la tendance qu'on commençait à manifester pour les recherches expérimentales.

247. Cette découverte fut immédiatement suivie de celle de la machine pneumatique qu'on doit à Otton van Guerike, de Magdebourg. Ce savant semble s'être proposé de rechercher si le vide pouvait ou ne pouvait pas exister, et, pour s'en assurer, il essaya de le produire. L'imperfection de sa machine ne lui permit pas d'épuiser ses réservoirs; il ne réussit qu'à diminuer la quantité d'air qu'ils renfermaient. Cependant, les curieux effets qu'il obtint excitèrent vivement l'attention, et portèrent l'illustre Boyle à poursuivre des expériences qui, grace à ses travaux, à ceux de Hauksbée, de Hooke, de Mariotte et autres, ont

fait connaître la loi de l'équilibre de l'air sous des pressions diverses. Ces découvertes ont été plus tard étendues aux diverses espèces de fluides aériformes dont la chimie a révélé l'existence, et qui conservent l'état gazeux sous une pression artificielle. Elles l'ont même été à ceux que peuvent produire les liquides réduits en vapeur par l'application de la chaleur, aussi long-temps qu'ils conservent cet état.

248. La manière dont la loi d'équilibre d'un fluide élastique, tel que l'air, peut être considérée comme l'effet de la répulsion mutuelle de ses molécules, a été étudiée par Newton, et l'énoncé de la loi, telle qu'elle a été exprimée par Mariotte, « que la densité de l'air ou la quantité d'air contenu dans le même espace est, toutes choses égales d'ailleurs, proportionnelle à la pression que supporte ce fluide, » a été récemment vérifiée, dans les limites les plus étendues, à l'aide d'expériences directes, par une commission nommée à cet effet par l'Académie des sciences. Cette loi contient le principe de solution de toute question dynamique qui peut se présenter relativement à l'équilibre des fluides élastiques. Elle peut, par conséquent, être envisagée comme un des premiers axiomes de la pneumatique.

Hydrostatique.

249. Les principes de l'équilibre des liquides, en comprenant sous ce nom les fluides qui, quoique libres, ne se dilatent pas au-delà de certaines li-

mites, sont à la fois simples et peu nombreux. Les premiers résultats qu'on obtint à cet égard sont dus à Archimède. Ce savant établit le fait général que le poids que perd un solide immergé dans un liquide est précisément égal à celui du volume de liquide qu'il déplace. Il est étrange qu'on n'ait pas immédiatement conclu de ce resultat que le poids qu'on disait être perdu de la sorte n'était que contrebalancé par la pression de bas en haut, et que, par conséquent, une portion d'un liquide quelconque, entouré de tous côtés par un liquide de même espèce, pèse réellement en occupant sa place. Le contraire, néanmoins, s'établit, et ce préjugé ne se dissipa que lorsque la philosophie expérimentale, introduite par Galilée, fit justice de cette masse d'erreurs, d'absurdités qui avaient cours dans les écoles.

250. La loi hydrostatique de l'*égale pression des liquides dans tous les sens* avec les conséquences qu'elle entraîne, est une suite immédiate de la parfaite mobilité de leurs particules les unes à l'égard des autres, mobilité qui fait que chacune d'elles tend à céder à un excès de pression. Arrêtée par Newton, elle est devenue un des principes les plus utiles et les plus féconds de la science physico-mathématique de l'équilibre des masses fluides. Elle donne les moyens de suivre dans ses effets l'action d'une force qui agit sur un point quelconque d'un fluide. Elle s'applique aussi bien aux fluides expansibles qu'aux liquides, et si l'on fait usage de la géométrie dans des questions de ce

genre, elle dispense de ces investigations si minutieuses et si pénibles auxquelles on est conduit
quand on veut chercher le mode dont les molécules agissent individuellement les unes sur les
autres.

251. Sous un point de vue pratique, cette loi est
remarquable par les applications directes dont
elle est susceptible. La distribution immédiate,
parfaite d'une pression appliquée sur une partie
quelconque d'une surface fluide, quelque peu considérable qu'elle soit, à travers la masse entière,
nous met à même de communiquer dans un *instant quelconque* la même pression à un nombre
indéfini de ses parties, par la simple augmentation
de la surface du fluide, ce qui peut se faire en aug-
mentant simplement les dimensions du vase. Il y
a plus : si le vase est construit de telle sorte qu'u-
ne grande partie de la surface se meuve ensemble,
les pressions qui s'exercent sur toutes les parties
semblables se réuniront et formeront une masse
de forces simultanées qui pourra indéfiniment
s'accroître. La presse hydraulique, inventée par
Bramah, ou mieux exécutée par lui d'après les
données de Stevin, est construite sur ce principe.
Une petite quantité d'eau est poussée par une
pression suffisante dans un vase déjà plein, et
pourvu d'une surface mobile ou piston très-déve-
loppé. Avec un mécanisme semblable, il faut que
quelque chose cède. La grande surface du piston
multiplie la pression à un point tel, que rien ne
peut résister à sa violence. Elle déracine les ar-

bres, fait sauter les piliers, comprime les tissus de laine et de coton, et les réduit aux plus faibles dimensions. Le foin que consomme la cavalerie peut aussi être ramené à un volume qui permette de l'empiler sans peine sur les transports.

252. Les liquides diffèrent des fluides aériformes par leur *cohésion*, qu'on peut regarder comme une espèce d'acheminement à l'état solide, ainsi que le fesait Bacon (193). Il est, en effet, difficile de ne pas admettre que la solidité, la fluidité et l'état gazeux ne sont autre chose que des points saillans dans la transition graduelle que les corps subissent d'un terme extrême à l'autre. On ne peut contester non plus que, quelque prononcés que soient ces points saillans, ils ne peuvent se détacher brusquement, mais doivent se confondre par des nuances insensibles. Les diverses expériences du baron Cagnard de la Tour en offrent un commencement de preuve (199). Il n'en est pas de la cohésion des liquides comme de celle des solides. Elle n'est pas modifiée par leur structure, au point que la mobilité de leurs particules en masses soit détruite (si ce n'est dans le cas où ils touchent presque à l'état solide, comme ceux qui sont visqueux). Loin de là, les deux qualités sont habituellement réunies, et donnent naissance à une multitude de phénomènes aussi curieux que complexes.

253. Un des plus remarquables est l'attraction capillaire, ou la capillarité, comme on l'appelle quelquefois. Chacun a remarqué que l'eau adhère au verre. L'élévation de la surface générale du li-

quide aux points où il est en contact avec le vase qui le renferme , la forme d'une goutte à l'extrémité d'un solide, sont autant d'exemples d'attraction capillaire; si on plonge dans l'eau un tube de verre dont le diamètre ne dépasse pas celui d'un cheveu, le liquide s'élèvera à une certaine hauteur, et prendra une surface concave à sa partie supérieure. Curieux effet qui est dû , sans aucun doute, à l'action simultanée de l'affinité que le verre exerce sur l'eau, et à la cohésion qui lie les molécules de ce liquide entre elles; mais le mode d'action de ces deux causes est aussi obscur que complexe ; quoique les recherches de Laplace et celles de Young aient dissipé une partie de l'obscurité qui couvre ce sujet difficile, il en faut encore de nouvelles pour qu'on puisse se flatter de le bien saisir.

254. La capillarité et la cohésion des liquides prouvent que les molécules, dont ils se composent, exercent les unes sur les autres une affinité mutuelle. L'élasticité dont elles jouissent établit aussi qu'elles sont pourvues d'une puissance de répulsion qui se développe quand elles sont plus rapprochées que leur état ordinaire ne le comporte. Comparée à celle de l'air, la compression des liquides est si faible, quelle que soit la force dont on fait usage, qu'on ne peut se dispenser de conclure que cette répulsion est beaucoup plus considérable dans l'un que dans l'autre ; mais elle est en retour balancée par une plus puissante force d'attraction. La résistance que les liquides op-

posent à la compression est telle, qu'on peut généralement les regarder comme incompressibles; opinion en quelque sorte établie par la célèbre expérience faite à Florence et où l'eau fut soumise à une pression telle, qu'elle suinta à travers les pores d'une sphère d'or. Des recherches plus récentes néanmoins, et dont nous sommes redevables à Canton, à Perkins, à Oersted, etc., ont établi le contraire. Elles ont même déterminé la quantité de la compression.

255. La question des mouvemens des fluides, soit liquides ou gazeux, est infiniment plus compliquée que celle de leur équilibre. Quand les déplacemens se font avec lenteur, on peut supposer sans invraisemblance que c'est la loi de l'égale distribution de pression qui les régit. Mais quand ils sont vifs, que leurs molécules se mêlent brusment les unes aux autres, il n'est pas aisé de concevoir comment une telle distribution peut avoir lieu. Il y a d'ailleurs des phénomènes qui semblent conduire à une conclusion opposée.

256. Des difficultés d'une nature beaucoup plus grave ne permettent pas de faire une application régulière des principes généraux de la mécanique à ce sujet. Ces difficultés tiennent à l'excessive complication des recherches mathématiques auxquelles cette investigation conduit. C'est Newton qui, le premier, a essayé de déduire des principes dynamiques les lois qui régissent les mouvemens des masses fluides. Il jeta ainsi les fondemens de l'hydrodynamique. Mais ce n'est qu'au temps où

vivait d'Alembert que la méthode de réduire toute question de cette espèce à une pure recherche
mathématique fut bien comprise. Les cas, au surplus, où elle peut être appliquée d'une manière
satisfesante sont peu nombreux en comparaison
de ceux où les recherches expérimentales, comme
on l'a déjà dit (189), sont préférables. Tel est, par
exemple, celui de la résistance qu'opposent les
fluides aux corps qui les traversent, dont la connaissance importe tant à l'architecture navale, à
l'artillerie. Tel est aussi, parmi les sujets pratiques
qui sont fondés sur cette branche de science, l'usage
des voiles dans la navigation, la construction des
moulins à vent, des roues à eau, la transmission
de ce liquide à l'aide de tubes, de canaux, la construction des ports, des bassins, etc.

Nature des solides en général.

257. La constitution intime des solides est probablement très-compliquée, et nous ne pouvons
nous flatter de la bien connaître. Quelques expériences récemment faites sur les dimensions des
fils de métal violemment tirés ont établi qu'ils peuvent jusqu'à un certain point être dilatés par la
tension, et sont également susceptibles d'être
comprimés par la pression, mais beaucoup moins
que les liquides. Ordinairement, quand ils sont
trop étirés, ils cassent et refusent de se réunir,
ou s'ils sont comprimés outre mesure ils se contractent tout-à-fait et ne reprennent plus leurs dimensions. Ainsi le bois peut être dentelé par le

choc ; les métaux peuvent devenir plus durs, plus pesans quand on les martelle ou qu'on les passe au laminoir. Le langage ordinaire admet, au sujet de la dureté, de l'élasticité et autres propriétés semblables, une sorte de confusion qu'il n'est pas inutile de dissiper. La dureté est cette disposition qui rend les parties d'un solide si difficiles à déplacer entre elles. Ainsi l'acier est plus dur que le fer, le diamant l'est beaucoup plus qu'aucune autre substance, mais la compressibilité de l'acier ou les limites dans lesquelles il cédera à une pression donnée et reviendra ensuite à ses dimensions premières, n'est pas de beaucoup au-dessous de celle du fer doux. Celle de la glace est presque la même que celle de l'eau.

258. Nous regardons le caoutchou comme un corps très élastique : il l'est en effet, mais d'une autre manière que l'acier. Ses particules peuvent éprouver des déplacemens considérables sans que la dislocation qu'elles subissent devienne permanente. Quand cette substance est déformée, néanmoins, elle reprend sa configuration, mais faiblement. D'une autre part, si ce corps était renfermé dans un espace qu'il remplit, de telle sorte que ses molécules ne pussent pas éprouver de déviation latérale, il opposerait sans aucun doute une vive résistance à la compression. Il nous présente donc un exemple de deux espèces d'élasticité réunies dans la même substance, l'une qui tend à restituer sa configuration déformée ; c'est la plus faible. L'autre qui cherche à rétablir ses dimensions tel-

les qu'elles étaient d'abord; c'est la plus énergique. Toutes deux cependant tiennent à la même cause, toutes deux se rapportent aux mêmes principes. La première n'est dans le fait qu'une modification de la seconde, attendu que l'effort du ressort d'acier, quand il est tendu, pour reprendre sa position primitive, est dû précisément à ces forces qui donnent à l'acier sa dureté et le mettent à même de supporter la compression, de résister à la fracture.

259. La résistance que les corps solides opposent au choc ou à l'effort que l'on fait pour les écraser, est différente de la dureté d'un solide ou cette propriété qui lui fait supporter sans rompre les chocs les plus puissans; elle est tout-à-fait distincte de la dureté avec laquelle on la confond communément. Elle consiste dans un certain jeu de molécules qu'assemble une forte cohésion générale, et s'allie avec divers degrés d'élasticité. La malléabilité est une autre propriété des solides, des métaux surtout. Elle diffère encore de la tenacité et gît dans la facilité qu'ils ont à changer de formes sans éprouver de fracture pour subir les nouvelles comme sans faire d'efforts pour revenir aux anciennes.

260. La tenacité est aussi une propriété qui tient plus à la cohésion des molécules dont se composent les solides qu'à la résistance qu'ils opposent au choc. Elle consiste dans la puissance avec laquelle ils résistent à un effort qui tire leurs parties en sens opposé; tandis que l'autre espèce de

résistance à la séparation dont ils jouissent, est singulièrement contrebalancée par leur disposition à
communiquer à travers leurs couches l'action du
choc. La tenacité d'un solide est, par conséquent,
la mesure directe de la cohésion de ses molécules,
et la meilleure preuve de l'existence d'une force
semblable.

Christallographie.

261. On ne peut supposer que ces propriétés,
que d'autres encore existent dans les solides sans une disposition correspondante dans la
structure intérieure de ceux-ci. Qu'ils aient un tel
mécanisme, que leur constitution intime soit aussi curieuse que complexe, les phénomènes de la
cristallographie le prouvent assez. Cette branche si
intéressante et si belle est toute récente, si on la
compare aux autres parties de l'histoire naturelle.
On savait de toute antiquité que diverses substances affectent certaines formes. Pline ne l'igno-
rait pas, puisqu'il décrivit celles du quartz et du diamant; mais ce n'est qu'à l'époque où Linnée parut
qu'on donna une attention sérieuse à ce sujet. Ce
savant observa cependant et décrivit avec soin les
formes cristallines d'une foule de substances, il les
considéra même comme un caractère si positif des
solides qui les prenaient, qu'il supposa que chaque
forme était due à un sel particulier. Romée de
l'Isle poussa plus loin l'étude des formes cristallines qu'affectent les corps. Il constata le premier,
la constance des angles sous lesquels se rassem-

blent leurs faces. Il fit plus ; il remarqua que plusieurs d'entre eux se présentaient sous des formes diverses, et conjectura, le premier, que ces formes devaient se réduire à une qui était propre à chaque substance, et que modifiaient les lois géométriques. Bergmann partant d'un fait que lui avait fourni son élève Gahan, fit un pas de plus, et montra comment une espèce au moins de cristaux, peut être construite à l'aide de lames minces, rangées dans un certain ordre, et suivant certaines règles de superposition. Il se méprit en déduisant des conséquences justes et générales de cette observation, qui, bien envisagée, est la base de la loi la plus importante de la cristallographie ; celle qui lie la forme primitive avec les autres formes que peut présenter la même substance. On peut se faire une idée de ce qu'on entend par cette espèce de rapport que présente une forme avec une autre, en considérant une pyramide construite de pierres cubiques, disposées en couches dont chacune est isolément une bande carrée de l'épaisseur d'une des pierres. Ces couches placées l'une sur l'autre, horizontalement, et décroissant régulièrement de grandeur de la base au sommet, donnent lieu à une forme pyramidale à surface cannelée. Si les lames sont assez minces pour que les cannelures échappent à l'œil, la pyramide semblera unie et parfaite.

262. Peu de temps après, et sans avoir connaissance des travaux de Gahan et de Bergmann, l'abbé Haüy, frappé de la fracture accidentelle d'un

beau groupe de cristaux, fit l'observation que nous avons rapportée (67). Il en déduisit des conséquences plus rigoureuses ; il la suivit dans tous ses détails, développa les lois générales qui régissent la superposition des couches de molécules dont il suppose tous les cristaux formés ; lois qui nous mettent à même, la forme primitive une fois connue, d'indiquer à l'avance celles qu'ils peuvent affecter et qui prennent en conséquence la dénomination des formes dérivées ou formes secondaires. Mohs et autres ont, depuis, imaginé des procédés, des systèmes qui aident à dériver ces formes les unes des autres. Ils ont corrigé quelques erreurs que trop d'empressement à généraliser avait fait commettre, et ont avancé, par leurs recherches, la connaissance des formes que la nature et l'art peuvent donner aux diverses substances.

263. On peut aisément se faire une idée de la manière dont différentes formes de même espèce peuvent dériver de la variété de figures des dernières particules qui les composent. Il suffit de considérer ce qui arriverait si les briques qui entrent dans la construction d'un édifice, au lieu de dessiner un parallélepipède rectangle, étaient obliques dans une ou deux directions. Supposons, par exemple, que chacune de ces briques, lorsqu'elle est posée horizontalement sur une de ses faces ayant ses deux plus grandes arêtes dirigées du nord au sud et ses deux faces tournées vers l'est et l'ouest, soit dans une position verticale, tandis que celles qui regardent le nord et le sud sont inclinées vers

le sud. Une maison construite avec de telles
briques présenterait une inclinaison dans le même sens, c'est-à-dire vers le sud. Si, en outre,
nous supposons que les faces orientale et occidentale des briques, au lieu d'être verticales, sont
inclinées vers l'est, la maison présentera une inclinaison semblable, et les quatre arêtes, au lieu
d'être verticales, plongeront vers le sud-est.
Une pyramide construite avec les mêmes briques,
et dont les côtés de la base seraient dirigés vers
les quatre points cardinaux, n'aurait pas son sommet situé verticalement au-dessus du centre de la
base. Il serait placé au-dessus d'un point situé
au sud-est de ce même centre, et les faces de la
pyramide opposées au sud et à l'est seraient plus
inclinées à l'horizon que les deux autres.

264. Quelle que soit la manière dont on peut concevoir que les molécules d'un cristal adhèrent et
forment masse entre elles, il est impossible de repousser l'idée d'une forme déterminée qui leur est
commune. Toute autre supposition serait véritablement incompatible avec la similitude parfaite
qu'elles présentent sous tous les autres rapports,
et que les phénomènes chimiques ont démontrée.
Il ne faut pas perdre de vue, néanmoins, que cette
idée, quelque plausible qu'elle soit, est en quelque sorte hypothétique, et que les lois de la cristallographie, telles qu'elles ont été déduites de
l'observation, sont entièrement indépendantes de
toute supposition de cette espèce, ou même de
l'existence des atomes.

265. Il y a plus : la constitution interne des corps solides, quelle qu'elle soit, qui est indiquée par les formes déterminées qu'ils affectent, par leur clivage plus facile dans des directions que dans d'autres, et par l'éclat que présentent leurs surfaces planes quand ils se brisent, ne peut manquer d'avoir une grande influence sur leurs rapports avec les agens extérieurs, ainsi que sur leurs mouvemens internes et l'action réciproque de leurs molécules entre elles. La division des corps en cristallisés et non cristallisés, ou cristallisés d'une manière imparfaite, est donc de la plus grande importance, et presque tous les phénomènes dus aux causes naturelles qui agissent dans d'étroites limites comme sur le mécanisme immédiat des substances solides, sont singulièrement modifiées par la structure cristalline de celles-ci. Ainsi, la direction des rayons lumineux qui traversent les corps transparens solides et les propriétés qu'ils contractent dans le passage sont entièrement liées avec cette structure. Les expériences de M. Savart ont également prouvé qu'il en est de même pour la puissance de résistance qu'elles opposent aux forces extérieures, puissance d'où dépend leur élasticité. D'après ces expériences, les substances cristallisées résistent à la compression avec divers degrés d'énergie, suivant la direction que suit la force qui agit sur elles. Tous les phénomènes qui tiennent à leur élasticité sont modifiés par cette cause, ceux surtout qui se rapportent aux mouvemens vibratoires et à la transmission du son.

266. Il n'est pas douteux que des modifications qui tiennent également à la structure interne des cristaux n'aient lieu dans toutes les branches de la physique. Le professeur Mitscherlich a fait des recherches sur celle qui s'occupe de l'action de la chaleur sur les substances. On sait depuis long-temps que tous les corps sont dilatés par la chaleur, et que cette loi ne présente aucune exception tant qu'on se borne à considérer le volume de celui qui est soumis à son action. Ainsi, une tige de fer rouge est à la fois plus longue et plus épaisse quand elle est chaude que quand elle est froide. Cette différence de dimension, qui est peu de chose en elle-même, peut néanmoins être rendue sensible et devenir importante dans la pratique. Ainsi, le mercure employé dans un thermomètre ordinaire occupe plus d'espace quand il est chaud que quand il est froid ; et, comme il est renfermé dans un globe de verre (qui se dilate aussi, mais dans une proportion beaucoup moindre), il est obligé de s'élever dans le tube. Ces faits et d'autres de même espèce sont connus depuis long-temps. On a mesuré la somme de la dilatation d'une foule de corps soumis à l'action de la chaleur, et on en a dressé des tables. Mais personne n'avait soupçonné ce fait important, que dans les corps cristallisés la dilatation a lieu avec des circonstances toutes différentes de ce qui se passe pour ceux qui ne le sont pas. Mitscherlich a fait voir que ces sortes de substances se dilatent différemment dans les différentes directions. Il a même

reconnu un cas dans lequel la dilatation dans un
sens est accompagnée de contraction dans un autre. Cette observation, la plus importante qui ait
été faite depuis long-temps dans la pyrométrie,
ne peut néanmoins être considérée que comme le
premier anneau d'une série de recherches qui
promet une abondante moisson de faits nouveaux,
ainsi que l'éclaircissement de quelques-uns des
points les plus obscurs et les plus intéressans de
la théorie de la chaleur.

267. D'après ce qui précède, il est clair que si
nous considérons les corps solides comme des
collections de molécules ou d'atomes liés entre
eux et contenus par l'action continue des forces
d'attraction et de répulsion, nous ne pouvons supposer que ces forces agissent, au moins dans les
substances cristallisées, d'une manière égale dans
toutes les directions. De là l'idée de la *polarité*
dont nous voyons un exemple en grand dans l'aiguille magnétique ; mais nous pouvons concevoir
l'action comme s'exerçant sous des formes modifiées sur les atomes des solides ou même des fluides, et produisant tous les phénomènes que ceux-
ci présentent dans leur état cristallisé, soit entre
eux, soit avec la lumière, la chaleur, etc. Il n'est
pas difficile, si on donne carrière à son imagination, de concevoir comment des atomes attractifs
et répulsifs, unis ensemble par un lien inconnu,
peuvent former des machines ou des molécules
composées qui jouiraient de plusieurs des propriétés que nous attribuons à la polarisation. On a fait

diverses hypothèses ingénieuses ; mais au point où
nous en sommes, il est prudent de ne les prendre que pour ce qu'elles valent , et de regarder
la polarité de la matière comme un des derniers
phénomènes auxquels conduit l'analyse de la nature dont nous devons rechercher les lois avant
de vouloir en pénétrer les causes ou dévoiler la
manière dont elle se manifeste.

268. L'attraction , la répulsion que les molécules ont les unes pour les autres, ainsi que leur polarité, soit qu'on la regarde comme une propriété
originelle ou dérivée, sont des forces qui, agissant
avec une grande énergie et dans des limites très-
étroites, doivent être considérées comme les principes sur lesquels reposent la constitution immédiate de tous les corps , et plusieurs des actions
qu'ils exercent entre eux. Ce sont ces forces que
l'on comprend sous la dénomination générale de
forces moléculaires. On a essayé de confondre
l'attraction moléculaire avec la gravité que toute
matière exerce sur toute autre matière ; mais cette
idée est repoussée par les faits.

CHAPITRE II.

DE LA TRANSMISSION DU MOUVEMENT A TRAVERS LES CORPS
— DU SON ET DE LA LUMIÈRE.

269. La propagation du mouvement à travers
les corps, soit que ce mouvement soit produit par
une simple impulsion, comme un choc , soit

qu'il soit le résultat d'une impulsion fréquemment
et régulièrement répétée comme dans le cas d'un
mouvement vibratoire, est entièrement due aux
forces moléculaires, et c'est d'une propagation de
ce genre que dépendent le son, et très-probable-
ment la lumière. Pour concevoir comment le mouvement se transmet à travers une substance, qu'elle
soit solide ou fluide, il suffit d'examiner ce qui se
passe lorsqu'on fait onduler l'eau le long d'une corde tendue ou sur une surface tranquille. Chaque
partie de la corde ou de l'eau reçoit successivement
une tendance analogue à celle de la force qui la frappe. Elle cède, se déplace, revient au point d'où
elle est partie : quand l'une cesse de se mouvoir,
celle qui la touche s'ébranle, et offre le même
mouvement de va-et-vient. Ce déplacement successif peut paraître lent, fatiguant à décrire ; mais
prenons le son dans sa transmission à travers
l'air : nous aurons à remarquer, 1° que l'air qui
est le corps en mouvement est extrêmement
léger, et pourvu d'une élasticité très - grande,
de manière que la force qui propage le mouvement, ou par laquelle les molécules adjacentes
sont ébranlées, poussées les unes sur les autres,
est très-considérable comparativement à la quantité de matière qu'elle déplace. Il en est de même,
et à un degré plus grand encore pour les liquides
et les solides : car dans ceux-ci les forces élastiques
sont plus considérables proportionnellement au
poids qu'elles ne sont dans l'air.

270. Les anciens avaient quelques notions géné-

rales sur la manière dont le son se propage à travers l'air ; mais c'est Newton qui le premier chercha à analyser ce phénomène et réussit à l'expliquer. Il considéra l'air comme un corps élastique, prouva que l'effet de chaque impulsion était de condenser le fluide qu'elle frappait dans la direction du choc. L'air frappé, réagissait à son tour, refoulait la masse qui l'avait déplacé, et chassait en même temps celle qui était à sa partie opposée. Chaque molécule était ainsi choquante et choquée, avançait et reculait tour à tour. Ce beau résultat fut mêlé de quelques erreurs qui furent signalées par Cramer ; mais qui ne furent saisies, corrigées, que lorsque Lagrange et Euler firent de ce sujet difficile l'objet de leurs recherches. Ces méprises, du reste, ne sauraient porter atteinte à la gloire de Newton. La théorie mathématique de la propagation du son, des mouvemens de vibration et d'ondulation, est une des plus épineuses que présente la science. Les recherches des géomètres les plus habiles n'ont pu l'éclaircir. Chaque jour ce sont encore de nouveaux travaux, de nouvelles difficultés, et chaque jour nous pouvons nous convaincre combien nous sommes éloignés de pouvoir déduire des premiers principes tout ce que renferment même les cas les plus simples.

271. Quand une impulsion, quelle qu'en soit l'espèce, est transmise par l'air à nos oreilles, elle produit l'impression de son. Si cette impression est uniforme, régulière ; qu'elle se succède d'une

manière rapide , elle donne celle d'une note de musique , attendu que le ton de la note dépend de la rapidité de la succession (v. art. 153). Le sentiment de l'harmonie est aussi fondé sur le retour périodique d'impulsions coïncidentes qui frappent l'oreille , et nous donne peut-être le seul exemple d'une sensation agréable dont on peut rendre compte.

272. L'acoustique ou la science du son devient ainsi une branche de physique très-étendue. Elle est même une de celles qui a été le plus anciennement cultivée. Pythagore, Aristote, n'ignoraient ni la manière dont le son se transmet à travers l'air, ni la nature de l'harmonie. Comme branche de science, néanmoins, comme doctrine indépendante de sa délicieuse application à la musique , c'est tout au plus si l'on peut dire que l'acoustique existait avant que Bacon, Galilée, Marsenne, Wallis , fissent de la nature des lois qui la régissent l'objet de leurs recherches expérimentales ; que Newton , que Lagrange et Euler les soumissent à l'analyse ; mais aussi depuis cette époque ses progrès, sous ce double rapport , ont été rapides, continuels. Une curieuse, une belle méthode d'observations , due à Chladni , consiste à saupoudrer de sable les surfaces de corps dans un état de vibrations sonores, et d'examiner les figures qu'il dessine. Cette méthode , qui permet de suivre de l'œil tous les mouvemens qui lui sont imprimés , a été perfectionnée encore dans ces derniers temps par M. Savart, auquel nous devons

une suite de belles expériences sur tout ce qui se rapporte au son. Le sujet, cependant, est loin d'être épuisé : il y a peu de branches de physique qui soient plus attrayantes et se lient à plus d'objets. On peut même croire par analogie qu'il n'est pas sans rapports avec l'optique.

Lumière et vision.

273. La nature de la lumière a toujours été enveloppée de doute et d'obscurité. On peut dire que les anciens n'avaient pas même d'opinion arrêtée à cet égard, à moins qu'on ne regarde comme telle l'idée qu'ils ont émise que les corps éloignés ne peuvent entrer en communication que par un intermédiaire, et que, par conséquent, il doit y avoir quelque chose entre l'œil et la chose vue. Quel était ce quelque chose ? ils n'ont hasardé à cet égard que d'informes, que de vagues conjectures. Les uns supposaient que l'œil émettait lui-même des rayons ou des émanations d'une espèce inconnue, mais à l'aide desquels il saisissait les objets qui se trouvaient à distance ; la conception n'était pas heureuse ; car elle n'explique pas pourquoi on ne voit pas dans les ténèbres ; elle ne rend pas compte, en un mot, de l'office de la lumière dans la vision. D'autres imaginaient que tous les objets visibles projettent constamment, et dans toutes les directions, une sorte de ressemblance ou de spectre qui produit, lorsqu'il parvient à l'œil, une impression qui retrace ces objets. Quelque vague, quelque nébuleuse que soit une telle hypothèse,

elle attribue aux corps une puissance et à la lumière une dispersion en tout sens. Ses propriétés sont l'une et l'autre indépendantes de l'œil, et séparent les phénomènes de la *lumière* de ceux de la *vision*.

274. Newton a adopté cette idée ; mais au lieu de spectre ou de ressemblance , il suppose des objets lumineux qui projettent dans toutes les directions des molécules d'une ténuité extrême , (elles doivent l'être en effet, puisque, animées d'une vitesse aussi énorme (voy. 17), elles ne mettent pas en pièces les objets qu'elles frappent). Il suppose que ces molécules obéissent aux forces attractives et répulsives qui résident dans tous les corps , et celles-ci ne s'étendent qu'à une très-faible distance de leur surface. L'action de ces forces les fait dévier de leur mouvement rectiligne avant même qu'elles n'arrivent au contact des corps. Elles rebroussent en arrière, sont réfléchies par les forces répulsives avant de les atteindre, ou bien elles pénètrent dans les intervalles que les molécules laissent entre elles, comme on peut se représenter un oiseau qui voltige à travers les branches d'un arbre. Elles subissent toute leur influence, et prennent, lorsqu'elles cessent d'être dans leur sphère d'activité, une direction que détermine la position de la surface d'émersion par rapport à la ligne qu'elles ont décrite.

275. Cette hypothèse, qui fut discutée, analysée par Newton, fournit, à l'aide des lois dynamiques

qu'il avait déjà appliquées avec tant de succès aux mouvemens des planètes, une explication non-seulement plausible, mais juste, mais claire, de tous les phénomènes *usuels* de lumière connus de son temps. Cette théorie rend aussi parfaitement compte des belles découvertes de l'auteur sur les différentes réfrangibilités qui appartiennent aux rayons différemment colorés. Il suffit d'admettre dans les molécules une différence de vitesse qui produit dans l'œil la sensation de diverses couleurs. Si les propriétés de la lumière se fussent bornées à celles-ci, il eût été inutile de recourir à d'autres hypothèses.

276. Huyghens publia à peu près, vers la même époque, une hypothèse bien différente. Il pensait que la lumière a la même origine que le son ; qu'elle est due à la communication d'un mouvement vibratoire qui passe du corps lumineux à un fluide éminemment élastique. Ce fluide qui, suivant lui, remplit l'espace, est moins condensé dans les limites qu'occupe la matière, et cela dans un rapport qui varie avec la nature des substances. Ainsi, à une émanation, il substitue des ondulations ou des vibrations propagées dans tous les sens, à partir du corps lumineux à travers ce milieu ou cet éther comme il l'appelle. Huyghens, qui était lui-même un habile mathématicien, suivit plusieurs conséquences de cette hypothèse, et montra qu'elle se plie aussi bien aux lois ordinaires de la réflexion et de la réfraction que celle de Newton ; mais elle n'est pas aussi satisfesante lors-

qu'il s'agit de rendre compte, de ce qu'on peut considérer comme le premier de tous les faits optiques, la production des couleurs dans la réfraction ordinaire de la lumière par le prisme ; phénomène dont la théorie de Newton donne une explication à la fois élégante et complète, et dont la découverte forme une des plus grandes époques que présentent les annales de la science expérimentale. Cette difficulté, qui a été souvent opposée à la doctrine d'Huyghens, si elle n'est encore entière, n'est du moins qu'imparfaitement résolue.

277. Il ne manque pas, cependant, d'autres phénomènes pour éprouver encore la justesse de ces hypothèses. La diffraction ou l'inflexion de la lumière, découverte par Grimaldi, jésuite de Bologne, semble indiquer qu'il faut, pour que les rayons lumineux se dévient de leur mouvement rectiligne, qu'ils passent près d'un corps quel qu'en soit l'espèce. Ces phénomènes qui sont très-beaux, très-curieux, furent minutieusement étudiés par Newton. Ce grand homme les attribua à l'action des forces répulsives qui s'étendent à une distance sensible de la surface des corps. Cette explication, les faits connus de son tems autorisent du moins à le dire, paraît aussi satisfesante qu'on avait raisonnablement droit de l'exiger. Elle le semble beaucoup plus que tout ce qu'aurait pu fournir l'hypothèse d'Huyghens, qui, on ne peut le nier, paraissait hors d'état de rendre compte de ces phénomènes.

278. Une autre espèce de phénomènes optiques,

qui avaient commencé de fixer l'attention quelque
temps avant que Newton parût , et que l'une des
théories n'explique pas mieux que l'autre, est celle
des couleurs que présentent les couches minces , qu'elles soient liquides, comme dans le cas
des bulles de savon, ou gazeuses comme dans celui de deux glaces qui ne sont séparées que par
un peu d'air. Ces couleurs furent étudiées par
Newton avec un soin , une attention dont la philosophie expérimentale n'avait pas encore d'exemple à cette époque. Ces soins furent portés si loin
qu'aujourd'hui même il y a peu de recherches
qui pussent soutenir la comparaison à cet égard.
Le résultat de cette pénible investigation fut une
théorie d'une nature singulière , qu'il basa sur
ce qu'il appelle *accès de facile transmission et de
facile réflexion,* et qui suppose que chaque rayon
lumineux passe périodiquement dans son trajet
par une suite d'états tels qu'ils le disposent alternativement à pénétrer la surface du corps sur lequel il tombe , ou à rebrousser et se réfléchir. La
manière la plus simple de concevoir cette hypothèse est de considérer chaque molécule de lumière comme un petit aimant qui tourne sur lui-
même, tout en fesant son trajet, et présente ainsi
alternativement son pôle attractif et son pôle ré-
pulsif. Quand c'est par celui-ci qu'il approche de
la surface d'un corps, il y a répulsion ou réflexion. Quand c'est, au contraire, par celui-là
qu'il vient en contact, il y a attraction. Newton ,
cependant , évita soigneusement d'énoncer sa

théorie sous cette forme ou sous toute autre de ce genre. Il se borna à des termes généraux ; aussi ses partisans ont-ils assuré confidemment que la doctrine des accès de facile réflexion et de facile transmission, telle qu'il l'avait présentée, n'est au fond autre chose que l'énoncé des faits Au surplus, s'il en était ainsi, · toute autre théorie qui rendrait compte des mêmes phénomènes, devrait, en définitive, se confondre avec celle de Newton. Mais, comme nous venons de le dire, ce n'est pas le cas, et cet exemple doit nous rendre extrêmement réservés dans l'exposition des lois physiques sur l'emploi des termes qui peuvent envelopper dans leur signification la moindre chose de théorique, si nous ne voulons pas que de nouvelles recherches viennent détruire ou tout au moins modifier cette exposition.

279. Une troisième espèce de phénomènes qui fut également découverte pendant que Newton était encore engagé dans ses recherches d'optique, est celle que présentent les cristaux doués de la double réfraction. Nous avons exposé en quoi elle consiste. Le fait observé par Erasme Bartolin, dans le spath d'Islande, fut étudié par Huyghens, qui en détermina les lois, et le rapporta avec une adresse, un succès rares à sa théorie de la lumière. Il lui suffit, pour cela, d'ajouter une nouvelle hypothèse à celle qu'il avait déjà faite, de donner à son milieu éthéré, contenu dans le cristal, une constitution telle qu'il pût transmettre une impulsion plus promp-

tement dans un sens que dans un autre ; comme si, par exemple, nous supposions un son qui serait propagé avec divers degrés de vitesse dans une direction verticale et horizontale.

280. La double réfraction produite par le spath d'Islande est accompagnée de quelques circonstances remarquables. Elles furent observées par Bartolin, par Huyghens et par Newton, et conduisirent celui-ci à cette idée singulière, qu'un rayon de lumière, après son émergence d'un cristal de cette espèce, acquiert des faces, c'est-à-dire, qu'il contracte des propriétés qui tiennent à l'espace environnant, et qu'il les conserve pendant le reste de son trajet. C'est à ces propriétés que doivent être rapportés tous les phénomènes aussi compliqués que curieux, que l'on désigne aujourd'hui sous le nom de *polarisation.* Ces résultats semblaient si extraordinaires et se présentaient sous un jour si peu favorable aux recherches, qu'on les négligea comme d'un commun accord. Newton paraissait satisfait d'avoir établi qu'ils sont incompatibles avec la théorie d'Huyghens, sans chercher à prouver qu'ils s'expliquent avec la sienne.

281. Depuis l'époque de Newton jusqu'au commencement du siècle qui s'écoule, si l'on excepte une découverte, on a peu ajouté aux notions que l'on avait déjà sur la nature de la lumière. Il est vrai que, d'après son inappréciable application, on ne saurait assigner à cette découverte une place assez élevée dans les annales, soit de l'art, soit de

la science. Je veux parler du principe du télescope achromatique que l'on doit à une discussion qui s'était élevée au sujet de quelques recherches théoriques entre le célèbre Euler, le savant suédois Klingenstiern et l'opticien Dollon. Le premier avait été conduit à admettre que l'instrument était possible; le troisième l'exécuta, exemple mémorable, quoique ce ne soit pas le seul de la puissance du génie. Un géomètre isolé, perdu dans ses abstractions, jette au monde, dont il est en quelque sorte séparé, d'inappréciables aperçus (1).

282. L'explication du mécanisme de l'œil et de la manière dont s'opère la vision que nous fournit la connaissance des lois optiques, est aussi complète, aussi satisfesante que celle de la sensation du son que nous percevons à l'aide de la transmission du mouvement par le moyen de l'air. La chambre obscure, inventée, en 1560, par Baptiste Porta, donna la première idée de la manière dont les images des objets extérieurs parvenaient à l'œil; mais ce ne fut que long-temps après que Kepler, auquel on doit l'immortelle découverte de ces grandes lois qui régissent les périodes et les mouvemens des planètes, expliqua clairement les fonctions que remplit chaque partie de l'œil dans

(1) Il ne paraît pas douteux néanmoins qu'un amateur du nom de Hall, n'eût construit un télescope achromatique avant qu'Euler ni Dollon ne s'occupassent de cet instrument.

l'acte de la vision ; de là à l'invention du télescope, du microscope il semblait n'y avoir qu'un pas;
mais ce pas fut fait bien plus par hasard que par
dessein prémédité. Et la réinvention que fit
Galilée du télescope sur la simple description qu'on lui donna de ses effets, fournit une
nouvelle preuve que nous avons toujours devant
nous un vaste champ d'applications pratiques;
souvent il suffit, pour les faire, d'être convaincu
qu'elles sont possibles, comme l'établit encore la
découverte du télescope achromatique.

283. Le petit instrument avec lequel Galilée fit
ses belles découvertes avait au plus la force d'un
télescope ordinaire tel qu'on les fait aujourd'hui ;
il fut bientôt perfectionné, et atteignit, dans les
mains d'Huyghens, une puissance très-considérable, mais aussi des dimensions gigantesques. Ce fut
pour les réduire, pour diminuer l'énorme longueur qu'exigeaient ces sortes d'instrumens, sans
néanmoins atténuer leur puissance, que Grégory,
que Newton imaginèrent le télescope réflecteur,
dont la force dépasse sans doute l'idée que s'en
étaient faite les inventeurs.

284. Le télescope, tel qu'on l'exécute aujourd'hui,
peut assurément être rangé parmi les plus hautes,
les plus délicates productions de l'art, comme celle
où l'homme est en quelque sorte parvenu à rivali-
ser avec la nature, et si, par l'invention de cet
instrument, il n'a pas conquis un nouveau sens, il
a du moins donné à un de ceux qu'il possédait déjà
une puissance telle, qu'on peut le considérer com-

me nouveau. Le télescope, cependant, ne paraît pas avoir atteint la dernière perfection. Il est du reste difficile d'assigner des limites à celle-ci, quand on considère les immenses progrès que fait chaque industrie, et la délicatesse qu'on apporte dans la mise en œuvre, ainsi que les inventions, les combinaisons que chaque jour voit éclore (1).

285. Après être restée long-temps stationnaire, l'optique reprit son cours vers la fin du dernier siècle, et ne s'est pas ralentie depuis. L'impulsion fut donnée par le célèbre Wollaston, qui soumit à un nouvel examen, et vérifia les lois de la double réfraction dans le spath d'Islande annoncées par Huyghens. L'attention avait été rappelée sur ce sujet. Laplace lui appliqua la théorie de Newton, dissipa une partie du mystère qui enveloppe ce phénomène singulier. Ce résultat, qui était tout-à-fait inattendu à cette époque, peut être considéré comme un des plus heureux travaux qu'il ait faits. Ces recherches avaient pris de l'intérêt. L'institut voulait les encourager, et ce fut dans un Mémoire, couronné en 1810, qu'un officier du génie, Malus, annonça la découverte de la *polarisation de la lumière* par la réflexion ordinaire à la surface d'un corps transparent.

(1) Nous voulons parler des combinaisons achromatiques récemment imaginées par MM. Barlow et Rogers, et des verres denses dont Faraday vient de faire connaître la fabrication. Voy. Trans. Phil., Par. 1830.

286. **Malus** reconnut qu'un rayon de lumière, lorsqu'il est réfléchi par un corps semblable et sous un angle donné , acquiert précisément les propriétes singulières qu'il contracte dans la double réfraction, et que Newton avait exprimées en disant qu'il possède des accès. Ce fut la première circonstance qui dévoila le rapport qui lie ces phénomènes jusque là si mystérieux avec ceux que produisent les modifications ordinaires de la lumière. Elle fit aussi soupçonner qu'il n'était pas impossible de ramener les uns et les autres dans les limites, si ce n'est d'une entière explication, du moins dans celles d'une théorie plausible ; ce qui prouve combien est juste la remarque de Bacon, qu'il n'y a pas de phénomène naturel qui puisse s'expliquer isolément d'une manière satisfesante, que tous se tiennent, que tous s'éclairent les uns par les autres.

287. Ces phénomènes furent aussitôt étudiés en France par Malus et Arago ; en Angleterre, par Brewster, et les lois qui les régissent furent recherchées avec un soin proportionné à leur importance. On découvrit alors une autre classe de phénomènes non moins extraordinaires ; c'était une série de couleurs les plus belles et les plus vives, tout-à-fait semblables à celles qu'avait observées Newton dans des couches minces, gazeuses ou liquides, mais infiniment plus développées, plus éclatantes que présentaient certaines substances cristallisées lorsqu'elles étaient divisées en lames minces , suivant des directions particulières, et exposées à un rayon

de lumière polarisée. Un examen attentif de ces couleurs, fait par Wollaston, Biot et Arago, mais surtout par Brewster, fit presque aussitôt découvrir une série de phénomènes optiques si variés, si brillans, si évidemment liés avec tout ce qui tient à la structure intime des corps cristallisés, qu'ils excitèrent une attente générale. On éprouvait cet intérêt que l'on éprouve lorsqu'on sent qu'on est sur la voie de quelque grande découverte, et qu'on se promet de voir incessamment jaillir quelques-uns de ces faits éclatans qui portent la lumière sur ce qui est obscur, rangent sous les lois générales, ce qui paraissait en être une exception.

288. Cette attente ne fut pas trompée. Young avait établi, vers 1801, un principe qui, envisagé comme loi physique, est d'une beauté, d'une simplicité, d'une étendue d'applications qui n'a pas d'égale. Considérant la manière dont les vibrations de deux sons de musique, qui arrivent simultanément à l'oreille, affectent cet organe, et produisent une impression de son ou de silence suivant qu'ils coïncident ou sont opposés dans leurs effets; il pensa que la même chose devait avoir lieu pour la lumière, si la théorie, qui l'assimile au son, est fondée. Il conclut, en conséquence, que de deux rayons qui émanent du même corps, s'échappent au même instant, et arrivent au même point par des routes différentes, l'un doit renforcer ou détruire en totalité ou en partie les effets que l'autre produit, suivant que le trajet qu'ils

ont parcouru est plus ou moins long : que deux lumières puissent se combiner dans quelques circonstances, de manière à produire de l'obscurité, c'est une chose qui semble étrange , et qui est cependant littéralement vraie. Elle a même été depuis long-temps constatée par Grimaldi comme un fait singulier, et dont on ne peut rendre compte. Les expériences de Young qui ont établi ce principe, qui est connu en optique sous le nom d'interférence des rayons de lumière , sont aussi simples, aussi satisfesantes que le principe lui-même est beau ; mais les déductions qui le mettent hors de doute , comme tiré de l'explication qu'elles donnent de phénomènes qui semblent avoir si peu de rapport avec eux , le sont plus encore. Les couleurs des couches minces de Newton furent les premiers phénomènes dont l'auteur chercha à rendre compte, à l'aide de son principe ; le succès fut complet. Il l'appliqua à ceux de la diffraction, dont un habile géomètre français, Fresnel, a aussi donné une explication convenable, même pour les cas que l'hypothèse de Newton semblait hors d'état de résoudre.

289. Une simple et belle expérience , faite par Arago et Fresnel sur les interférences de la lumière polarisée, mit ces savans à même d'étendre la loi de Young aux couleurs que produisent les lames cristallisées sur un rayon de lumière polarisée. Ils trouvèrent ainsi la clé des difficultés qui compliquent ces magnifiques phénomènes. Il ne manquait plus maintenant , pour établir une

théorie rationnelle de la double réfraction, que
de trouver une hypothèse à l'aide de laquelle on
put concevoir que la lumière se propage à travers le milieu élastique qu'on suppose la transmettre, d'une manière qui ne fût en contradiction ni
avec les faits ni avec les lois générales de la dynamique. Cette idée essentielle, sans laquelle on
n'eût rien fondé que d'incomplet, fut fournie par
Young. Ce savant déclara, avec une sagacité qui
eût fait honneur à Newton lui-même, que, pour
adapter la doctrine d'Huyghens aux phénomènes
de la polarisation, il fallait admettre que la propagation de l'impulsion du rayon lumineux à travers
l'éther s'opérait d'une manière différente de celle
dont un rayon sonore se transmet dans l'air. Dans
le dernier cas, les molécules d'air *avancent* et *re-
culent*, dans le premier, il faut supposer que l'é-
ther éprouve des oscillations latérales.

290. Fresnel partit de cette idée, et réussit à
établir une théorie de la polarisation et de la
double réfraction si heureuse par la manière dont
elle se plie aux faits, dont elle coïncide avec les
résultats d'expérience auxquels on n'arrive que par
l'analyse la plus délicate, qu'il est difficile de ne
pas l'admettre pour véritable, si elle ne l'est pas.
Elle présente au moins le système le mieux conçu
que la science puisse offrir. Quoi qu'il en soit, du
reste, tant qu'elle servira à grouper les faits les
plus nombreux et les plus variés ; qu'elle permettra de chercher des analogies, de déduire des rapports, quelle que soit l'hypothèse sur laquelle elle

est basée, quelles que soient les présomptions que l'on pourra faire valoir sur la structure et le mode d'action, on l'envisagera toujours comme une conception qui tend à agrandir nos connaissances.

291. Il y a plus; il n'est pas impossible que la théorie de Newton, si on la combine avec celle d'Huyghens, ne conduise à quelque explication plausible de phénomènes dont elle ne peut encore assigner la cause. M. Biot pense que les molécules de lumière sont animées, ainsi que nous l'avons dit, d'un mouvement de rotation autour de leur axe. Il n'a fait usage de cette supposition que dans des limites très-bornées; mais elle pourrait s'étendre, et, si l'on admettait seulement l'émission régulière de particules lumineuses à des intervalles de temps égaux, dans des états de mouvement semblables, à partir du point d'émission, ce qui n'est pas se mettre trop au large, on aurait une explication plausible de tous les phénomènes de l'interférence de la lumière, sans recourir à l'éther.

292. L'examen optique des substances cristallisées nous fournit un nouvel exemple de l'appui que les sciences se prêtent dans leur marche. Les infatigables recherches de Brewster et autres ont montré que tous les phénomènes dus à la polarisation de la lumière, dans son passage à travers les substances cristallisées, fournissent des données précieuses sur la structure des cristaux eux-mêmes, et forment ainsi un des caractères les plus utiles pour s'assurer de leur organisation interne.

C'est Newton qui, le premier, indiqua de quelle importance pouvait devenir, comme caractère physique, comme indice d'autres propriétés, l'action d'un corps sur la lumière. Mais les données fournies par la polarisation comme moyen de recherches expérimentales, sont plus graves, plus importantes ; on peut dire qu'elles nous ont dotés d'une espèce de sens intellectuel qui nous met à même de scruter les dispositions de ces admirables structures que la nature élève avec une délicatesse qui échappe à nos conceptions, une symétrie et une beauté qui excitent toujours l'admiration. L'optique n'est pas moins utile, sous ce point de vue, à la minéralogie, à la cristallographie, qu'elle ne l'a été à l'astronomie par l'invention du télescope, à l'histoire naturelle par celle du microscope. Les rapports qu'on a découverts entre les propriétés optiques des corps et leurs formes cristallines, leurs propriétés chimiques ont fourni de beaux, de nombreux exemples des lois générales qu'on a établies à l'aide d'une induction laborieuse et pénible. Elles fournissent une nouvelle preuve de la simplicité de la nature qui se manifeste lentement à travers une masse confuse de faits particuliers dans lesquels on n'entrevoyait d'abord ni ordre ni liaison.

CHAPITRE III.

DES PHÉNOMÈNES COSMIQUES.

Astronomie et mécanique céleste.

293. L'astronomie, ainsi que nous l'avons observé dans la première partie de cet ouvrage, avait fait, comme science d'observation, de grands progrès parmi les anciens. C'est même la seule branche de physique à laquelle on peut dire qu'ils se soient véritablement appliqués. Les souvenirs qui s'étaient conservés d'Egypte et de Chaldée leur fournissaient les moyens de calculer les mouvemens du soleil et de la lune avec assez d'exactitude, pour prévoir les éclipses. L'observation leur avait fait connaître quelques cycles remarquables, ou périodes d'années dans lesquelles les éclipses lunaires se reproduisent à peu près dans le même ordre. C'etait peut-être, si l'on considère l'imperfection des moyens dont ils mesuraient le temps, et l'espace, tout ce qu'on pouvait attendre de cette époque. A ces méthodes grossières succédèrent plus tard des vues plus philosophiques qui eussent amené d'importans résultats, si elles n'avaient été presque aussitôt abandonnées.

294. Mais la philosophie d'Aristote établit, en principe, que les mouvemens célestes sont réglés par des lois qui leur sont propres, et n'ont aucun rapport avec celles qui gouvernent la terre. En

tirant ainsi une ligne de démarcation entre la mécanique céleste et la mécanique terrestre, il plaça
l'une hors du champ des recherches expérimentales; il empêcha les progrès de l'autre, en posant
des principes fondés sur des remarques, recueil-
lies à la hâte, qui ne méritaient pas même le nom
d'observations. L'astronomie continua, en conséquence, pendant des siècles, d'être une pure science de souvenirs où la théorie n'entrait pour rien,
si ce n'est pour essayer de concilier les inégalités
des mouvemens célestes avec une prétendue loi
de révolution circulaire et uniforme qu'on regardait comme seule compatible avec la perfection du
du mécanisme céleste. De là une masse informe, si
ce n'est contradictoire de mouvemens hypothétiques du soleil, de la lune, des planètes en cercles dont les centres étaient placés dans d'autres
cercles qui l'étaient eux-mêmes dans d'autres, et
ainsi de suite, jusqu'à ce qu'enfin, l'observation
devenant plus exacte et les épicycles se multipliant sans cesse, l'absurdité d'un système si confus devint palpable. On exprima des doutes, et les
sarcasmes d'Alphonse de Castille (1252) leur don-
nèrent une force qu'ils n'eussent pas obtenue sans
cela, à une époque où les hommes osaient à peine
se hasarder à penser. Enfin, Copernic promulgua
sa théorie, ou plutôt reproduisit celle de Pythagore. Il plaça le soleil au centre de notre système,
et donna à l'astronomie une simplicité qui con-
trastait avec l'entortillage dont on l'avait chargée
jusque là.

295. Un élégant écrivain (1), que nous avons déjà eu occasion de citer, a exposé, d'une manière
nette, succincte, les notions confuses qui ont été
si long-temps répandues au sujet de la constitution de notre système, ainsi que la difficulté qu'on
a éprouvée à se faire une idée juste de la disposition de ses parties. Nous le voyons, dit-il, non en
plan, mais en *section*. La raison en est que notre
point d'observation git dans le plan général; que
la notion que nous cherchons à nous former du
système du monde n'est pas celle de sa section,
mais de son plan. C'est comme si nous essayions
de lire un livre, ou *de parcourir*, d'embrasser un
pays sur la carte, en tenant l'œil de niveau avec le
papier. Nous pouvons seulement juger directement de la distance des objets par leur grandeur, ou, mieux, de leur changement de distance
par leur changement de grandeur; nous ne pouvons même distinguer que d'une manière indirecte les positions relatives où ils se trouvent de
celles où ils nous semblent placés. Or, les variations de grandeur apparente que présentent la
lune, le soleil, sont trop peu considérables pour
qu'il soit possible de les mesurer sans faire usage
du télescope, et le corps des planètes est si faible
qu'il échappe à l'œil nu.

296. Le système de Copernic une fois admis,
cette difficulté disparaît: ce n'est plus qu'un simple problême de géométrie et de calcul qui consiste

____

(1) Jackson, Lettres sur divers sujets.

à déterminer, d'après les positions observées d'une planète, son orbite réelle autour du soleil, ainsi que les autres circonstances que présente son mouvement. C'est ainsi que Kepler procéda pour l'orbite de Mars, qu'il reconnut être une ellipse dont le soleil occupe un des foyers. Il essaya d'étendre cette loi à toutes les planètes, et reconnut qu'elle s'appliquait également à toutes. Ce résultat et d'autres non moins remarquables, qui sont désignés dans les ouvrages sous le nom de lois de Kepler, constituent le plus beau, le plus important système des rapports géométriques qui ait jamais été découvert à l'aide de l'induction, et sans le secours d'aucun aperçu théorique. Ces lois comprennent les mouvemens de toutes les planètes, et nous mettent à même d'assigner leur lieu dans leurs orbites à une époque quelconque, passée ou future, sans tenir compte de leurs mutuelles perturbations, pourvu qu'on sache résoudre certains problêmes qui sont purement géométriques.

297. Ce ne fut cependant que long-temps après Kepler qu'on reconnut l'importance réelle des lois qu'il avait découvertes. Envisagées en elles-même, elles offraient, il est vrai, un bel exemple de l'harmonie, de la régularité avec lesquelles sont disposées toutes les parties du grand œuvre de la création, ainsi qu'un contraste étrange avec l'échafaudage de cycles et d'épicycles qui les avait précédées. Mais là semblait se borner l'avantage. On reprocha même à Kepler, et non sans une sorte de raison, d'avoir rendu plus difficile le

calcul de la position des planètes, attendu que les ressources de la géométrie étaient insuffisantes alors pour résoudre les problèmes qu'amenait la stricte application de ses lois.

298. Le premier résultat de l'invention du télescope et de l'application de cet instrument aux recherches astronomiques par Galilée, fut la découverte du disque et des satellites de Jupiter, système qui offre une belle miniature de celui dont il fait partie, qui présente, au premier aspect, cette disposition qu'on ne discerne dans le système planétaire lui-même qu'à l'aide de l'œil de la raison, de l'imagination (voy. 195). Kepler eut la satisfaction de voir que la loi qu'il avait reconnue exister entre les temps des révolutions et les distances des planètes au soleil, avait encore lieu dans le mouvement des satellites autour de leurs planètes; preuve qu'elle n'est pas une simple règle empirique, et qu'elle repose sur la nature même du mouvement planétaire.

299. On opposa à la doctrine de Copernic, que, si elle était vraie, Vénus devrait apparaître quelquefois avec la configuration que la lune présente avant d'atteindre son plein. Il en convint, et ajouta même que, si elle s'offrait jamais à nous, elle nous apparaîtrait ainsi. On peut aisément se faire une idée de quel étonnement on fut saisi, quand on vit le télescope confirmer cette prédiction, et qu'on aperçut cette planète avec la configuration que lui avaient également assignée l'auteur

du nouveau système et ceux qui le combattaient.
L'histoire de la science n'offre peut-être qu'une
concordance de cette espèce. Quand Hutton publia
sa théorie de la consolidation des roches par l'application de la chaleur à une profondeur considérable au-dessous du lit de l'Océan, on lui objecta
que, quelque chose qui arrivât pour les autres, il
ne pouvait en être ainsi pour celles qui sont de
nature calcaire; que le feu, loin de consolider la
craie, devait infailliblement la décomposer et la
réduire à l'état de chaux; que l'acide carbonique
devait se dégager et ne laisser, pour résidu, qu'une
substance infusible qui était même hors d'état de
s'aglutiner par la chaleur. Le géologue répondit
que la pression sous laquelle se passait le phénomène suffisait pour empêcher le dégagement du
gaz, et que celui-ci, ne pouvant se répandre dans
l'air, était, à son tour, en état de donner à la chaux
la fusibilité dont elle manquait. Cette prévision
ne tarda pas à se convertir en certitude. James
Hall réussit à déterminer la fusion du marbre, en
opérant sous une forte pression, sans permettre
au gaz acide carbonique de se dégager.

300. A travers ses vagues, ses bizarres spéculations sur les causes des mouvemens dont il avait
si bien et si laborieusement déduit les lois, Kepler
avait entrevu que celle de l'inertie de la matière
s'appliquait aux grandes masses que renferme le
ciel, comme à celles qui couvrent la terre. Galilée,
de son côté, avait, par sa puissante argumentation, par le ridicule dont il les couvrait, donné

le coup de grâce aux dogmes d'Aristote qui avaient élevé une barrière entre les lois du mouvement céleste et celles du mouvement terrestre. Il avait aussi contribué, par ses recherches sur celles qui régissent la chute des corps, la marche des projectiles, à jeter les bases d'un véritable système de dynamique, à l'aide duquel on peut déterminer les mouvemens d'après les forces qui les causent, et les forces d'après les mouvemens qu'elles produisent. Hooke alla plus loin encore. Il établit si nettement le mode dont les planètes sont retenues dans leur orbite par l'attraction du soleil, qu'on ne peut douter que si l'habileté du mathématicien eût égalé la sagacité du philosophe, et que ses travaux eussent été moins variés, moins divers, il ne fût arrivé à la loi de la gravitation.

301. Mais tout ce qui avait été fait dans ce genre avant Newton, ne peut être envisagé, pour ainsi dire, que comme des tentatives qui avaient pour but de lever les premières difficultés, comme des travaux préparatoires qui étaient destinés à mettre ce grand homme en état de développer toute la puissance de son génie. Aussi profond mathématicien que physicien habile, il sut trouver des méthodes nouvelles, des méthodes inconnues, pour étudier les effets des causes, que sa pénétration était parvenue à saisir. Remontant, par une suite d'inductions serrées, compactes aux premiers axiomes de la dynamique, il réussit à en déduire une explication complète de tous les

grands phénomènes astronomiques, à rendre
compte de plusieurs de ceux même qui ont moins
d'importance et sont plus obscurs. Les mathématiques n'étaient pas assez avancées, à cette époque, pour lever les difficultés que présentait ce
vaste problème. Tout était à créer pour le résoudre. Mais, loin de le rebuter, cette circonstance
ne fit que redoubler son courage, lui fournir l'occasion de développer les ressources de son génie. Les moyens employés ne pouvaient mener au
but. Il sut en trouver en lui-même : il inventa la
méthode des fluxions, connue aujourd'hui sous le
nom de calcul différentiel, et fournit ainsi des
moyens de recherches qui sont à ceux dont on
fesait précédemment usage ce que la machine à
vapeur est aux puissances mécaniques qu'elle a
remplacées. Nous avons parlé des résultats d'optique qu'obtint Newton ; ses découvertes astronomiques attestent la force d'esprit dont l'avait doué
la nature. Mais les soins de détail, la patience
dont il donna l'exemple, ne sont pas moins di-
gnes d'admiration. De quelque côté que nous
tournions nos regards, nous sommes forcés de
nous incliner devant son génie. Nous ne pouvons
lui refuser une vénération que personne, dans
les sciences, n'obtint jamais. Son époque est celle
où la raison atteignit, sous ce rapport, une entière maturité. Tout ce qui avait été fait jusque-là peut être comparé aux tentatives imparfaites de l'enfance, ou aux essais d'une adolescence
pleine de sève, mais encore inhabile. Quant aux

travaux qui ont suivi, quelque grands, quelque prodigieux qu'ils soient, ils ne sauraient être mis en balance avec ceux qui sont consignés dans les Principes.

302. Newton montre, dans ce grand ouvrage, que tous les mouvemens célestes connus de son temps sont la conséquence de la loi, « que deux molécules de matière s'attirent en raison directe du produit de leur masse, et en raison inverse du carré de leur distance. » Partant de ce principe, il explique comment l'attraction qui s'exerce entre les grandes masses sphériques dont notre système se compose, est réglée par une loi dont l'expression est exactement semblable; comment les mouvemens elliptiques des planètes autour du soleil et des satellites autour de leurs planètes, tels que les a déterminés Kepler, se déduisent comme des conséquences nécessaires de la même loi, et comment les orbites des comètes elles-mêmes ne sont que des cas particuliers des mouvemens planétaires. Passant ensuite à des applications plus diffici-les, il fait voir comment les inégalités si compli-quées du mouvement de la lune tiennent à l'action perturbatrice du soleil, comment les marées nais-sent de l'inégalité de l'attraction que le soleil et la lune exercent sur la terre et l'Océan qui l'en-toure. Il fait voir, enfin, comment la précession des équinoxes n'est qu'une conséquence néces-saire de la même loi.

303. Les successeurs immédiats de Newton eu-rent assez à faire à vérifier ses découvertes, à

étendre, à perfectionner ses méthodes de calcul
qui sont devenues une source inépuisable de connaissances. La découverte faite par Leibnitz, découverte simultanée, mais indépendante, d'une
méthode de recherches tout-à-fait semblable à celle
de Newton, en même temps qu'elle devenait l'objet
d'une rivalité nationale qui ne peut maintenant que
faire pitié, stimulait les géomètres du continent,
les excitait à la cultiver, et lui imprimait un caractère plus indépendant de l'ancienne géométrie
à laquelle Newton s'était spécialement attaché. La
chose fut heureuse, car on reconnut bientôt (on
doit excepter, toutefois, les travaux de Ma-
claurin, qui furent continués plus tard, avec la
même élégance, par le professeur Robinson, d'E-
dimbourg) qu'il en était de la géométrie de Newton comme de l'arc d'Ulysse, que personne ne
pouvait tendre, hors ce prince. On vit que, pour
étendre les méthodes de l'auteur des Principes
au-delà des limites où il les avait portées, il fallait les dépouiller de ces formes antiques dont
il s'était plu à les revêtir. Les compatriotes de
Newton n'osèrent hasarder la chose, et portèrent
la peine de leur timidité. Simples spectateurs des
efforts que chaque jour éclairait, ils restèrent
étrangers aux recherches physico-mathématiques
qui se poursuivaient avec la même vivacité en
France et en Allemagne.

304. Les recherches que Newton légua à ses
successeurs étaient véritablement immenses. Il
leur laissa le soin de déduire les conséquences

de la loi de la gravitation; de rendre compte de toutes les inégalités des mouvemens des planètes et de ceux de la lune, qui sont beaucoup plus compliqués, et nous importent davantage; de trouver, ce que lui-même n'avait jamais essayé de faire, une démonstration de la stabilité et de la permanence de notre système, au milieu des influences qu'exercent sur lui les perturbations intérieures auxquelles il est sujet. Ce travail et la gloire qui devait le suivre étaient réservés au siècle suivant, et furent successivement partagés par Clairault, d'Alembert, Euler, Lagrange et Laplace. Le sujet, néanmoins, est si vaste, les recherches qu'il exige sont hérissées de tant de difficultés, qu'il faudra plus d'une génération encore pour les résoudre. Les découvertes récentes des astronomes ont, d'ailleurs, fourni matière aux investigations des géomètres. Elles ont soulevé une difficulté qui surpasse de beaucoup tout ce qui s'était présenté jusqu'ici. Notre système s'est enrichi de cinq planètes, dont quatre ne sont connues que depuis le commencement du siècle. Celles-ci ont peu d'analogies avec les autres, et présentent des difficultés de théorie qu'on ne soupçonnait pas jusque-là. Et, cependant, quelques comètes à très-court période qu'on a récemment découvertes, et qui décrivent, comme les planètes, des ellipses autour du soleil, en présentent de plus graves encore. Mais, loin de s'épuiser, les ressources de la géométrie moderne semblent croître avec les obstacles; et déjà on peut compter parmi les successeurs de Lagrange et de Laplace, une foule de noms qui promettent de se rendre non moins célèbres dans les annales des recherches physico-mathématiques, que ceux qui les ont devancés.

305. Les positions, les figures et les dimensions de toutes les orbites planétaires sont connues ; les variations qu'elles subissent de siècle en siècle en grande partie déterminées. On sait que tous les changemens que peuvent produire les planètes, en réagissant les unes sur les autres dans un espace de temps indéfini, sont périodiques, c'est-à-dire qu'ils croissent jusqu'à une certaine limite qui n'est jamais bien étendue, et décroissent ensuite. L'action que les élémens, dont le système se compose, exercent entre eux, ne peut ni le bouleverser ni le détruire ; elle le tient dans une oscillation continuelle autour d'un certain état moyen dont il ne saurait s'éloigner, au point de courir risque de se désorganiser. Les recherches de Laplace, celles de Lagrange ont, entre autres, mis hors de doute que la distance moyenne de chaque planète au soleil est absolument invariable, et par conséquent la durée de ses révolutions périodiques. D'après ces grandes découvertes, nous pouvons, du point que nous occupons dans le temps, nous porter à une époque éloignée de l'avenir, et prédire, sans crainte de nous tromper, quel sera alors l'état de notre système.

306. Une énumération, une description exacte des étoiles fixes contenues dans les catalogues, une connaissance précise de leur position, sont les

seuls moyens que nous ayons de constater les changemens dont elles sont susceptibles, et les mou.
vemens qu'elles éprouvent entre elles sont trop
faibles pour leur faire perdre l'épithète de fixes,
et néanmoins suffisans pour produire une variation sensible dans la suite des siècles. Avant l'invention de la boussole, le navigateur les prenait pour
point de direction pendant la nuit, et il n'avait besoin, pour régler sa course, que de connaître mé-
diocrement quelques-unes des principales. Hyparque est le premier astronome qui eut l'idée de former un catalogue qui constatât l'état du ciel, afin,
dit Pline, que la postérité pût s'assurer non-seulement si les étoiles naissent et meurent, mais encore si elles changent de place, si elles croissent ou
décroissent. Son catalogue, qui contenait plus de
mille étoiles, fut dressé environ 128 ans avant J.-C.
Ce fut en discutant les observations qu'il avait faites, celles qu'avaient faites ses prédécesseurs,
qu'il reconnut ce mouvement lent, général, qu'on
voit pousser toutes les étoiles vers l'Orient, quand
on rapporte leurs positions à celle de l'équinoxe;
phénomène qui est connu sous le nom de précession des équinoxes, et que Newton explique en
l'attribuant à un mouvement dans l'axe de la terre
produit par l'attraction du soleil et de la lune.

307. On a dressé, depuis Hyparque, divers catalogues d'étoiles fixes. De ce nombre est celui de
Ulugh-Begh, construit en 1437; il comprenait
près de mille étoiles, et mérite d'être signalé
comme production d'un prince souverain qui joi-

gnait ses travaux à ceux de ses astronomes. Celui de Tycho-Brahé est également digne d'être rappelé. Formé en 1600 et chargé de 777 étoiles, il devait son origine à un phénomène du genre de celui qui fixa l'attention d'Hyparque. Dans des temps moins éloignés, des astronomes pourvus des meilleurs instrumens que fournit leur époque, établis dans des observatoires, magnifiquement dotés par les souverains, les gouvernemens des diverses nations de l'Europe ont travaillé et travaillent encore, à l'envi les uns des autres, à étendre leurs catalogues et à déterminer avec précision le lieu de chaque étoile.

308. La distance des étoiles fixes est telle, que toutes les tentatives qu'on a faites n'ont pu jusqu'à présent lui assigner de limite. Les astronomes cependant n'ont cessé de chercher à la déterminer, soit en prenant pour unité les dimensions du système particulier que forment le soleil et les planètes, soit en prenant celles de la terre même. Plusieurs ont cru y être parvenus ou du moins avoir fourni des bases pour décider une si importante question; mais les phénomènes sur lesquels ils s'appuyaient étaient dus à des causes différentes de celles auxquelles ils les rapportaient, ou à des erreurs qui tenaient à l'imperfection des instrumens qu'ils employaient, ou enfin à l'inexactitude des observations elles-mêmes.

309. La seule chose qui pût nous donner aujourd'hui un aperçu de la distance des étoiles fixes, serait un changement annuel de sa position appa-

rente, qui serait produit par le mouvement de la terre autour du soleil, connu sous le nom de *paral-laxe annuelle*, et qui n'est pas autre chose que la mesure de la grandeur apparente de l'orbite de la terre vue de l'étoile. Plusieurs observateurs se sont imaginés qu'ils avaient trouvé une valeur apprécia-de cette parallaxe; mais, à mesure que les instrumens astronomiques se sont perfectionnés, le nombre qu'ils avaient assigné a été successivement réduit dans des limites plus serrées, plus étroites. On s'est même assuré que cette valeur était du même ordre que l'erreur que les instrumens peuvent entraîner. Que conclure de là ? que la quantité dont il s'agit est trop peu considérable pour que, dans l'état des choses, on puisse l'évaluer d'une manière exacte, et que par conséquent la distance des étoiles est telle, que l'imagination la plus hardie n'ose lui assigner un terme. Mais ces excessives dimensions en supposent d'autres non moins prodigieuses, car si les étoiles se trouvent placées à des distances inouies, elles doivent avoir un volume immense ; elles doivent égaler, surpasser même celui du soleil, former peut-être les centres d'autres systèmes planétaires, ou avoir une destination qui n'a rien d'analogue autour de nous, dont nous ne pouvons nous faire une idée d'après les corps qui nous entourent.

310. Les catalogues publiés à diverses époques ont donné lieu à des rapprochemens curieux. On a comparé les variations d'éclat, de position, que présentent les étoiles: on a reconnu qu'il y en a qui

perdent, qui recouvrent périodiquement leur lustre; que plusieurs ont disparu sans laisser même de traces visibles avec les plus puissans télescopes. A mesure que la construction des instrumens d'astronomie et d'optique s'est perfectionnée, la connaissance du ciel s'est étendue. On a mieux suivi le cours des astres; on l'a calculé avec plus de précision. La position des étoiles principales que renferme l'hémisphère Nord et une grande partie de celles du Midi sont si bien connues aujourd'hui qu'on ne peut manquer de découvrir si elles ont quelque mouvement propre. C'est, en effet, ce qui a lieu dans un grand nombre de cas.

311. Ce n'est néanmoins que dans ces derniers temps qu'on s'est occupé des petites étoiles d'une manière spéciale, et il est hors de doute que, tôt ou tard, cette étude conduira aux résultats les plus curieux et les plus importans. L'examen qu'on a fait de ces étoiles avec de bons télescopes, le soin qu'on a mis à déterminer exactement leur position à l'aide d'instrumens délicats, ont produit des masses d'observations, des catalogues considérables, où se trouvent déjà des milliers d'étoiles que l'œil nu ne peut discerner. Cet examen a conduit à la découverte d'une foule de faits importans, curieux; il a révélé l'existence de classes entières de corps d'une nature telle, qu'elle autorise toutes les suppositions qu'on peut faire sur l'étendue et la construction de l'univers.

312. Parmi les corps nouveaux les plus remarquables peut-être sont les étoiles doubles, ou étoi-

les qui paraissent simples à l'œil nu, ou avec un faible télescope. Mais, considérées avec un très fort instrument, elles présentent deux masses presque unies ensemble qui décrivent la plupart, des ellipses régulières l'une autour de l'autre, et obéissent, autant qu'on a pu s'en assurer, aux mêmes lois qui régissent les mouvemens planétaires. Rien n'est plus propre à donner une haute idée de l'échelle sur laquelle sont construits les cieux que ces magnifiques systèmes. Quand on voit ces corps immenses réunis par couple, décrire, sans doute en vertu de la loi de gravitation qui régit toutes les parties de notre système, ces immenses orbites qu'ils sont des siècles à parcourir, nous admettons à la fois qu'ils ont dans la création un but qui nous échappe, et que nous sommes arrivés au point où l'intelligence humaine est forcée d'avouer sa faiblesse, de reconnaître que l'imagination la plus riche ne peut se former du monde une conception qui approche de la grandeur du sujet.

Géologie.

313. Les recherches d'astronomie physique sont tout-à-fait insuffisantes pour nous faire remonter à l'origine de notre système, ou nous reporter à une époque où son état différait dans quelque partie essentielle de ce qu'il est maintenant. Ni les causes qui agissent aujourd'hui, ni nos calculs, quelque loin que nous les poussions pour

évaluer leurs effets , ne nous mettent à même de
saisir dans les phénomènes généraux du système
planétaire , soit une preuve de commencement ,
soit un indice de fin. Les géomètres, comme nous
l'avons déjà dit , ont démontré que , quelles que
soient les fluctuations qui peuvent survenir dans
les élémens des orbites des planètes à raison de leur
attraction mutuelle , l'équilibre général des diverses parties dont le système se compose se main-
tiendra toujours , et que toute déviation d'un état
moyen sera périodiquement compensée. Mais ni
les recherches de l'astronomie physique ni celles
de la géologie ne nous autorisent à regarder notre système, ou le globe que nous habitons, comme ayant une durée éternelle. Loin de là , il y a
dans sa constitution physique des circonstances
qui indiquent , quoique d'une manière obscure ,
éloignée, une origine , une formation. Ainsi , par
exemple, la figure de la terre n'est pas sphérique,
mais elliptique , et l'attraction qu'elle exerce
est telle, que nous sommes obligés d'admettre
qu'elle est plus dense à l'intérieur qu'à l'extérieur,
et que cette densité croit avec une sorte de régularité de la surface au centre. Et cette augmentation a lieu en couches elliptiques autour du
centre; circonstances qu'on pourrait difficilement
concevoir , sans un dépôt successif de matériaux
qui permettent à la pression de se transmettre
librement d'une partie à l'autre , lors même que
nous hésiterions à admettre un état de fluidité
primitive.

314. Mais on ne peut tirer de ces indications aucune conclusion bien distincte. Et si on se livre à quelques conjectures sur le premier état du globe, sur la succession d'événemens qui ont pu de loin en loin changer la forme, la condition de sa surface, il faut se renfermer dans des limites beaucoup moins étendues, se borner à des sujets plus accessibles que la création du monde, les causes qui ont déterminé de sa figure. Ces sortes de questions étaient, il est vrai, celles qu'affectionnaient autrefois les géologues; mais, depuis un demi-siècle, cette branche de connaissances a pris une autre direction et s'est peu à peu rangée au nombre des sciences inductives. Ceux qui la cultivent ne se se fatiguent plus à imaginer des théories sur la manière dont la terre est sortie du chaos, sur la série de transformations par lesquelles elle a passé. Ils se bornent à recueillir, à étudier ce qui reste d'indices de son ancien état, à rassembler les preuves d'une vie, d'une habitation primitive qu'attestent les débris organisés qui sont stratifiés, conservés dans ses couches.

315. Des indices semblables ne sont ni vagues, ni peu nombreux. Ils peuvent sans doute, si on les adopte aveuglément, conduire à des méprises; mais, en somme, ils ont une signification claire, satisfesante. Ils prouvent d'une manière incontestable que tous ou presque tous les continens actuels ont été anciennement submergés, qu'ils ont reçu les débris de terres qui n'existent plus, qu'ils sont devenus le réceptacle des fragmens

d'animaux, de plantes que renfermaient les eaux qui les recouvraient, des résidus que le lavage enlevait aux terres.

316. On a successivement découvert, étudié une partie de ces débris, et leur examen a fourni la preuve de l'existence primitive d'un état de nature animée, tout-à-fait différent de celui que le globe nous présente aujourd'hui, et d'une époque antérieure à celle où il est devenu l'habitation de l'homme. Il y a mieux : il nous a fourni la preuve d'une série de périodes de durées inconnues, pendant lesquelles la terre et la mer ont été chargées de formes de vie animale et végétale qui ont successivement disparu, ont fait place à d'autres, celles-ci à de nouvelles races qui s'approchaient de plus en plus de celles qui vivent aujourd'hui et renfermaient des espèces qui n'ont plus d'analogues.

317. Ces débris d'un état primitif de nature ainsi merveilleusement conservés comme d'anciennes médailles, de vieilles inscriptions dans les ruines d'un empire, fournissent une sorte de chronologie grossière à l'aide de laquelle on peut faire, des couches successives où on les trouve, autant d'époques plus ou moins définies et toutes caractérisées par quelques circonstances qui nous mettent à même de reconnaître des dépôts d'une période quelconque, quelle que soit la partie du monde où on la découvre. Jusqu'à présent, l'ordre de succession dans lequel ces dépôts ont été formés, paraît avoir été le même dans tous les points du globe.

318. Plusieurs des couches qui portent avec elles la preuve qu'elles ont été déposées au fond de la mer, qu'elles l'ont été, comme la chose est naturelle, d'une manière horizontale, se trouvent inclinées, quelquefois même verticales. Elles présentent des traces de violence, dans leurs inflexions, dans leur fracture, dans la dislocation de parties qui, autrefois, étaient contiguës, elles en présentent même dans l'existence de ces vastes collections de fragmens brisés qui témoignent des efforts employés pour déterminer au moins quelques-uns des changemens qui ont eu lieu.

319. Parmi les roches, il y en a qui portent avec elles la preuve qu'elles sont dues à un dépôt sous-marin, et d'autres qui montrent, au contraire, qu'elles sont le produit de volcans ou de tout autre mode d'action ignée. Les exemples de cette espèce se rencontrent dans toutes les parties de la terre, dans toutes les couches, en si grand nombre et sur une telle échelle, qu'on peut regarder les volcans, les tremblemens de terre comme autant de causes qui ont concouru à ces destructions de niveau, à ces violentes dislocations dont nous trouvons des traces à chaque pas.

320. En tout cas, les géologues ne cherchent plus à expliquer ces changemens comme ils le fesaient autrefois. Ils ne recourent plus à des causes hypothétiques, telles qu'un déplacement de l'axe de rotation de la terre qui soulève la mer et inonde le continent, en altérant la position du petit et du grand diamètre du sphéroïde, ni aux ma-

rées produites par l'attraction de comètes qui s'approchent brusquement très-près du globe, ni à aucune autre hypothèse de ce genre. Ils cherchent à se tenir à l'étude rigoureuse des causes qui agissent au moment même. Ils cherchent à s'assurer d'abord jusqu'à quel point elles peuvent rendre compte des faits observés, et expliquer d'une manière plausible les effets qui, envisagés comme phénomènes résidus, ne s'adaptent pas aux théories. Cela une fois fait, du moins en partie, nous pouvons prononcer avec plus de sécurité sur la nécessité d'admettre une longue série d'effroyables, de désastreuses catastrophes, de cataclysmes; nous pouvons mieux décider, s'il est nécessaire, de recourir à cette suite d'époques de confusion, de violence, que quelques géologues regardent (peut-être avec raison) comme indispensables pour rendre compte de la configuration du globe; nous saurons distinguer les effets dont la production exige la brusque application d'efforts rudes, convulsifs, et ces révolutions, peut-être tout aussi vastes, qui sont dues à des forces aussi puissantes si elles ne le sont pas davantage, mais moins irrégulières, et distribuées de manière à ne donner lieu à aucun de ces interrègnes d'anarchie et de chaos que nous sommes disposés à considérer (peut-être à tort) comme deux ombres qui obscurcissent l'ordre, l'harmonie de la nature.

321. Mais apprécier exactement les effets des causes dont s'occupe la géologie n'est pas chose fa-

cile. Il n'y a pas de moyen *à priori*, de procédé déductif à l'aide duquel on puisse évaluer la somme
de l'érosion annuelle, par exemple , que produisent sur un continent les agens météoriques , la
pluie, les vents , la gelée , etc. On peut encore
moins affirmer jusqu'où s'étend la destruction que
la violence de la mer porte sur les côtes , la quantité de laves que vomissent chaque année les volcans sur toute la surface du globe ou autre effet
semblable. Consulter l'expérience sur tous ces
points est une chose longue, pénible, si on veut le
faire avec soin , et qui pourra induire en erreurs
graves , si on le fait avec négligence, d'une manière incomplète. Il faut beaucoup donner à l'hypothèse, au tact qui souvent en tient lieu, et la de-
vance. Cela ne dispense pas, néanmoins, de faire
tous les efforts possibles pour éclaircir des points
qui seuls sont en état de faire de la géologie, sinon
une science expérimentale , au moins une science
de cette espèce d'observations actives , actuelles,
qui s'en approche le plus quand on ne peut recourir à l'expérience.

322. Prenons un exemple; cherchons à résoudre
cette question : « Dans quelle direction ont lieu
aujourd'hui les changemens produits dans le niveau relatif des continens et des mers? » Si nous
nous en tenons à l'expérience partielle , c'est-à-
dire, si nous nous bornons aux données que nous
possédons au sujet des traces que la mer a anciennement laissées, aux sondages, etc., nous ne re-
cueillons qu'une masse de données plus ou moins

exactes, mais insuffisantes. Il est clair qu'il n'y a d'autre moyen de résoudre le problème que de déterminer par des observations précises, faites avec soin, des stations convenables placées sur les points de la côte où se trouvent des traces naturelles qui ne soient pas susceptibles de varier dans l'espace d'au moins un siècle, la véritable élévation de ces traces au-dessus du niveau moyen de la mer, et de multiplier suffisamment ces stations sur toute la surface du globe, pour que les résultats qu'elles produisent soient véritablement utiles. Or, l'opération n'est pas aisée. Elle demande trop d'exactitude; car le niveau moyen de la mer ne peut être déterminé par une seule observation, non plus que la hauteur moyenne du baromètre à une station donnée, attendu qu'elle est affectée par les fluctuations périodiques des marées, par celles que produisent accidentellement les vents, les ondulations et les courans. Néanmoins, si on avait un instrument approprié à cet usage, qu'il fût simple, facile, soumis à des règles précises, on aurait bientôt, si des observateurs étaient répandus sur le globe, une masse de données précises. Elles formeraient un point de départ pour la génération suivante et constitueraient la base de la seule espèce d'argumens qui puissent être décisifs dans des sujets semblables.

323. La géologie, attendu la grandeur et la beauté des objets dont elle s'occupe, doit être placée dans l'échelle des sciences immédiatement après l'astronomie. Comme l'astronomie, elle ne mar-

che , elle n'avance qu'à l'aide des observations
qu'ont accumulées les siècles. Mais ici se borne
l'analogie ; car, considérée dans toute son étendue, c'est au plus si l'on peut dire que les observations qui lui servent de base sont ébauchées. Il
y a néanmoins entre elles une différence qui est
tout à l'avantage de la dernière. On ne peut dans
l'astronomie faire revivre le passé ni anticiper sur
l'avenir; l'observation est par conséquent bornée à
un simple fait et à un instant unique. Dans la géologie, au contraire , les faits sont toujours subsis-
tans ; on peut les examiner, les réexaminer encore, les étudier chaque fois qu'on le veut, et ils
n'exigent pour livrer toutes les indications qu'ils
renferment, que d'être interrogés avec persévérance, avec discernement. Il n'y a malheureusement qu'une bien petite partie du globe qui ait
été examinée en détail avec soin. Cette petite partie n'a même été étudiée que dans son écorce; car
on ne peut considérer que comme des égratignu-
res les excavations qui ont été faites ; attendu que
les mines les plus profondes qui aient été percées
ne s'étendent pas à la dix millième partie de la
distance qui sépare la surface du centre de la terre. Les indications déduites d'un examen si limité
ne peuvent naturellement être considérées que
comme provisionnelles, si ce n'est cependant dans
des cas remarquables où les grandes formations
se présentent, sans exception, dans le même ordre,
sur des points fort éloignés. Il n'en peut néanmoins long-temps être ainsi. L'esprit de suite avec

lequel on se livre depuis quelques années à ces recherches a amené les plus heureux résultats, et conduit à une foule de découvertes surprenantes et inattendues. L'investigation en est devenue plus vive, plus animée. On a étudié l'Angleterre, les continens, les îles ; on a interrogé jusqu'à l'Inde, et partout on a recueilli des renseignemens précieux.

324. Il est à désirer que les gouvernemens donnent toutes les facilités, tous les encouragemens possibles aux recherches, aux tentatives qui se font dans les diverses branches des sciences. C'est le seul moyen d'étendre, de perfectionner les notions que nous avons sur l'état actuel de la surface du globe, sur celui des animaux, des végétaux, des mers, des continens anciens. C'est aussi le seul qui puisse compléter les connaissances que nous possédons sur ceux qui existent aujourd'hui, sur l'influence que les changemens de climats, de nourriture, etc., produisent sur eux.

CHAPITRE IV.

DE L'EXAMEN DES PRINCIPES MATÉRIELS QUI CONSTITUENT LE MONDE.

Minéralogie.

325. L'étude de l'histoire et de la structure du globe, l'examen des fossiles que renferment ses couches, nous conduisent naturellement à considérer les matériaux dont il se compose. L'his-

toire de ces matériaux, leurs propriétés, comme
objets de recherches philosophiques, leur application aux arts utiles, aux embellissemens de la
vie, ainsi que les caractères qui les distinguent
les uns des autres, constituent la minéralogie
dans son acception la plus étendue.

326. Il n'y a pas de branche de science qui ait
avec les autres autant de points de contact, et qui
lie entre eux plus de sujets de recherches. Elle
fournit des notions précieuses au géologue, au
chimiste, à l'opticien, au cristallographe, au
physicien; elle est le champ de la plupart des
plus importantes découvertes. Cependant, si on
en excepte la chimie, il n'y a pas de branche de
connaissances qui ait subi plus de révolutions, qui
ait présenté une plus grande variété de formes.
Elle était, on peut le dire, à peine connue des
anciens, et rien n'était, encore tout récemment,
plus imparfait que ses descriptions; plus artificiel,
plus mal conçu que ses classifications. On avait,
il est vrai, donné quelque attention aux minéraux
qui ont de l'importance dans les arts, qui servent
dans l'économie domestique, ou dont on extrait
les métaux. On les avait examinés sous le rapport
de leur utilité, de leur valeur commerciale, mais
jusqu'au moment où l'on étudia leurs formes cristallines, où l'on reconnut qu'elles déterminaient
leurs caractères, il n'y avait pas un minéralogiste
qui pût véritablement rendre compte de la différence que présentaient deux minéraux.

327. Ce ne fut que lorsque l'analyse chimique

eut acquis un certain degré de précision, qu'elle
fut devenue susceptible d'une application générale, qu'on commença à sentir toute l'importance de la minéralogie comme science, qu'on
se fit une idée nette du rapport qu'il y a entre
les caractères extérieurs d'une pierre et les ingrédiens dont elle se compose. De tous ces caractères cependant, aucun ne se présentait d'une
manière si tranchée, si distincte que la forme cristalline. Géométrique au plus haut degré, elle
fournit, comme on pouvait naturellement le supposer, la preuve la plus décisive du rapport nécessaire qu'il y a entre elle et la composition
intime de la substance. On ne saisit néanmoins
toute l'importance de ce caractère qu'au moment où l'on reconnut le rapport qu'il a avec la
texture ou le clivage d'un minéral. Il fallut même
alors, de nombreux, de frappans exemples de la
sagacité avec laquelle Haüy et d'autres minéralogistes célèbres annonçaient, d'après la mesure des
angles des minéraux qui jusque-là avaient été confondus ensemble, les différences qu'on devait
trouver dans leur composition chimique; annonces qui toutes avaient été vérifiées par l'expérience
qu'on ne sentait pas encore le véritable prix de
ce caractère; ce qui tenait en grande partie à l'importance que les minéralogistes allemands mettaient aux caractères extérieurs, tels que l'aspect,
le toucher, le poids, la couleur, et autres propriétés de ce genre qui sont peu susceptibles, si on en
excepte le poids, d'une évaluation exacte, et qui

peuvent varier matériellement dans différens
échantillons du même minéral. Peu à peu cependant, on sentit la nécessité de tenir compte d'un
caractère si tranché. On la sentit surtout lorsqu'on
eut remarqué que ce même signe qui indiquait le
rapport intime qu'il y a entre la forme extérieure
et la structure intérieure, donnait au minéralogiste le moyen de réduire toutes les formes dont
un minéral est susceptible, à un type général ou
forme primitive, et le mettait à même de rendre
compte d'une manière élégante et théorique des
formes définies qu'il affecte.

328. Une simple, une élégante invention de
Wollaston, le goniomètre réflecteur, donna une
nouvelle impulsion à cette manière de voir, en
mettant chacun à même d'examiner les plus petits
fragmens d'un cristal brisé, de connaître, de vérifier ce caractère essentiel qui, dans le système
d'Haüy, constitue l'identité d'un minéral. L'emploi d'une méthode si prompte et si exacte conduisit rapidement à d'importans résultats, ainsi
qu'à une distinction plus minutieuse d'espèces
minérales qu'on eût encore obtenue. L'analyse
chimique confirma ce qu'avait annoncé la théorie,
et imprima à tous ces résultats un caractère qu'ils
n'avaient jamais eu.

329. Cependant, les progrès de l'analyse chimique ont conduit à l'importante conclusion que
tout composé susceptible de prendre l'état solide,
le prend toujours sous une forme cristalline déterminée. Les progrès qu'a faits l'optique ont

montré, d'une autre part, que la forme cristalline, fondamentale au moins dans le cas des corps
transparens, produit une série de propriétés optiques non moins curieuses qu'importantes relativement aux affections de la lumière, dans son
passage à travers ces sortes de substances. Ainsi,
sous quelque forme qu'on l'envisage, ce caractère
a acquis une nouvelle importance, et l'étude des
formes cristallines des corps, en général, prend
celle d'une branche de science séparée, indépendante, dont les formes géométriques du monde
minéral ne constituent qu'un cas particulier. La
minéralogie reste, cependant, comme branche
d'histoire naturelle, distincte de l'optique et de la
cristallographie. Le minéralogiste est satisfait ; il
pense avoir accompli sa tâche, si ce n'est sous le
rapport de l'histoire naturelle, au moins sous celui de l'arrangement, de la classification, quand il
a donné une description d'un minéral, telle qu'on
puisse le distinguer de tout autre, que la description mette chacun à même, dans quelque lieu qu'on
rencontre un minéral semblable, de lui donner
son nom, de lui assigner une place dans son système, et qu'on n'ait qu'à recourir à son livre pour
trouver tout ce que le chimiste, l'opticien, le la-
pidaire ou l'artiste peuvent désirer savoir. Ce n'est
pas, au surplus, entreprise facile. A peine si les
plus habiles minéralogistes, malgré de pénibles
recherches, l'ont accomplie. On peut apprécier
les difficultés qu'elle présente, par le petit nombre de minéraux simples, ou minéraux à carac-

tères bien tranchés, bien nets qui ont été obtenus jusqu'ici. Et cela ne paraîtra pas étonnant, si l'on considère que la masse de roches, de pierres qui entrent dans la couche extérieure du globe, ne se compose d'autre chose que du *détritus* de vieilles roches, dans lequel les fragmens et la poussière d'une infinie variété de substances sont mêlés en une foule de proportions différentes, et de manière à braver la séparation. Plusieurs de ces roches, si composées néanmoins, se présentent souvent avec une uniformité de caractère assez grande pour recevoir des noms et d'utiles applications. A la vérité, sous le dernier rapport, les minéraux de cette espèce surpassent de beaucoup tous les autres; ils méritent, par conséquent, attention, comme objets d'histoire naturelle, quelque difficile qu'il puisse être de leur assigner une place dans quelque classification artificielle que ce soit.

330. La rareté des minéraux simples est plus apparente que réelle; et l'on ne peut douter que le nombre ne s'en étende avec les recherches des cristallographes et des chimistes. On ne peut pas non plus douter que, dans le travail de la nature, il ne se forme incessamment, dans tous les genres, des composés qu'on ne connaissait pas encore. Aussi, remarque-t-on que les laves, les scories que vomissent les volcans, sont des réceptacles où l'on découvre, à chaque instant, de nouveaux produits minéraux, tandis que les formations primitives, comme disent les géologues, qui ne présentent aucun signe d'où l'on puisse inférer

qu'elles sont dues à la destruction d'autres substances, sont aussi très remarquables par la beauté, la netteté des caractères de leurs minéraux.

331. On éprouve une grande difficulté à classer les substances minérales, d'après leur composition chimique; et cette difficulté tient à ce qu'on rencontre dans plusieurs échantillons de minéraux qui, sous d'autres rapports, sous celui de la forme entre autres, semblent devoir être considérés comme identiques, des principes étrangers à la composition de leur espèce; quelquefois même on les rencontre en assez grande proportion pour qu'on ne puisse attribuer leur présence à des impuretés accidentelles. Cette circonstance, quelques anomalies observées dans la classification des minéraux d'après leurs formes cristallines, qui semblent établir que la même substance peut accidentellement se présenter sous deux formes distinctes, comme aussi quelques coïncidences remarquables entre les formes de corps tout-à-fait différens sous le rapport chimique, ont donné récemment naissance à une branche de cristallographie aussi curieuse qu'importante. L'isomorphisme de certains groupes d'élémens chimiques nous a déjà fourni un exemple qui prouve comment les inductions se vérifient quelquefois d'une manière inattendue (voyez 180). Les lois, les rapports qui se trouvent ainsi inopinément mis en saillie, forment une des parties les plus curieuses et les plus intéressantes de la science moderne. Elles promettent un vaste champ aux recherches de la chi-

mic et de la minéralogie. Elles ont déjà fourni une foule de beaux exemples de cette marche progressive qui fait disparaître les anomalies, rentrer dans l'expression générale des lois physiques, des résultats qui semblaient incompatibles avec elles, et confirmer ces lois par les faits même qui, au premier abord, paraissaient devoir les renverser. Rien n'est, en effet, plus remarquable que de voir les principes que chimistes et minéralogistes regardaient comme un embarras, comme le produit de quelque circonstance fortuite, appelés à appuyer la théorie, à la venger du reproche, qu'on lui adressait, de mal interpréter l'expérience, d'arranger les résultats.

Chimie.

332 La chimie s'occupe de la constitution intime des corps, non sous le rapport de leur *structure*, ou de la manière dont leurs parties sont disposées les unes à l'égard des autres, mais sous celui des *matériaux* ou des ingrédiens dont ces parties se composent. Un corps solide peut être envisagé comme un édifice plus ou moins régulièrement, plus ou moins artificiellement construit, et dont les matériaux, le travail, peuvent être considérés séparément ; dont le dernier même peut être détruit par la violence, sans que le premier subisse la moindre altération dans sa nature. Celui-ci disparaîtrait que tout le changement que subirait celui-là se bornerait à une autre disposition. Les liquides, les fluides aériformes présentent une struc-

ture moins variée; ils se dispersent, se dissipent même avec beaucoup plus de facilité. Néanmoins, ils offrent la même diversité de principes; et cette diversité leur donne des propriétés qui diffèrent extrêmement entre elles.

333. L'activité inhérente à la matière est établie non-seulement par la production du mouvement que déterminent les attractions, les répulsions mutuelles des masses éloignées ou contiguës, mais encore par les changemens, les transformations que subissent différentes substances par une simple mixtion. Si on ajoute de l'eau à de l'eau, du sel à du sel, la quantité seule est accrue, la qualité n'éprouve aucune altération. Dans ce cas, l'action des molécules est purement mécanique. Si, au contraire, on prend une poudre bleue et une poudre jaune, parfaitement sèches, et qu'on les mêle, qu'on les incorpore bien ensemble, on obtient une poudre verte; mais cet effet est simplement produit par le mélange de la lumière bleue et de la lumière jaune, qui sont réfléchies indépendamment, séparément par les molécules de chacune de ces deux poudres. Le microscope en fournit la preuve; car, si l'on examine le mélange, on discerne parfaitement les grains bleus et jaunes, on les voit séparés sans altération. Si on fait la même expérience avec des liquides colorés et susceptibles de se mêler sans exercer entre eux d'action chimique, on obtient également une couleur composée; mais, dans ce cas, l'emploi du microscope ne fait découvrir aucun des ingré-

diens. La raison en est simple : les molécules sont trop tenues et le mélange trop intime, pour qu'on puisse rien discerner. A la longue, cependant, et à l'aide du microscope, en prenant les poudres grain à grain, on peut parvenir à isoler les substances dont elles se composent. Mais, quand les liquides sont mêlés, il n'y a plus de séparation mécanique praticable; les molécules sont si petites qu'elles échappent à toutes les recherches. Ce composé, néanmoins, doit encore être consideré comme un simple mélange, comme un mélange dont les propriétés sont intermédiaires entre celles des liquides qui le composent. Il s'en faut, cependant, qu'il en soit ainsi pour tous les liquides. Quand deux solutions parfaitement limpides, l'une de potasse, par exemple, et l'autre d'acide tartarique, sont mêlées en proportions convenables, il se forme une grande quantité de substance saline, qui se précipite au fond du vase où se fait le mélange. Cette substance n'a aucun rapport avec la potasse ni avec l'acide tartarique; le liquide qui la surnage n'offre ni la saveur ni aucune des autres qualités sensibles qui appartiennent aux ingrédiens mélangés; il diffère complètement de l'un et de l'autre. Il y a évidemment ici plus qu'un mélange, il y a changement dans la nature intime des ingrédiens, et production d'une substance qui n'existait pas auparavant. Et cette substance est due à l'union des ingrédiens qu'on a mis en contact; car, si on l'examine, on trouve qu'il n'y a eu aucune perte, que le poids du mélange est la somme des poids des substances mêlées. La potasse et l'acide tartarique ont, cependant, disparu, et le poids du nouveau produit est exactement égal à celui de l'acide tartarique et de la potasse employés, pris ensemble, à l'exception d'une petite quantité qu'on peut même recueillir au moyen de l'évaporation. Ces deux corps sont, par conséquent, combinés et adhèrent ensemble avec une force de cohésion suffisante pour faire passer un liquide à l'état solide; et, pour déployer cette force, il n'a fallu que mettre en contact les deux substances à l'état de solution.

334. L'objet de la chimie est d'étudier ces changemens, et autres de cette espèce, de rechercher le phénomène inverse, celui où une substance est résolue en deux, trois etc., qui présentent des propriétés différentes de celles dont elle jouit elle-même, ou dont jouissent quelques-uns des produits auxquels elle a donné naissance. Elle recherche, elle analyse tout ce qui peut exercer sur elles quelque influence, tout ce qui peut déterminer, modifier ou suspendre leur action, soit que cette influence soit exercée par la chaleur ou par le froid, le temps et le repos, par l'agitation, la pression, ou par un des agens que nous avons étudiés, tels que l'électricité, la lumière, le magnétisme, etc.

335. La violente activité que prennent tout-à-coup des substances qui sont communément inertes, les merveilleuses, les soudaines transforma-

tions dont elle s'occupe, et surtout la lumière qu'elle jette sur une foule d'opérations qui s'accomplissent chaque jour sous nos yeux, ont contribué à rendre la chimie une des branches de science les plus populaires comme une des plus utiles et des plus étendues. Aucune ne s'est développée avec plus de force dans le cours du siècle dernier, aucune n'a plus contribué à développer, à perfectionner les autres. Une des principales causes peut-être de sa popularité, c'est qu'on la regarde comme celle de toutes qui est la plus complètement expérimentale, et ses théories sont en général plus faciles et d'une prompte application ; elles ne demandent par conséquent pas grande contention d'esprit, et exigent encore moins ces profondes recherches qui appartiennent aux mathématiques. Le simple procédé de généralisation inductive fondé sur l'examen de faits nombreux, et présentant tous un véritable intérêt intrinsèque, a suffi le plus souvent pour conduire d'une manière claire et directe aux lois les plus élevées qu'on ait obtenues. Mais, d'un autre côté, ces lois, quand elles sont établies, ne peuvent, si on excepte des cas très limités, mener à la connaissance déductive des faits particuliers qu'on étudie, à moins qu'on ne procède avec une réserve extrême et qu'on ne recoure sans cesse à l'expérience comme moyen d'épreuve. Nous sommes ainsi fondés à regarder les *axiomes* de chimie, les véritables instrumens du raisonnement déductif, comme inconnus et devant l'être long-temps encore. Ce n'est pas la faute des chimistes, qui ont compté parmi eux des hommes du plus grand talent et de la plus admirable sagacité, mais celle du sujet qui est compliqué et de la multitude de causes diverses qui concourent à la production du plus simple phénomène.

336. L'histoire de la chimie (sur laquelle cependant nous ne nous étendrons pas), présente le plus grand intérêt pour ceux qui aiment à suivre la marche de l'esprit humain à travers les doutes et les méprises. Elle peut se diviser en plusieurs périodes : 1° celle des alchimistes, triste époque dans les annales des folies humaines ; 2° celle des doctrines du phlogistique de Becher et de Stahl qui, pouvant choisir entre deux voies, prirent la mauvaise, comme si le génie de l'homme devait toujours porter avec lui la preuve de sa faiblesse. Cette théorie, appuyée sur de grands noms, des vues ingénieuses, des expériences plausibles, fut adoptée partout, et cependant ne répondit à aucun des appels qui lui furent adressés. Résultat qui ne tenait ni à de fâcheuses coïncidences, ni à des observations mal faites, mais à la nature de la théorie elle-même qui arrêta les progrès de la science, autant, toutefois, qu'une théorie peut arrêter la marche d'une science expérimentale. Elle plongea dans la perplexité ceux qui s'occupaient de recherches, elle jeta un faux air de contradiction sur leurs expériences, répandit la défaveur sur l'exactitude numérique et substitua aux vrais principes, à ceux qui agissent réellement

dans la nature, une multitude de causes imaginai-
res, d'aperçus fantastiques. Ainsi, il y a dans la
combustion d'un combustible, qui ne se dissipe pas
en fumée par l'action du feu, accroissement de
poids; les cendres qu'il laisse pèsent plus qu'il
ne pesait lui-même. A peine, néanmoins, don-
nait-elle quelque attention à un fait si grave. Elle
supposait qu'il tenait à un dégagement de phlogistique ou principe de la combustibilité qu'elle
considérait comme l'élément du feu même ou
comme combiné en quelque sorte avec lui, et,
partant, essentiellement léger. Or, cet accroissement de poids, on sait aujourd'hui qu'il est dû à
l'absorption et à la combinaison d'un principe
contenu dans l'air, l'*oxigène;* principe qui est
essentiellement pesant. Elle ne fesait, sous le rapport du poids, aucune différence entre un corps
pesant qui se fixe et un corps léger qui se dégage.
Il y en a pourtant une capitale sous le point
de vue philosophique, c'est que l'oxigène est un
corps réel et que le phlogistique est une substance
tout-à-fait imaginaire. Le premier est une cause
véritable (*vera causa*); le deuxième n'est qu'un
être de raison imaginé pour rendre compte de ce
que l'autre explique beaucoup mieux.

337. La troisième période de la chimie, qu'on
peut en quelque sorte appeler l'époque de la
chimie moderne, date de 1786, de l'époque où Lavoisier, par une série d'expériences mémorables,
renversa à jamais la théorie de Sthal, et fit de la
chimie une science exacte, une science de nom-

bres, de poids et de mesures. Dès lors, elle n'a cessé de faire des progrès rapides, et aujourd'hui même ses développemens sont plus étendus qu'ils ne l'ont encore été. Les principaux traits qui caractérisent sa marche progressive peuvent être résumés sous les chapitres suivans :

1° La découverte des premiers, si ce n'est des derniers élémens de tous les corps, et l'accroissement du nombre de leurs principes qui va aujourd'hui de 50 à 60;

2° Le développement de la doctrine de Blake sur la chaleur latente avec la série de ses conséquences, qui renferme la théorie scientifique de la machine à vapeur;

3° L'établissement de la loi des proportions définies de Wenzel, loi fondée sur ses expériences, sur celles de Ricter, et qui, depuis, s'est fondue dans la théorie atomique de Dalton ;

4° La détermination précise des poids atomiques des différens élémens de la chimie, détermination qui est principalement due à l'admirable sagacité de Berzelius, ainsi qu'aux recherches des chimistes suédois, allemands, et à Thompson;

5° L'assimilation des gaz et des vapeurs, qui nous conduit à regarder généralement les premiers comme des cas particuliers des dernières; généralisation qui est due surtout aux expériences de Faraday sur la condensation des gaz, et à celles de Gay-Lussac et de Dalton sur les lois de leur expansion par la chaleur comparée avec celle des vapeurs;

6° L'établissement des lois de la combinaison des gaz et des vapeurs à volumes définis par Gay-Lussac;

7° La découverte des effets chimiques de l'électricité et l'action décomposante de la pile voltaïque par Nicholson et Carlisle; la recherche des lois que suit cette décomposition, par Berzelius et Hisinger; la décomposition des alcalis, par H. Davy, et les nouveaux, les énergiques agens qu'ont fournis à la chimie leurs bases métalliques;

8° L'application de l'analyse chimique à tous les objets dont se compose la nature organique et inorganique; la découverte de leurs derniers principes constituans, celle de quelques élémens prochains de la matière organique, et la reconnaissance des importantes distinctions qui semblent séparer entre elles ces grandes classes de corps;

9° Les applications de la chimie aux innombrables procédés des arts, et, entre autres objets utiles, à la découverte des principes médicaux essentiels des végétaux, ainsi qu'aux médicamens que fournit le règne minéral;

10°. L'établissement d'un rapport intime entre la composition chimique et la force cristalline, par Haüy, Vauquelin, avec les rectifications successives que ce rapport a subies par les travaux de Mitscherlich, Rose et autres, ainsi que les progrès des connaissances chimiques et cristallographiques.

338. Discuter ces divers chapitres en détail serait faire un traité de chimie; mais quelques observations sur deux ou trois d'entre eux ne seront pas déplacées. Elles le seront d'autant moins qu'elles portent sur les principes généraux qui régissent toute espèce de recherches. Nous remarquons d'abord au sujet de la découverte de nouveaux élémens, que la chimie philosophique ne prétend pas plus déterminer le principe essentiel dont les divers corps sont formés, le principe constitutif de l'univers, que l'astronomie ne prétend découvrir l'origine des mouvemens planétaires dans l'application d'une force projectile suivant une direction déterminée, ou la géologie remonter à la création de la terre. Quelques relations simples qui ont été découvertes dans les poids atomiques des corps semblent indiquer qu'il y a là un champ pour la spéculation, mais la chimie se borne à s'emparer de quelque fait marquant que nous révèle le hasard ou le progrès des sciences. La multiplication des corps élémentaires envisagés sous ce point de vue a paru un inconvénient à diverses personnes. Je ne partage pas, je l'avoue, cette manière de voir : ces corps, quels qu'ils soient, résistent avec force à la décomposition; ce sont, en outre, des ingrédiens qui ont une haute importance dans la nature, une importance telle qu'en tout état de choses on ne peut se dispenser de les étudier avec soin: semblables aux théorèmes particuliers de la géométrie, quoiqu'ils ne s'élèvent pas aux plus hauts

points de généralité, ils sont néanmoins susceptibles d'une application étendue, et méritent qu'on
les examine, qu'on les suive dans toutes leurs conséquences. Si on parvient jamais à faire l'analyse de
ces corps, on ne connaitra les propriétés chimiques des nouveaux élémens qui se présenteront,
que sur les notions qu'on se sera faites de ceux-ci
ou autres composés de même espèce qu'ils auront
pu former.

339. La théorie atomique ou la loi des proportions définies qui est la même chose, dépouillée de
toute hypothèse, est peut-être après celle de la
mécanique, la plus importante qu'on ait encore ·
découverte, celle qui mérite le plus d'être étudiée. La simplicité qui la caractérise est extrême,
et cette simplicité est elle-même une indication
non équivoque du haut rang qu'elle tient dans l'é-
chelle des vérités physiques. Aussi Dalton l'a-t-il
de prime-abord et sur l'observation d'un petit nombre de faits, énoncée dans les termes les
plus généraux. Il n'a point suivi la pénible voie
de l'induction, il ne s'est point aidé de ces lois
subalternes auxquelles il aurait dû avoir recours.
C'est là un exemple et un des plus remarquables
de l'effet de cette propension naturelle à généraliser et à simplifier que nous avons notée au § 171.
Elle nous conduit quelquefois à des conclusions
que restreignent, que détruisent de nouvelles expériences ; mais en retour elle produit souvent
les plus beaux et les plus éclatans résultats ; des
exemples semblables, des exemples qui montrent

les rapides, les immenses progrès que nous fesons d'un seul coup et presque sans effort de tête, sont de nature à nous faire bien augurer de l'avenir et nous convaincre qu'à mesure que l'on avance, les difficultés, au lieu d'augmenter, vont se dissipant.

340. Une conséquence immédiate de l'énonciation de la loi des proportions définies, dans sa forme la plus générale, est que les lois secondaires, celles qui limitent la généralité à des cas particuliers, qui diminuent le nombre des combinaisons abstractivement possibles et restreignent le mélange confus des élémens, sont encore à découvrir. Quelques restrictions de ce genre ont dans le fait été indiquées jusqu'à un certain point, mais elles ne l'ont pas été avec le soin que l'importance du sujet exige, et les chimistes ont là un vaste champ de recherches.

341. La détermination exacte des poids atomiques des élémens chimiques, de celui des autres unités physiques, forme une branche de recherches qui n'est pas seulement de la plus grande importance, mais qui est encore de la plus extrême difficulté. Indépendamment des motifs généraux qu'il y a de dévier de l'exactitude, à cet égard, il en existe un qui est particulier au sujet. Proust a insinué et Thompson a vivement saisi cette idée, que tous les nombres qui représentent des poids, constituent une échelle d'une grande étendue dont les extrêmes connus sont en proportion les uns

avec les autres, sont des nombres simples ou tout au moins des multiples de ces nombres. Si cette idée est fondée, elle ouvre des aperçus assez importans pour justifier tout ce que la vérification de la loi peut entraîner de travail et de peine. Mais, dans l'état des choses, l'analyse chimique, quelque déférence qui lui soit due, nous semble avoir besoin d'être plus sûre, plus ferme dans sa marche, car il ne parait pas qu'elle puisse répondre d'une fraction qui excède 3 à 4 cent millièmes de la quantité sur laquelle on opère ; du moins les résultats des plus habiles analistes, de ceux qui portent le plus de soin dans ces sortes d'expériences, présentent-ils constammment une différence considérable. Cependant, il faudrait tout au moins ce degré d'exactitude pour vérifier la loi d'une manière satisfesante dans les parties élevées de l'échelle.

342. Le simple énoncé d'une question de ce genre indique cependant une classe de phénomènes d'une espèce singulière, éloignée et d'un ordre très-haut, très-délicat, phénomènes qui n'apparaissent que dans un état de science avancé, non-seulement sous le rapport de la pratique, mais encore sous celui de la théorie. Nous voulons parler des phénomènes qui tiennent à des relations observées entre les données de la physique ; relations qui montrent qu'ils ne sont pas des quantités prises d'une manière arbitraire, mais qu'ils reposent sur des lois, des causes qui peuvent à la longue devenir des moyens de découverte. Un exemple remar-

quable d'un rapport de ce genre, est la curieuse loi que Bode observa dans la progression des grandeurs de plusieurs orbites planétaires. Cette loi s'interrompt entre Mars et Jupiter. Il conjectura que cela tenait à ce qu'il manquait une planète dans cet intervalle, et cette conjecture se vérifia long-temps après de la manière la plus éclatante. On découvrit quatre nouvelles planètes dans cet espace, qui toutes avaient des orbites comme elles devaient en avoir d'après cette loi, à très-peu de chose près, et cette inexactitude pouvait tenir à des causes indépendantes de celles sur lesquelles repose la loi.

343. Il n'est pas hors de propos de remarquer ici que les progrès qu'a faits cette branche de la chimie, et l'exactitude que promet aujourd'hui l'analyse, sont dus en grande partie à une circonstance qui d'abord ne semblait pas de nature à exercer tant d'influence, à la découverte du platine. Sans les ressources que ce précieux métal a mises dans les mains des chimistes, on ne conçoit pas comment eussent pu se faire les expériences, les essais d'analyse qui ont tant accru la masse de nos connaissances. C'est une nouvelle preuve que les usages les plus importans, auxquels peuvent servir les objets naturels, ne sont pas ceux qui s'offrent les premiers. L'emploi le plus utile que l'homme pouvait tirer immédiatement de la lune, a été cinq mille ans à se découvrir. Même chose ne peut manquer d'avoir lieu encore. Même chose ne peut manquer d'arriver pour les objets que nous

connaissons, pour ceux que les progrès des sciences nous feront connaître. Nous pouvons donc regarder comme une espérance bien fondée, celle
qui nous fait envisager un meilleur avenir, un
avenir où tous les secrets de la nature nous seront dévoilés, où toutes ses lois nous seront connues.

CHAPITRE V.

DES FORMES IMPONDÉRABLES DE LA MATIÈRE.

De la chaleur.

344. Un des principaux agens de la chimie, un
de ceux dont l'application, la conduite importent le
plus au succès de ses recherches, et dont les lois
les plus étendues se manifestent par des phénomènes chimiques, est la *chaleur.* Ce principe est
sans cesse en action sous nos yeux. Il n'y a pas,
pour ainsi dire, de procédé dans les arts utiles,
dans les manufactures où il n'intervienne. Indépendamment de cet emploi si large, si varié ; indépendamment de l'importance dont il est pour nous
de connaître sa nature et ses lois, il nous présente
un sujet de la plus intéressante spéculation,
et cependant il n'y a guère d'agent physique que
nous connaissions moins.

345. Le mot chaleur exprime généralement la
sensation qu'on éprouve en approchant du feu.
Sa signification est plus restreinte en physique ;

elle n'indique que la cause, quelle qu'elle soit, de cette sensation et de tous les autres phénomènes que produit l'application du feu ou de tout autre agent analogue. Nous nous tromperions d'une étrange manière si nous prenions la sensation comme un indice de la présence de la cause dont il s'agit. Plusieurs corps produisent sur nos organes, et principalement sur ceux du goût, une impression de chaleur; mais ils produisent cet effet, parce qu'ils exercent sur eux une action chimique, et non parce qu'ils sont réellement *chauds.* Cette erreur de jugement a donné lieu à une confusion de langage qui a produit (1) dans la philosophie physique une foule de conclusions illogiques et absurdes. Il y a une multitude d'agens qui jouissent de la propriété de corroder, de noircir, de dissoudre ou sécher en partie des corps de toute espèce. Ils produisent sur eux des effets qui sont au fond très-différens, mais qui, à l'extérieur, ont à peu près l'apparence de ceux que détermine la chaleur, et par conséquent sont censés les brûler comme on dit dans le langage ordinaire. Une circonstance a encore contribué à accréditer cette erreur; c'est que quelques-uns de ces agens peuvent véritablement s'échauffer, dégager de la chaleur pendant qu'ils agissent sur les substances humides, parce qu'ils se combinent avec l'eau que celles-ci contiennent. Ainsi, la chaux, l'huile de vitriol, exercent une action corrosive très-puissante sur les substances

(1) Novum organum. 2ᵉ partie, tab. 2, 24, 30 etc.

27*

animales et végétales, et s'échauffent vivement en se combinant avec l'eau. Elles sont, en conséquence, considérées dans le langage ordinaire comme des corps chauds de leur nature, tandis qu'envisagées physiquement, elles ne présentent rien que ne présentent les corps qui ont une organisation analogue.

346. La chaleur a jusqu'ici été étudiée d'une manière spéciale sous les chapitres généraux qui suivent :

1° Les sources ou les phénomènes qui l'accompagnent habituellement ;

2° La transmission qui a lieu de ces sources aux substances capables de la recevoir, et de celles-ci aux autres, afin de découvrir les lois qui règlent sa distribution dans l'espace ou dans les corps qui l'occupent ;

3° Dans les effets qu'elle produit sur nos sens et sur les corps auxquels elle se communique dans les divers degrés d'intensité, effets qui donnent le moyen de mesurer ces degrés ;

4° Dans les rapports intimes qu'elle a avec les atomes de matière, rapports qui sont établis par son aptitude à prendre une chaleur latente dans certaines circonstances, et à former quelques combinaisons chimiques.

347. Les sources les plus ordinaires de la chaleur sont le soleil, le feu, la vie animale, les fermentations, les violentes réactions chimiques, le frottement, la percussion, le tonnerre, ou décharge électrique de quelque manière qu'elle soit pro-

duite, la subite condensation de l'air et autres si
nombreuses et si variées, qui semblent destinées à
faire voir le vaste rôle que ce fluide joue dans l'é-
conomie de la nature. Les découvertes des chimistes, cependant, ont rangé la plupart de celles-ci
sous le titre général de combinaisons chimiques.
Ainsi, le feu ou la combustion des corps inflammables n'est autre chose qu'une violente action
chimique que détermine la combinaison de leurs
élémens avec l'oxigène. La chaleur animale est
également due à une action qui ne diffère pas extrêmement de la combustion, et dans laquelle le
carbone du principe inflammable, qui se trouve
dans le sang, s'unit avec l'oxigène que lui apporte
la respiration, et se dégage par suite de cette combinaison. La fermentation n'est autre chose qu'un
isolement de principes chimiques faiblement unis,
qui se réunissent et forment une combinaison
plus permanente. L'analogie entre le soleil et le
feu terrestre est si naturelle, que Newton l'a choi-
sie pour montrer la force irrésistible d'un rapport
déduit de ce principe; mais la nature du soleil, le
mode dont se maintient cette immense quantité de
lumière et de chaleur sont enveloppés d'une obscurité que les découvertes de la chimie, de l'optique
semblent accroître loin de la dissiper. Le frottement est une source de chaleur bien connue. Nous
frottons nos mains entre elles pour les rechauffer,
et nous graissons les essieux des voitures pour
prévenir les accidens de feu que le frottement
amène, et nous n'y réussissons pas toujours. On

n'avait, néanmoins, qu'une idée imparfaite de sa
puissance pour dégager de la chaleur avec peu ou
point de consommation de matériaux, jusqu'aux
expériences directes qu'a faites le comte de Rumford; expériences qui semblent établir qu'on peut
tirer des mêmes matériaux des quantités de chaleur indéfinies. La condensation de l'air par la
pression des métaux, par la percussion, est une
autre puissante source de chaleur. Ainsi on peut,
avec quelque adresse, marteller le fer jusqu'à le
porter au rouge, et une brusque condensation
d'une certaine quantité d'air suffit pour enflam-
mer une amorce.

348. Les plus violentes chaleurs qu'on ait obtenues ont été produites par les rayons solaires
concentrés au moyen de lentilles, par la combustion d'oxigène et d'hydrogène mélangés dans
les proportions exactement nécessaires pour faire
de l'eau, par la décharge d'un courant continu,
abondant d'électricité à travers un petit conducteur. Comme ces trois sources sont indépendantes l'une de l'autre, qu'elles peuvent être mises en action dans un espace très-borné, on ne
voit pas pourquoi on ne les appliquerait pas toutes les trois sur le même point. Il est probable
qu'on obtiendrait par ce moyen des effets qui sur-
passeraient tout ce qu'on a vu jusqu'ici en ce
genre.

349. La chaleur se transmet par radiation entre
les corps qui sont à distance ou par conductibilité
entre ceux qui sont en contact ou entre les parties

contiguës d'un seul et même corps. On a étudié les lois de la radiation de la chaleur avec soin ; on a reconnu qu'elles présentent de frappantes analogies avec celles de la lumière sous certains rapports, et sous d'autres de singulières différences. Ainsi, la chaleur qui accompagne les rayons solaires se comporte, à tous égards, comme la lumière ; elle est soumise comme elle aux lois de réflexion, de réfraction et même de polarisation, ainsi que Bérard l'a fait voir. Et néanmoins elles ne sont pas identiques ; car W. Herschel a prouvé, par des expériences décisives, qu'ont encore vérifiées celles de Englefield, qu'il y a dans un pinceau solaire des rayons de chaleur qui ne sont pas lumineux, et des rayons de lumière qui ne sont pas calorifiques.

350. La chaleur radiée par les feux terrestres ou les corps *obscurément* chauds, quelle que soit la manière dont ils se sont échauffés, fût-ce même à l'aide des rayons du soleil, diffère tout-à-fait de la chaleur solaire par rapport à l'action qu'elle exerce sur les substances transparentes. Cette singulière différence, aperçue d'abord par Mariotte, devint le sujet des recherches de Scheele, qui trouva que l'une est interceptée, retenue par le verre, par les autres corps transparens dont elle élève la température, tandis que l'autre n'éprouvait aucun obstacle dans son passage, et ne produisait non plus aucune variation dans leur état thermométrique. Les expériences de Delaroche ont néanmoins établi plus tard que l'absorption

n'est complète que lorsque la source de chaleur est à une basse température; mais qu'à mesure que celle-ci s'élève, la chaleur radiée acquiert la faculté de pénétrer le verre, et s'étend d'autant plus que la chaleur du corps qui radie est plus intense. Cette découverte est très-importante, attendu qu'elle tend à établir que la chaleur terrestre et la chaleur solaire ont une nature commune. Elle établit encore que la température du soleil surpasse de beaucoup celle de la flamme.

351. Diverses théories ont été imaginées pour rendre compte de ces curieux phénomènes. Mais le sujet est difficile, il a besoin encore d'être éclairci et promet du reste d'amples découvertes à qui voudra l'étudier. La théorie jusqu'ici la plus plausible est celle de Prévost, qui considère tous les corps comme des points qui rayonnent sans cesse, projettent la chaleur dans tous les sens, en absorbent de même et tendent ainsi, dans un espace plus ou moins rempli d'objets à toutes les températures, à établir partout l'équilibre ou égalité de chaleur. Nous avons vu, § 167, l'application de cette idée à l'explication du phénomène de la rosée. Les lois de cette espèce de radiation ont été dernièrement le sujet d'une belle série d'expériences sur le refroidissement des corps à l'aide du rayonnement dans le vide, par MM. Dulong et Petit; ces expériences offrent quelques-uns des plus beaux exemples de l'investigation inductive des lois de quantité.

352. La communication de la chaleur entre des

corps en contact ou entre les différentes parties
du même corps se fait par la conductibilité. Ce
n'est dans le fait qu'un cas particulier de la radiation comme nous l'avons expliqué ci-dessus (217);
mais ce cas est tellement particulier, qu'il exige
qu'on étudie ses lois d'une manière isolée, indépendante. La considération la plus importante qui
s'introduit dans cette recherche est celle du temps.
La transmission à l'aide de la conductibilité se fait
d'ordinaire avec une extrême lenteur, tandis que
celle qui est produite par la radiation est, selon
toute apparence, aussi prompte que la propagation
de la lumière même. L'analyse des questions délicates, difficiles que soulève ce sujet, quand on
cherche à le soumettre aux procédés géométriques, a été faite avec un admirable succès par
Fourrier, qu'une mort récente vient d'enlever
aux sciences. Cet habile philosophe, ce mathématicien profond a développé dans une série de mémoires présentés à l'Institut, les lois de la transmission de la chaleur dans l'intérieur des masses
solides, placées sous l'influence de causes extérieures d'échauffement et de refroidissement. Il a
surtout appliqué les résultats qu'il a obtenus aux
conditions dont dépend le maintien de la température actuelle que présente la surface de la terre,
à l'influence que peut avoir la chaleur centrale sur
nos climats, ainsi qu'à la détermination de la
somme actuelle de chaleur que nous recevons du
soleil ou tout au moins de cette portion qui fait la
différence des saisons.

353. Les principaux effets de la chaleur sont les sensations de chaud et de froid qu'on éprouve suivant qu'on en reçoit ou qu'on en perd ; la dilatation qui en résulte dans toutes les dimensions du corps où elle s'accumule, le changement d'état qu'elle produit en fondant les solides, en vaporisant les liquides ; enfin les changemens chimiques qu'elle forme par les décompositions qu'elle produit dans les molécules intimes des diverses substances, de celles surtout dont se composent les substances du règne végétal et animal. Il faut ajouter à cela la production des phénomènes électriques dans certaines circonstances, lorsqu'elle agit sur les métaux et le développement de la polarité électrique dans les substances cristallisées.

354. Le froid a été considéré par quelques savans comme une propriété positive, comme l'effet d'une cause opposée à celle de la chaleur ; mais cette idée paraît généralement abandonnée aujourd'hui. La sensation de froid s'explique tout aussi facilement par le dégagement de la chaleur que celle de chaleur par son absorption, et la théorie du double échange de Prévost rend parfaitement compte des expériences qu'on produit à l'appui de la radiation du froid. Une chose remarquable, néanmoins, c'est que les moyens que nous avons de produire un froid très-intense soient si bornés comparativement à ceux que nous possédons d'accumuler la chaleur. C'est un des plus forts argumens en faveur des doctrines de ceux qui soutiennent qu'il est possible d'épuiser celle que ren-

ferme un corps, de mettre celui-ci dans un état qui n'en présente pas du tout. Il faut cependant convenir que les méthodes connues de produire de la chaleur, sont principalement fondées sur les combinaisons chimiques. On peut par conséquent concevoir sans peine, que, pour obtenir des résultats frigorifiques analogues, il faudrait avoir des moyens de déterminer une désunion aussi étendue, aussi prompte entre les élémens que l'on dissocie, que ceux à l'aide desquels on a déterminé la combinaison qui a dégagé la chaleur étaient puissans. Or, on ne peut désunir des élémens qu'en les engageant dans une combinaison plus énergique, c'est-à-dire qu'on peut raisonnablement attendre qu'il y aura plus de chaleur produite dans la nouvelle combinaison qu'il n'y en aura de détruite par la décomposition dont il s'agit. La chimie ne fournit pas de moyens à moins qu'elle ne soit aidée par l'électricité, de détruire subitement l'union de deux principes, de les obtenir l'un et l'autre isolément. La soudaine expansion des gaz condensés, leur passage de l'état liquide à celui de vapeurs, qui est la plus puissante source de froid connue, présente une sorte d'analogie avec cette brusque séparation.

355. La dilatation des corps par la chaleur forme le sujet de cette branche de science qui est connue sous le nom de pyrométrie. Il n'y a pas un corps qui ne soit susceptible d'être plus ou moins pénétré par le calorique, et lorsqu'ils le sont, tous à quelques exceptions près, qui tiennent à des circon-

stances particulières, se dilatent, prennent une augmentation de volume qui varie de l'un à l'autre. Les gaz et les vapeurs sont ceux qui se dilatent davantage; les liquides viennent ensuite, puis les solides. La dilatation de ceux-ci a été étudiée avec soin à diverses reprises, mais surtout par Smeaton, Lavoisier, Laplace. Nous avons parlé (266) de la découverte si remarquable que Mitscherlich a faite à cet égard. La dilatation des gaz, celle des vapeurs a été examinée presqu'en même temps par Gay-Lussac et Dalton, qui ont reconnu chacun de son côté que tous se dilatent également.

356. La dilatation de l'air par la chaleur est de tous les moyens le plus général qu'on puisse employer pour mesurer les degrés de chaleur. Le thermomètre, tel qu'il fut d'abord construit par C. Drebell, était à air. Celui dont on fait communément usage aujourd'hui pour mesurer la chaleur est fondé sur la dilatation du mercure; les recherches de Dulong et Petit prouvent que les indications du deuxième coïncident exactement avec celles du premier dans les températures moyennes, mais celles qui sont plus élevées présentent une sensible, quelquefois même une très-considérable différence. Cet utile, ce commode instrument nous met à même d'estimer ou tout au moins d'identifier les degrés de chaleur et par conséquent de rechercher avec soin les lois de la transmission du calorique et ses autres propriétés. S'il était démontré que d'égales additions de chaleur produisent d'égales augmentations de dimensions dans

une substance quelconque, les indications du thermomètre donneraient une mesure véritable, assurée de la quantité que cette substance en renferme. Mais il n'en est pas ainsi. Nous sommes même dans une ignorance totale sur la manière dont les choses se passent à cet égard; ce qui complique singulièrement la théorie et entrave même les recherches expérimentales. C'est faute de ces notions préléminaires que les lois de la dilatation des fluides sont encore si obscures malgré tous les travaux de Gilpin, Blagden, Deluc, Dalton, Gay-Lussac et Biot.

357. L'effet de chaleur le plus remarquable, le plus important est la liquéfaction des substances solides et la conversion des liquides en vapeur. Il n'y a pas de solide connu, qui, à l'aide d'une chaleur suffisamment intense, ne puisse être fondu, gazeifié. L'analogie est même si large, si forte, qu'il est impossible de ne pas supposer que les corps qui sont liquides dans les circonstances ordinaires ne doivent cet état à la chaleur et ne se congèlent ou ne se solidifient dès qu'on abaisse convenablement leur température. Nous voyons, cette conjecture se vérifier pour plusieurs quand l'hiver se fait sentir. D'autres exigent un froid plus vif, d'autres en demandent un plus sévère encore et ne se prennent que par le froid artificiel le plus intense; quelques-uns ont même résisté jusqu'ici à toutes les tentatives qu'on a faites pour les solidifier, mais le nombre en est peu considérable et décroît à mesure que les moyens de produire du froid se perfectionnent et s'étendent.

358. Une analogie semblable nous conduit à conclure que les fluides aériformes ne sont que des
liquides tenus à l'état gazeux par la chaleur. Plusieurs ont été liquéfiés à l'aide du froid combiné
avec une forte pression, et comme l'emploi de ces
moyens va chaque jour se perfectionnant, le nombre des gaz qui résistent s'affaiblit aussi chaque
jour ; d'après cela, nous pouvons conclure que
ceux qui se maintiennent encore céderont comme
ont fait les autres. Nous sommes ainsi amenés à
regarder comme un fait général que l'état liquide, l'état gazeux ou aériforme, sont un accident
qui dépend tout-à-fait de la *chaleur ;* que, sans cet
agent, tout serait solide, et que, d'une autre part,
il ne faut qu'une température suffisamment intense pour détruire la cohésion de toute espèce de
substance et gazéifier tous les liquides.

359. Mais les corps solides se contractent par
la soustraction de la chaleur ; en même temps, ils
deviennent plus durs, plus cassans, cédent moins
à la pression, se prêtent moins au jeu des molécules qui produit la tension. Cette circonstance, la
grande compressibilité des liquides, la compressibilité plus grande encore des gaz, nous autorisent
à croire que c'est la chaleur, la chaleur seule qui
tient les molécules des corps à cette distance respective qui est nécessaire pour que la compression soit possible ; tout nous porte à penser que
c'est elle qui produit l'élasticité, qu'elle agit
comme une force opposée à l'attraction qui les
pousserait au contact si rien ne la contrebalan-

çait, et les tiendrait dans un état d'immobilité, d'impénétrabilité absolue. Nous sommes conduits de la sorte à envisager la chaleur comme une des puissances modératrices de l'univers, à donner à toutes ses lois, à toutes ses relations un degré d'importance qui mérite d'être médité.

360. C'est Blake qui observa le premier, que, quand la chaleur liquéfie un solide ou qu'elle gazéifie un liquide, le liquide ou la vapeur qu'elle engendre n'est pas plus *chaud* que n'était le solide ou le liquide qui l'a produit, quoiqu'il y eût eu une grande quantité de chaleur dépensée à déterminer un effet semblable, que cette chaleur se fût combinée avec la substance.

361. Il en déduisit la conséquence que cette chaleur devient *latente* et sert à maintenir le nouvel état. Il prouva ensuite qu'elle redevient libre quand la vapeur se condense ou que le liquide se solidifie par la congélation. Cette grande découverte, celle de la différence des chaleurs spécifiques des différens corps, ou des quantités de chaleur nécessaires pour élever leur température d'un même nombre de degrés, sont autant de considérations qui portent à envisager la chaleur comme une substance matérielle, ainsi que la lumière avec laquelle, dans son état rayonnant, elle a tant d'analogie.

362. La chaleur latente n'a pas été étudiée avec tout le soin que semble mériter son importance pratique. C'est elle, en effet, qui est la base de la théorie des machines à feu, et l'on ne peut atten-

dre d'améliorations matérielles dans ce puissant instrument, qu'autant que l'on acquerra des notions plus étendues sur les chaleurs latentes des différentes vapeurs. Il n'en est pas ainsi des chaleurs spécifiques. A peine annoncées, elles étaient déjà l'objet des recherches de Irwine, et furent étudiées bientôt après par Lavoisier, Laplace, Crawford qui déterminèrent celles de plusieurs substances, soit solides, soit liquides ; elles le furent encore par Delaroche et Berard, et enfin, par Dulong et Petit. Le résultat de ces investigations fut une des lois physiques les plus simples, les plus élégantes, une loi qui se recommande par le plus parfait accord avec tout ce que nous connaissons de l'harmonie de la nature. Elle porte que les atomes de tous les élémens chimiques ont exactement la même capacité pour la chaleur, ou que tous sont également échauffés ou refroidis par d'égales additions ou d'égales soustractions de ce principe. Ce n'est qu'à l'aide de lois semblables que nous pouvons espérer de parvenir à la connaissance de la nature véritable de la chaleur et de ses rapports avec la matière pondérable.

Du magnétisme et de l'électricité.

363. Ces deux sujets si long-temps distincts , si long-temps étudiés comme des branches de sciences séparées se sont à la longue confondus. C'est peut-être le résultat le plus satisfesant que les sciences expérimentales aient encore obtenu. Tous les phénomènes de polarité, d'attraction,

de répulsion magnétiques se sont ainsi résolus en
un fait général, que deux courans d'électricité
qui se meuvent dans la même direction se repoussent et s'attirent lorsqu'ils se meuvent en sens
contraire. Les phénomènes du magnétisme par
communication et par influence, restent seuls in-
expliqués, mais l'intéressante théorie qui a été développée par M. Ampère, sous le nom d'électro-dy-
namique, donne l'espérance que cette difficulté
sera levée à son tour; et que tous ces phénomènes
rentreront dans la théorie générale de l'électricité. Cela ne doit pas cependant empêcher de
conserver au magnétisme son importance particulière comme branche distincte de recherches physiques, comme branche qui a des lois qui lui
sont propres, des relations du plus haut intérêt pratique et qui doivent être étudiées tout à
fait à part et indépendamment de toute origine
électrique. Mais il ne faut pas seulement en agir
ainsi; il faut faire plus. Il faut, si l'on veut tirer quelque fruit d'une étude semblable, procéder comme
si cette origine était complétement inconnue et
jusqu'à un certain point fort avancé diriger nos
recherches d'après les mêmes principes inductifs
que si cette branche de physique était absolument
indépendante.

364. Le fer, ses oxides, ses alliages furent long-
temps les seules substances qu'on envisagea
comme susceptibles du magnétisme. L'aimant
fut même cité par Bacon comme un exemple de
cette classe de faits physiques qu'il appelle singu-

lièrs (*instantiæ monodicæ*). La découverte de la
propriété magnétique du nickel qui, quoique
inférieure à celle du fer, ne laisse pas encore d'ê-
tre considérable, celle du cobalt qui est plus faible, celle du titane qui est à peine sensible, ont
fait raison de cette limite imaginaire qu'on avait
interposée entre le fer et les autres corps, et ont
établi cette loi générale de continuité, dont
la philosophie cherche à constater l'existence.
Les dernières découvertes de M. Arago dont nous
avons fait mention, § 160, ont achevé de généraliser cette idée. Elles ont prouvé qu'il n'y a pas
de substance qui, placée dans des circonstances
convenables, ne puisse donner des signes certains
de vertu magnétique. Et afin de faire plus complètement disparaître cette ligne de séparation
qui autrefois était si large, nous pouvons, grace
à la découverte d'Oerstedt, rendre magnétique
durant un temps quelconque un fil de métal quel
qu'il soit; nous pouvons lui communiquer à volonté l'attraction, la répulsion, la polarité; nous
pouvons même porter celle-ci à un degré d'intensité bien supérieur à ce qu'on eût osé se promettre
des meilleurs aimans naturels.

365. Le magnétisme est remarquable sous un
autre point de vue. Il offre un « éclatant exemple »
de cette propriété de la nature qui est connue sous
le nom de *polarité* (267). Les anciens ne paraissent
pas avoir eu aucune notion de cette propriété du
magnétisme et cependant ils n'ignoraient pas l'action qu'il exerce sur le fer. Dans les temps mo-

dernes, il est fait mention de cette propriété pour la première fois en 1180; il est probable néanmoins que les Chinois la connaissaient avant cette époque. Voici en quoi elle consiste; si un aimant est librement suspendu, une de ses extrémités se dirigera invariablement vers un point de l'horizon et l'autre vers le point opposé. S'il y en a deux de suspendus, ils se rapprocheront et réagiront entre eux; ils se déplaceront même et les choses auront lieu comme si les parties correspondantes se repoussaient, comme si celles qui sont disposées en sens inverse s'attiraient l'une l'autre directement. En variant convenablement l'expérience, on reconnaît que les choses se passent ainsi. Si on fait usage d'un petit aimant, qu'on le suspende en liberté et qu'on l'amène dans le voisinage d'un aimant plus considérable, le premier prend une position qui est déterminée par celle des poles du second par rapport à son point de suspension. Et on a reconnu que ces phénomènes, que d'autres encore qu'offrent les aimans dans les attractions et répulsions qu'ils exercent les uns sur les autres, s'expliquent très-bien en admettant l'existence de deux forces ou vertus qui résident dans les molécules des aimans, et dont l'une s'exerce à une extrémité, et l'autre à l'autre. Chaque molécule attire celles dans lesquelles gît la vertu opposée à celle qu'elle renferme, et repousse celles qui contiennent la vertu analogue à celle dont elle jouit. L'action qu'elles exercent ainsi est en raison inverse du carré des distances qui les séparent.

366. La direction que prend un barreau ou une aiguille magnétisé, librement suspendu, diffère suivant les lieux. Dans quelques-uns elle va exactement du nord au sud, dans d'autres elle s'éloigne plus ou moins de cette ligne, et dans quelques autres enfin, l'aiguille se place perpendiculairement à cette première direction. Ce phénomène remarquable, qui est connu sous le nom de déclinaison de l'aiguille, et qui fut découvert en 1500 par Sébastien Cabot, est accompagné d'un autre appelé inclinaison, qui fut signalé par Robert Norman, en 1576. Il consiste dans une tendance que manifeste l'aiguille exactement balancée sur son centre lorsqu'elle n'est pas magnétisée à s'incliner, quand elle est devenue magnétique, vers un point situé au-dessous de l'horizon et dans l'intérieur de la terre. On a reconnu, en suivant la déclinaison et l'inclinaison sur toute la surface du globe, que ces phénomènes se passent, comme ils le feraient si la terre était un vaste aimant dont les pôles sont placés à une grande profondeur au-dessous de la surface, et, chose remarquable, animés d'un mouvement qui les déplace peu à peu, de manière que ni la déclinaison, ni l'inclinaison ne reste constamment la même pour le même point. Les lois de ce mouvemert sont inconnues; mais la découverte de l'électro-magnétisme a prouvé que le magnétisme terrestre n'est que le résultat de la circulation d'une grande masse d'électricité qui s'opère constamment autour du globe dans un sens qui cor-

respond en général avec celui de sa rotation , et a
ainsi dissipé en très-gande partie l'obscurité qui
enveloppait ces phénomènes. On à imaginé une
foule de causes, soit géologiques, soit autres, qui
peuvent produire des déviations considérables
dans l'intensité de ces sortes de courans et en
déterminer de partielles dans leur direction. Une
inégale distribution des continens et des mers dans
les deux hémisphères en affectant l'action de la chaleur solaire dans l'évaporation qui est probablement
une des grandes sources de l'électricité terrestre,
peut, on le conçoit aisément, modifier la tendance
générale de ces courans et produire en eux des ir-
régularités suffisantes pour rendre compte des
anomalies que présentent encore les phénomènes
du magnétisme terrestre. Cette branche de science
se lie de la sorte avec la météorologie, un des sujets de recherches physiques les plus difficul-
tueux, mais les plus intéressans ; on commence
à l'étudier avec soin, et bientôt peut-être on con-
naîtra des lois, des rapports, dont on n'a encore
que des notions imparfaites.

367. La communication du magnétisme de la
terre à un corps magnétique, ou d'un corps magnétique à un autre, s'opère à l'aide d'un procédé auquel on a donné le nom d'induction. Les
lois et les propriétés du magnétisme ainsi trans-
mises ont été étudiées avecbeau coup de succès et
de persévérance pratiquement par Gilbert, Boyle,
Knight, Wisthon, Cavallo, Canton , Duhamel ,
Rittenhouse, etc, et théoriquement par Aepi-

nus, Coulomb, Poisson. Ils l'ont été en Angleterre
par Barlow, et Christie qui ont examiné avec soin
les curieux phénomènes auxquels donnent naissance des masses de fer qu'on présente successivement en diverses positions par rotation sur un
axe à l'influence du magnétisme terrestre. Le magnétisme des corps cristallisés (sans doute parce
que ceux qui sont susceptibles d'une grande vertu
magnétique sont très-rares) n'a pas dutout été
étudié jusqu'ici; il est probable cependant qu'il
présenterait les plus curieux résultats.

368. Les physiciens considèrent aujourd'hui l'é-
lectricité comme une de ces puissances universelles que la nature semble employer dans ses
opérations les plus lentes et les plus importantes. Ce merveilleux agent que nous voyons agir
en masse dans le tonnerre, traverser l'atmosphère
en quantité plus faible, plus diffuse dans les auro-
res boréales, se trouve probablement en abondance dans chaque forme de matière qui nous
entoure, mais ne se manifeste qu'à l'aide d'exci-
tations particulières. La plus efficace est le frottement que nous avons déjà signalé comme une
source de chaleur considérable. Il n'y a personne
qui ne connaisse les étincelles qui se dégagent en
pétillant d'un chat sur lequel on passe la main à
rebrousse-poil. Ces étincelles peuvent, au moyen
de procédés convenables, être accumulées sur des
corps disposés pour les recevoir, et quoiqu'elles
ne soient pas visibles, donnent naissance à une
foule de phénomènes extraordinaires. Elles peu-

vent produire des attractions , des répulsions dans les corps, à distance, se transmettre de l'un à l'autre au moyen du contact ou en franchissant brusquement, violemment l'intervalle qui les sépare sous forme d'étincelle. Elles peuvent traverser avec une extrême facilité les métaux les plus denses et une foule de corps qu'on appelle conducteurs, mais elles ne peuvent en pénétrer d'autres, tels que le verre, l'air, qui, par cette raison , sont dits non-conducteurs. Elles produisent des secousses douloureuses, des mouvemens convulsifs, la mort même si elles sont assez intenses. Enfin , elles présentent en petit tous les effets de la foudre.

369. L'étude de ces phénomènes et celle des lois qui les régissent ont, jusque dans ces derniers temps, occupé les physiciens et constitué toute la doctrine de l'électricité. Il résulte de leurs recherches que tous ces phénomènes peuvent s'expliquer en supposant que l'électricité est un fluide rare , subtil, extrêmement élastique, qui tend nécessairement à se répandre et pénètre avec plus ou moins de facilité la substance des corps conducteurs, est plus ou moins complètement empêché par les autres. On suppose encore que ce fluide jouit d'une puissance d'attraction pour les molécules de toute matière pondérable, et en exerce une de répulsion sur les siennes. Pèse-t-il ou doit-il être envisagé comme une espèce de matière distincte de celle dont se composent les corps pondérables ? C'est une question si délicate, qu'il n'y a

encore aucune expérience directe qui permette de la résoudre. Cependant, l'inertie du fluide, comparativement à ses forces élastiques, paraît être si peu de chose, qu'on peut le considérer comme un fluide éminemment actif, comme un fluide qui obéit à toute espèce d'impulsion interne ou externe avec la plus grande facilité ; comme un fluide, en un mot, dont la mobilité est tout-à-fait analogue à celle du milieu éthéré qui, dans la doctrine ondulatoire est supposé transmettre la lumière. Les propriétés de l'hydrogène, comparées à celles des gaz les plus denses, peuvent nous donner une idée de l'excessive mobilité de la pénétrante activité de cette espèce de fluide. L'électricité cependant doit être envisagée comme différant sous plusieurs points remarquables de tous ces fluides auxquels nous sommes habitués de donner l'épithète d'élastiques, tels que l'air, les gaz, les vapeurs. Dans ceux-ci, la force répulsive des molécules qui constitue leur élasticité peut être considérée comme ne s'étendant qu'à de très-petites distances, de manière qu'elle ne peut affecter que celles qui se trouvent à proximité les unes des autres, tandis que leur puissance attractive qui les soumet à la gravitation générale s'étend indéfiniment. Dans l'électricité, c'est l'inverse qu'il faut admettre. La force par laquelle ses molécules se repoussent mutuellement, s'exerce à une distance considérable. Sa puissance d'adhésion pour la matière pondérable ne se manifeste qu'à des distances si faibles qu'elles échappent à l'observation.

370. L'hypothèse d'un fluide unique qui, lorsqu'il est en excès sur un corps, tend constamment à s'échapper, à se remettre en équilibre en passant sur ceux qui peuvent en manquer, est celle qui se présente le plus naturellement à l'esprit. C'est aussi celle qu'adopta Franklin auquel nous devons des expériences qui nous ont fait connaître la véritable nature de la foudre. Elle fut plus tard développée, étendue par Aepinus, qui fit voir, le premier, comment les lois de l'équilibre d'un fluide semblable pouvaient se réduire à une pure question mathémathique; mais le déplacement du fluide est accompagné de phénomènes, et il y a dans quelques circonstances une perturbation d'équilibre qui oblige d'admettre l'existence de *deux fluides distincts* et opposés qui s'attirent l'un l'autre et se repoussent eux-mêmes. Chacun d'eux, au surplus, est susceptible d'adhérer aux substances matérielles, de se transmettre plus ou moins rapidement d'une molécule à l'autre. Dans l'état naturel, ces fluides sont censés combinés, saturés entre eux, mais ils peuvent être dégagés, accumulés isolément dans un corps. Il suffit qu'ils soient retenus, arrêtés par des substances qui ne sont pas conductrices. Quand le fluide est ainsi concentré, la répulsion qu'il exerce sur le fluide de même espèce ainsi que l'attraction qu'il développe pour celui d'espèce opposée que renferment les corps qui se trouvent dans le voisinage, tendent à troubler l'équilibre des deux fluides qu'ils contiennent, et à produire des phéno_ mènes connus sous le nom d'électricité par in-

fluence. Quelque curieuse, quelque artificielle que paraisse cette théorie, on ne cite pas jusqu'ici de phénomène dont elle ne donne une explication plausible. Le plus souvent même elle rend compte des faits de la manière la plus satisfesante. Elle a un caractère qui est précieux dans une théorie, c'est d'admettre l'application des mathématiques aux conclusions qu'on peut en déduire. Il faut du reste en convenir, il est presque impossible sans cela d'établir la vérité d'une théorie. Aussi, la théorie mathématique de l'équilibre électrique, les lois de la distribution des fluides électriques sur les surfaces des corps où ils sont concentrés, ont-elles été étudiées avec soin par les géomètres les plus habiles, et sont-elles parvenues à un degré d'extension et d'élégance qui les place très-haut dans l'échelle des recherches physico-mathématiques, recherches fondées sur l'adoption d'une loi d'attraction et de répulsion semblable à celles de la gravité et du magnétisme, et qui, par la concordance générale des résultats avec les faits, les expériences instituées pour constater les lois dont il s'agit, sont réputées suffisamment démontrées.

371. Ce que l'électricité présente, sans aucun doute, de plus obscur, est de savoir comment a lieu primitivement la rupture d'équilibre à l'aide de laquelle le fluide est développé dans le princide, soit par le frottement, soit par toute autre cause qu'on a reconnue produire cet effet. Les analogies, il est vrai, ne manquent pas; mais, il faut en convenir, jus-

qu'ici on n'a rien produit de décisif à cet égard et les conjectures ont trop souvent pris la place des véritables modes d'action auxquels une étude attentive des faits peut seule nous conduire.

372. Les physiciens connaissaient depuis long-temps les effets de l'électricité que nous avons rapportés plus haut, et savaient que, dans son brusque passage d'un corps à un autre, elle déchire, elle endommage les parties qu'elle traverse, et que, lorsqu'elle est abondante, elle produit tout ce que produit une chaleur intense, qu'elle fond, volatilise les métaux, embrâse les corps inflammables. Ils n'ignoraient pas non plus qu'elle détruit ou altère la polarité de l'aiguille magnétique; mais, comme on savait que la chaleur peut résulter du choc et de violens efforts mécaniques ; que le magnétisme est aussi influencé par les mêmes circonstances, ces effets étaient plutôt rapportés à ces causes qu'à quelque chose de particulier dans la nature du fluide; on les considérait plutôt comme les résultats indireets du mode d'action de l'électricité que comme les conséquences de sa nature. L'électricité, en un mot, semblait un nouvel exemple de ces sujets isolés, qui demandent à être étudiés à part, quand survinrent les découvertes de Galvani et de Volta. Elles mirent de nouveaux moyens à la disposition de la science. On put étudier à loisir, en détail, des phénomènes qui, jusque-là, ne s'étaient présentés que d'une manière fugitive. On dompta des forces que jusque-là on n'avait pu contenir; on les obligea

de distribuer leur énergie sur un temps indéfini, de régler leur action à la volonté de l'expé-
rimentateur. On reconnut alors que l'électricité,
en s'écoulant le long des conducteurs, produit une
foule d'effets merveilleux dont on ne s'était pas
douté jusque-là ; que ces effets formaient des
points de contact avec diverses autres branches
de recherches, et jetaient une lumière nouvelle,
inattendue, sur les plus obscures opérations de la
nature.

373. L'histoire de cette grande découverte fournit un bel exemple de l'avantage qu'on peut tirer
d'un phénomène insignifiant en apparence , et
dont les principes reçus ne peuvent rendre compte au moment où on l'observe. Les mouvemens
convulsifs d'une grenouille morte placée dans le
voisinage d'une décharge électrique, qui appelèrent l'attention de Galvani sur ce sujet, avaient
déjà été observés plus d'un siècle avant lui ; mais
on n'y avait vu qu'un indice de sensibilité particulière à cette excitation électrique qui tient à un
reste de vitalité que la mort n'éteint pas immédiatement dans les êtres organisés. Galvani ne
fut pas satisfait d'une explication semblable. Il
analysa le phénomène, et, en recherchant toutes
les circonstances qui l'accompagnent, il fut conduit
à l'observation d'une excitation électrique particulière qui eut lieu quand le circuit fut composé
de trois parties distinctes, d'un muscle, d'un nerf
et d'un conducteur métallique ; que chacune de
ces parties se trouva en contact avec les deux au-

tres : l'excitation se manifesta alors par le mouvement convulsif du muscle. Il donna à cette contractation le nom d'électricité animale, nom malheureux , puisqu'il tendait à circonscrire les recherches dans la classe de phénomènes où la manifestation avait d'abord eu lieu. Mais cette circonstance qui, dans une autre époque , serait devenue fâcheuse , n'eut aucun inconvénient. L'impulsion était donnée. Volta s'empara avec ardeur du sujet ; il le généralisa , rejeta les considérations physiologiques dont l'avait chargé Galvani, et ne considéra la contraction des muscles que comme un moyen délicat de découvrir un développement d'électricité trop faible pour devenir sensible par aucune autre voie. Ce fut ainsi qu'il arriva à la connaissance d'un fait général, celui de la rupture de l'équilibre électrique par le simple contact de différens corps et la circulation d'un courant d'électricité dans une direction constante à travers un circuit composé de trois conducteurs différens. Il ne chercha plus qu'à accroître l'intensité de cet effet si délicat, si faible, et ne cessa ses recherches que lorsqu'il fut arrivé à la plus merveilleuse de toutes les inventions humaines , qu'il eut construit la pile qui porte son nom, résultat auquel il parvint à l'aide d'une suite d'expériences parfaitement conçues, et dont il y a peu d'exemples , si toutefois il y en a dans les recherches physiques.

374. Quoique dans l'origine la pile de Volta, comparativement aux immenses appareils qui ont été

construits plus tard, fut peu puissante, elle suffit,
néanmoins, pour présenter l'électricité sous un
point de vue bien différent de celui où on l'avait
envisagée jusque-là, et pour manifester dans sa
manière d'agir ces modifications particulières dont
Volta a le premier rendu un compte satisfesant, en les rapportant à une augmentation de
quantité et une diminution d'*intensité* dans le développement du fluide. Cette découverte ne resta
pas long-temps stérile. On reconnut bientôt que
le courant électrique produit, dans son passage
à travers les liquides conducteurs, des décompositions chimiques. Cette importante observation
paraît avoir été primitivement faite par Nicholson et Carlisle, qui reconnurent que l'eau était
véritablement décomposée. Berzélius et Hisinger
vinrent ensuite, et arrivèrent à un résultat plus important encore. Ils s'assurèrent que, dans les décompositions de ce genre, les acides et l'oxigène
passaient au pôle positif, s'y accumulaient même,
tandis que l'hydrogène, les métaux et les alcalis,
se rendaient au pôle négatif. Tous étaient pendant
le déplacement invisibles, neutralisés par l'action
du courant électrique. Tous franchissaient dans
cet état des espaces considérables, traversaient
de fortes quantités d'eau ou autres liquides, et re-
prenaient toutes leurs propriétés naturelles dès
qu'ils étaient au terme qu'ils devaient atteindre.

375. C'est dans cet état que Davy prit la question. Les affinités chimiques étaient interverties
par l'action de la pile ; il imagina de mettre cette

circonstance à profit, et de soumettre à l'énergie des immenses batteries de l'institution royale de Londres, les alcalis et les terres qui étaient généralement regardés comme des composés, mais qui avaient resisté à toutes les tentatives qu'on avait faites pour les réduire. Ils cédèrent, et la révolution que cette expérience entraîna dans la chimie fut entière, moins cependant sous le rapport des nouveaux élémens dont elle avait enrichi les sciences, que par la manière de concevoir la nature de l'affinité chimique. Celle-ci fut dès-lors envisagée d'après les aperçus de Davy, qu'adoptèrent les plus habiles chimistes, et surtout Berzélius, comme le résultat des attractions, des répulsions électriques. On admit que les corps avaient d'autant plus de tendance à se combiner, que leurs molécules se trouvaient dans une opposition électrique plus forte, plus intense, et qu'elles se déplaçaient d'autant plus vivement, que la différence de leur énergie était plus grande.

376. On soupçonnait depuis long-temps qu'il y avait une liaison entre le magnétisme et l'électricité, et on avait fait une foule de tentatives pour s'en assurer. Le phénomène des divers minéraux cristallisés qui deviennent électriques par la chaleur, et présentent, à leurs extrémités, des pôles opposés, offre une telle analogie avec la polarité du magnétisme, qu'il paraît presque impossible qu'il n'y ait pas quelque étroit rapport entre ces deux fluides. Le développement d'une polarité semblable dans la pile de Volta pousse à la même

conclusion. On a aussi fait diverses expériences pour s'assurer si une pile chargée ne manifeste pas quelque diposition à se placer elle-même dans le méridien magnétique, mais on avait passé une condition essentielle, celle de laisser la pile se décharger librement, condition qui ne s'est jamais présentée, sans doute, à aucun observateur. De tous les savans qui se sont livrés aux recherches dont il s'agit, celui qui a mis plus de constance, plus de tenacité dans ses investigations, est, sans contredit, Oerstedt. Il a échoué souvent, mais jamais il ne s'est rebuté. Enfin, il a obtenu le succès qui lui était dû ; il a découvert les admirables phénomènes de l'électro-magnétisme. Il y a eu dans sa persévérance quelque chose qui rappelle l'obstination de Christophe Colomb, la conviction qu'il portait avec lui de l'existence d'un nouveau monde, et l'histoire entière de cette belle découverte peut nous fournir une preuve de la confiance que méritent les grandes analogies, les traits qu'ont entre elles les grandes branches de science, quoique celles-ci ne présentent, du reste, aucune relation apparente. Elles nous montrent qu'il ne faut négliger aucune des circonstances qui dénotent une communauté d'origine.

377. Il est plus que probable que nous ne connaissons pas encore une foule de faits électriques du plus grand intérêt, que la pile de Volta nous dévoilera quelque jour. Les violens effets qu'elle produit sur le mercure que surnagent les liquides conducteurs, ont été attribués,

par le professeur Ermann, à une modification de l'affinité capillaire, mais un examen plus attentif a fait voir qu'ils doivent être considérés sous un point de vue bien différent ; qu'ils présentent un caractère plutôt dynamique que statique. Ils méritent, sous ce rapport, d'être soumis à de nouvelles recherches, d'être étudiés avec un soin spécial. Il en a été de même des relations de l'électricité avec la chaleur que présente le phénomène de ce qu'on nomme thermo-électricité. Elles promettent une récolte abondante de vues, de résultats nouveaux.

378. Parmi les effets d'électricité, découverts par Galvani et Volta, le plus remarquable, peut-être, est l'influence que ce fluide exerce sur le système nerveux. L'origine du mouvement musculaire est un de ces profonds mystères que, peut-être, on ne pénétrera jamais. Les physiologistes, cependant, ont beaucoup parlé d'un fluide subtil, d'un esprit qui s'écoulait le long des nerfs, du cerveau dans les muscles. La découverte de la rapide transmission de l'électricité à l'aide des conducteurs, les violens effets qu'elle produit sur les muscles répandus dans la charpente entière du corps humain, avaient naturellement conduit à cette idée, que le fluide nerveux, s'il existait véritablement, n'était autre chose que le fluide électrique. Mais depuis les découvertes de Galvani et de Volta, il n'est plus permis de s'y arrêter. Cette théorie ne présente pas le caractère d'une véritable cause ; elle n'est pas

plausible , car on ne saurait imaginer alors ce qui déterminerait la rupture de l'équilibre électrique dans le corps humain composé entièrement , comme il l'est, de conducteurs. Il semble même contraire aux lois de la communication du fluide d'en supposer. A tout cela , cependant, on pourrait citer un fait qui tend à prouver que cette rupture n'est pas impossible : c'est celui de la torpille, et autres poissons de même espèce ; ce fait offre , au fond, tant d'analogies avec ceux que présente l'électricité , qu'il n'est guère possible de les rapporter à une autre cause , quoiqu'au choc près on ne puisse découvrir en eux ni étincelle, ni aucun autre indice de tension électrique.

379. On s'est assuré que l'effet que produit la torpille est dû à un système d'organes qui se composent de colonnes remplies, dans toute leur étendue, de petites membranes séparées entre elles par un fluide ; mais on n'a pas encore rendu un compte satisfesant de son mode d'action , et il n'y a rien dans sa construction, ni dans la nature de ses élémens qui autorise à le regarder comme un appareil électrique. Mais la pile de Volta a fourni des analogies de structure et d'effet qui laissent peu de doute sur la nature électrique de l'appareil ou de la puissance de l'animal à déterminer, par un effet de sa volonté, le concours de conditions dont dépend son activité. Cette puissance reste, et probablement restera toujours mystérieuse, inexplicable ; mais une fois qu'on a

admis qu'il existe dans l'économie animale une puissance de déterminer le développement d'une excitation électrique qui peut se transmettre le long des nerfs, une fois qu'on a constaté par de nombreuses, de décisives expériences que la transmission de l'électricité voltaïque le long des nerfs d'un animal, même privé de vie, suffit pour produire la plus violente action musculaire, il est tout simple de rapporter l'origine du mouvement musculaire, dans un corps vivant, à une cause semblable, et de regarder le cerveau, organe si merveilleusement constitué, et dont on n'a jamais assigné de mode d'action plausible, comme la source de la puissance électrique nécessaire.

380. Nous ne nous étendrons pas davantage sur les sujets physiologiques. Ils forment, il est vrai, une branche importante et du plus haut intérêt, mais le coup d'œil que nous jetons sur les sciences physiques est plutôt dirigé sur la nature inanimée que sur celle des mystérieux phénomènes de l'organisation et de la vie qui constituent la physiologie. L'histoire des productions animales et végétales du globe, comme fournissant des objets, des matériaux pour la commodité, l'usage de l'homme, et comme fondées sur des lois qui déterminent la distribution de la chaleur, de l'humidité et autres agens naturels à la surface, et les révolutions qu'il a subies, est étroitement liée avec le sujet que nous traitons. Elle appelle naturellement quelques remarques, mais celles-

ci ne doivent pas être assez étendues pour absorber l'attention du lecteur.

381. En *zoologie*, le rapport que présentent des modes de vivre et de se nourrir, avec des particularités de structure, a donné naissance à des systèmes de classification clairs et naturels. Les grands progrès de l'anatomie comparée nous ont mis à même de suivre l'échelle des organisations, dans toute l'étendue, pour ainsi dire, de la vie animée. Ce n'est pas que cette échelle ne présente des lacunes, mais les découvertes successives d'animaux autrefois inconnus contribuent chaque jour à les remplir. Les merveilles dévoilées par le microscope nous ont ouvert un monde nouveau, dans lequel on découvre avec étonnement les formes les plus légères réunies à la complication des formes les plus étranges. D'un autre côté, l'examen de ce qui reste d'un premier état de création atteste l'existence d'animaux qui surpassaient de beaucoup en grandeur ceux que la vie anime aujourd'hui ; il nous révèle plusieurs formes d'êtres qui aujourd'hui n'ont aucun analogue, et nous en signale plusieurs autres qui lient entre eux les genres qui existent maintenant. Les recherches de l'anatomie comparée, de la conchologie, ont jeté une vive lumière sur les sujets dont s'occupe le géologue. Elles l'ont mis à même, au moyen de quelques débris perdus çà et là dans les couches, de saisir des circonstances qui sont liées à la formation de ces couches mêmes qu'aucune autre induction ne lui aurait révé-

lées. C'est encore un exemple de cet appui mutuel que se prêtent les sciences qui semblent avoir le moins de rapports entre elles.

382. Plusieurs de ces observations s'appliquent à la *botanique*. Ses méthodes de classification artificielles, tout bien imaginées qu'elles sont, n'ont pas empêché les botanistes de chercher à grouper les plantes. d'après des caractères communs, des caractères plus intimes que ceux sur lesquels reposent les systèmes de Linné, de Jussieu, etc., sur des caractères en un mot qui embrassent toutes les habitudes, toutes les propriétés des individus que l'on compare. La découverte que la chimie a récemment faite de principes particuliers qui caractérisent d'une manière spéciale certaines familles de plantes, nous donne l'espérance de voir accroître la masse des connaissances que nous avons déjà sur la botanique. Elle nous promet des données, d'autant plus importantes que les principes dont il s'agit sont presque tous de puissans moyens médicaux, les ingrédiens même dont dépendent les vertus médicales des plantes. La loi de distribution des formes génériques des végétaux sur le globe est aussi devenue, dans ces derniers temps, un objet d'études pour les naturalistes, et la relation qu'elle présente avec les lois de climat constitue une des branches de recherches qui offrent le plus d'intérêt et ont le plus d'importance, mais aussi une de celles qui ont le plus besoin d'être étudiées. Elle forme la principale liaison entre la botanique et la géologie, et rend la

connaissance des végétaux fossiles d'une partie de
la surface de la terre indispensable pour bien apprécier les circonstances où se trouvait celle-ci
dans son ancien état. Aussi la botanique fossile
est-elle cultivée avec une ardeur toujours crois-
sante, et la flore souterraine d'une formation géo-
logique est-elle étudiée avec presque autant de
soin , de précision que la flore extérieure.

CHAPITRE VI.

DES CAUSES DU DÉVELOPPEMENT ACTUEL DES SCIENCES PHY—
SIQUES, COMPARÉ A LEURS PROGRÈS A UNE ÉPOQUE PLUS
ANCIENNE.

383. Les lents progrès qu'ont faits les sciences
physiques jusqu'à la fin du seizième siècle et le
rapide développement qu'elles ont pris depuis
cette époque, forment le contraste le plus étrange.
Nous ne trouvons dans la première période que de
légères améliorations faites à longs intervalles,
qu'une complète indifférence qui livre les découvertes déjà faites à une sorte d'oubli, ou tout au
moins les fait considérer plutôt comme des curiosi-
tés littéraires que comme des choses qui ont un
intérêt, une valeur intrinsèques. Quelques individus apparaissaient de siècle en siècle, qui appré-
ciaient leur importance, éprouvaient ce besoin de
connaissances qui supplée à tout dans les esprits
d'un ordre élevé. Mais, faute de direction dans les

études, faute de bien saisir le but qu'on voulait atteindre, d'apprécer les avantages que pouvaient donner des recherches liées, systématiques, et surtout l'apathie de la société pour tout ce qui ne se rapportait pas immédiatement aux objets de la vie, firent échouer ces tentatives accidentelles, les empêchèrent d'imprimer à la science une impulsion ferme, régulière. Elle se concentrait d'ailleurs dans une région trop peu accessible à l'intelligence ordinaire. Un tremblement de terre, une comète, un météore igné fixaient alors comme aujourd'hui l'attention générale et produisaient partout les conjectures les plus étranges sur les causes qui produisaient ces sortes de phénomènes; mais on ne supposait pas que les sciences pussent s'exercer sur des sujets communs, qu'elles s'occupassent d'arts mécaniques, qu'elles descendissent jusque dans les mines, les laboratoires. Il est difficile de penser néanmoins que toutes les indications de la nature soient passées inaperçues, ou qu'une foule de bonnes observations, de raisonnemens exacts, n'aient pas péri avant la découverte de l'imprimerie qui fournit à chacun le moyen de publier ses idées. Le moment vint enfin où l'étincelle électrique ne jaillit, ne brilla plus d'un éclat stérile. Chaque inspiration heureuse, chaque fait important fut soigneusement conservé, et bientôt il en résulta un faisceau de lumière inattendu. Le mouvement imprimé aux esprits se communiqua d'un bout de l'Europe à l'autre. La commotion fut si vive, les résultats qu'elle produisit si étendus, qu'elle dépassa toutes les espérances que les hommes les plus ardens en avaient conçues. Les découvertes les plus étonnantes se succédè rent l'une à l'autre, et l'on ne peut citer une seule branche de science qui n'ait participé à ce vaste mouvement. Il n'en est pas une qui ne se soit étendue , ne se soit perfectionnée.

384. Une des causes principales d'un si heureux état de choses est cet immense développement de richesses et de civilisation qui crée le loisir, développe le goût des recherches intellectuelles, goût dont la marche progressive a déjà embrassé l'Europe presque entière, et que les établissemens qui s'étendent ou se multiplient répandront bientôt sur toute la surface du globe. Ce n'est pas ce goût, néanmoins , qui, se propageant , se fortifiant chaque jour davantage , a le plus avancé la science. Non; ce qui a principalement contribué à éclairer les diverses branches d'histoire naturelle , c'est plus de facilités, plus de moyens d'observations. C'est à cette considération que nous devons rapporter la prodigieuse extension que les sciences naturelles ont prise dans ces derniers temps ; c'est à elle que nous rapporterons ces immenses acquisitions qu'ont faites et que font encore chaque jour les diverses branches de botanique et de zoologie. On sent , du reste , que les informations que peuvent recueillir les voyageurs les plus actifs et les plus éclairés, sont toujours bien inférieures à celles que rassemblent ceux qui vivent, observent sur place. Les premiers peuvent faire

des collections , réunir à la hâte quelques
données , noter la distribution des formations
géologiques dans les lieux où ils se trouvent, assister même au développement de quelque phénomène local ; mais celui qui réside peut seul entreprendre une série d'observations régulières , telle que l'exige la détermination scientifique des
climats, des marées , des variations magnétiques ,
et une foule de choses de cette espèce. Seul il peut
entrer dans tous les détails de la structure géolo-
gique , rapporter chaque couche par une étude
soignée, attentive des débris qu'elle renferme, à la
véritable époque à laquelle elle appartient. Seul
il peut noter les habitudes des animaux indigè-
nes, les limites de la végétation, acquérir une connaissance exacte des richesses minérales du pays,
et d'une multitude d'autres détails indispensables;
pour avoir une idée complète du globe considéré
dans son ensemble, ce qui constitue la base de ce
qu'on doit entendre sous la dénomination de géo-
graphie physique. On ne doit pas non plusieurs,
ger les circonstances qui se présentent d'observer,
de rappeler ces phénomènes extraordinaires qui
ne reviennent qu'à de longs intervalles; l'instruction qu'ils produisent est d'autant plus importante
qu'ils sont plus rares. Que ne pouvons-nous pas
espérer si l'esprit de recherches se propage dans
ces vastes contrées où la civilisation qui l'amène
commence à pénétrer ? Que ne devons-nous pas
nous promettre d'esprits puissans mis en œuvre
dans des circonstances tout-à-fait différentes, tou-

tes nouvelles , et sur une étendue de territoire
qui dépasse si fort celle où jusqu'ici s'est déployé
l'esprit humain ? A mesure que s'accroît le nombre de ceux qui cultivent les sciences, que s'agran
dit l'espace où ils sont répandus , les communica-
tions deviennent plus nécessaires, plus essentielles. Il est important que plusieurs individus ne
s'épuisent pas sur le même sujet, ne se livrent
pas aux mêmes recherches ; car, outre la perte
de leur temps , ces travaux simultanés amènent
encore des jalousies , des querelles qui sont toujours dommageables. Les méthodes d'observation
allant d'ailleurs s'améliorant, se perfectionnant ,
il importe à la science qu'elles se propagent ,
se répandent avec le plus de rapidité possible.
On s'anime par l'idée d'un intérêt commun,
on s'exalte par le sentiment d'une existence mutuelle , on redouble d'efforts , d'activité , et cette
noble émulation révèle, signale les méprises pendant qu'il en est temps encore.

385. Peut-être après l'établissement des institu-
tions qui ont pour but les progrès des sciences en
général, ou , ce qui est mieux encore dans l'état
des choses , l'avancement de quelques branches
spéciales, rien n'a-t-il plus contribué au développement des connaissances humaines que la publication des journaux scientifiques. Il n'est pas en
Europe une nation qui n'en compte plusieurs , et
la rapide , la générale circulation de ces écrits
met les observateurs de tous les pays en communication intime de procédés et de méthodes. Cha-

cun sait le sujet qu'a traité son confrère, et les
extraits qu'il renferme de temps à autre des
plus importantes recherches que chaque jour voit
consigner dans les volumineuses collections aca-
démiques, donnent un aperçu de ce qui a été fait
et de ce qui reste à faire ; ces sortes de program-
mes qui paraissent de temps en temps, ont une
véritable influence sur les progrès futurs de chaque branche, influence tout-à-fait indépendante
de l'instruction qu'ils renferment. Quant aux trai-
tés élémentaires, il est superflu d'insister sur leur
utilité, sur les avantages qu'ils ne peuvent manquer de produire dans l'avenir. Ce n'est qu'en
groupant, en simplifiant, en analysant de la manière la plus convenable et la plus claire les connaissances acquises par ceux qui nous ont devancés, que ceux qui nous suivront pourront jouir
de celles que nous leur auront léguées.

386. Rien n'est plus propre à étendre, à développer les progrès des sciences, lorsqu'ils
sont arrivés à un certain point, que la connaissance exacte des données physiques, ou de
ces quantités normales, dont nous avons parlé
plus d'une fois dans les pages qui précèdent (222).
Cette connaissance nous met à même, non seulement d'apprécier l'exactitude des expériences,
elle nous permet encore de corriger leurs résultats. Comme rien n'indique d'une manière plus
certaine l'état d'une science à une époque quelconque, que le soin, le discernement qu'on apporte dans le choix de ces données, qui doivent

servir de base à l'application des théories, rien non plus ne profite davantage à la science que les recherches faites dans ce but, que les travaux entrepris pour construire des tables qui donnent les rapports nécessaires des élémens de théories, et l'état actuel de la nature dans toutes les branches dont elle se compose. Ce n'est qu'à l'aide de déterminations semblables que nous pouvons connaitre quels changemens s'opèrent, à la longue, d'une manière imperceptible, dans l'ordre de choses qui existe, et plus ces déterminations sont exactes, plus la connaissance de ces variations est promptement acquise. Que ne saurions-nous pas maintenant, sur les mouvemens (comme on les appelle) des étoiles fixes, si les anciens avaient eu les moyens d'observations que nous possédons aujourd'hui, et qu'ils les eussent mis en œuvre comme nous les mettons?

387. Une chose qu'on ne doit pas oublier lorsqu'on récapitule les causes qui ont contribué au rapide essor qu'ont pris les sciences, est le perfectionnement que chaque jour apporte dans les moyens d'observation. Les instrumens sont mieux faits, plus susceptibles de mesurer, de préciser les quantités, plus appropriés à l'usage auquel on les destine. Pour qu'une observation soit profitable aujourd'hui, il faut qu'elle puisse être évaluée d'une manière exacte, et la rigueur ne saurait, à cet égard, être portée trop loin. Le degré de perfection, auquel on est parvenu, je ne dis pas dans les arts délicats, mais dans les appareils que tout

le monde peut se procurer, au moins dans les arts mécaniques, suppose les connaissances les plus étendues. Quelle vaste influence exerce un mode de mesurer prompt, rigoureux, convenable ? L'exemple du goniomètre réflecteur fera sentir jusqu'où elle peut aller. Cet instrument simple, peu coûteux, portatif, a changé la face de la minéralogie, a imprimé à cette branche de connaissances, jusque-là si vague, tous les caractères d'une science exacte.

388. Les moyens d'observer, de mesurer de petites quantités, sous le rapport du poids, de l'espace et du temps, sont arrivés à un point de perfection qui ne semble plus pouvoir être dépassé. On construit aujourd'hui des balances qui sont sensibles à un millionième du poids qu'il s'agit de déterminer. Or, trébucher à un millième de grain, est une chose prodigieuse dans l'espèce. La belle invention du sphéromètre, en substituant le tact à la vue, dans l'appréciation des petits objets, permet de porter, dans la détermination de leurs dimensions, toute la précision que peuvent exiger les recherches les plus délicates, de diviser rapidement un pouce en dix, en vingt mille parties. On peut, à l'aide du levier qu'emploient les opticiens allemands, porter la chose encore plus loin. Quant à la division du temps, la mécanique fournit les moyens de la pousser aux dernières limites. Au moyen d'horloges de chronomètres, telles qu'on les construit maintenant, l'erreur qu'on peut faire dans la subdivision d'un jour ne

peut pas dépasser quelques dixièmes de seconde,
et si l'on veut pousser la subdivision plus loin encore, il y a des instrumens qui permettent de le
faire, qui donnent les moyens d'apprécier des
intervalles de 100e de 1000e de seconde. Si on
compare la précision que donnent des moyens de
ce genre avec celle que produisaient les instrumens grossiers, informes, dont on fesait encore
usage au commencement du siècle dernier, on conçoit comment, en si peu de temps, les sciences
qui sont fondées sur des mesures exactes, ont
fait des progrès aussi rapides. Quelques délicates
qu'elles soient, les déterminations physiques n'ont
rien qu'on ne puisse atteindre, que les ressources
dont on dispose aujourd'hui ne puissent résoudre.
Il suffit de faire des quantités qu'on veut déterminer, des multiples des élémens qu'exige la
théorie, pour atténuer d'autant l'influence des
erreurs qui peuvent se glisser dans les résultats.

389. Quelles que soient les améliorations qui aient
été récemment faites dans la confection des instrumens, sous le rapport de la convenance, comme sous celui de l'exactitude, c'est, néanmoins,
la découverte de *méthodes* mieux entendues qui
a le plus contribué à l'avancement de ces branches
de sciences qui sont fondées sur de rigoureuses
déterminations. La balance de torsion, si heureusement imaginée par Coulomb et Cavendisch, en
est une preuve. Elle ne nous met pas seulement à
même de rendre sensibles, elle nous permet en-

core de mesurer, de préciser des degrés de forces infiniment trop faibles pour affecter le moins du monde la balance ordinaire la plus délicate, lors même qu'il serait possible de la soumettre à son action. Le galvanomètre nous offre un exemple de même espèce. C'est un instrument qui sert à apprécier des forces électriques, qu'on n'a aucun autre moyen de constater, encore moins d'évaluer avec exactitude. On peut citer encore, s'il s'agit de quantités tout-à-fait minimes, la méthode indiquée par Arago et Fresnel, pour mesurer les puissances réfractives des milieux transparens, au moyen des phénomènes de la diffraction. La précision, dans ce cas, n'a d'autres limites que celles que veut y mettre l'observateur; elle ne dépend que de la patience, du temps qu'il consacre à l'expérience. L'hygromètre de Daniell présente un bel exemple de la manière dont on doit diriger l'observation sur les points qu'on cherche à éclaircir. Il fait voir comment on peut faire adopter un instrument qui substitue une indication fondée sur des principes rigoureux à une indication qui est purement arbitraire.

390. Voilà les principaux moyens qui peuvent changer l'aspect de la physique. Il ne faut pas, cependant, oublier ces hasards heureux, ces circonstances imprévues qui viennent inopinément révéler des principes qu'on ne soupçonnait pas. Boyle a intitulé un de ses essais « Grande ignorance des usages des choses naturelles, ou Il n'y a pas une chose dans la nature dont on connaisse toutes les

applications à la vie humaine (1). » L'histoire des
arts n'est que le développement de cette idée. Les
sciences prouvent chaque jour combien elle est
juste. Les chances même qui promettent ces heu-
seuses découvertes, loin de s'épuiser, semblent s'a-
grandir encore. Les phénomènes ordinaires, ceux
qui passent incessamment sous nos yeux, ont, sans
doute, été minutieusement étudiés ; les principes
qui sont saillans, qui se révèlent eux-mêmes, ont
été signalés, consacrés dans nos systèmes de science, mais la plus grande partie des phénomènes
naturels est encore inexpliquée, chaque découverte dévoile des classes entières de faits qui, sans elle
fussent restés inaperçues. Elle établit ainsi des
rapports qui ouvrent à l'esprit philosophique un
champ qui ne fait que s'étendre et où il est impossible de ne pas rencontrer quelques principes nouveaux, inattendus. Combien de chances de découvertes présente aujourd'hui la chimie avec
cette multitude de combinaisons dont elle s'occupe, qu'elle n'offrait pas lorsqu'elle n'admettait
que deux ou trois élémens, qu'elle ne s'exerçait
que sur une vingtaine de substances dont les propriétés n'étaient pas même bien connues ! Combien
d'exemples d'une substance ou d'une propriété
nouvelle, qui a servi à développer, parmi les objets les plus vulgaires, des propriétés, des principes qui, sans cela, n'eussent jamais été découverts ? Pour en citer un, qu'y avait-il de plus

(1) Essai X, p. 185, in-fol. tom. 3.

commun, dans un laboratoire, que le platine
Qui se doutait qu'on en construirait une lampe qui
brûlerait sans flamme ? Aurions-nous jamais, sans
ce métal, connu ces phénomènes, ces produits de
demi-combustion que nous a révélés cette belle
expérience ?

391. Enfin, si on mesure ce qui a été fait, qu'on
le compare à ce qui reste à faire encore, il est
presque impossible de se défendre de l'idée que
nous tenons sous-œuvre une entreprise dont les
générations futures recueilleront les avantages (1). Nous sommes arrivés dans un petit nombre de cas à ces lois générales, d'où se déduisent
des inductions directes, et qui nous donnent les
solutions des phénomènes physiques comme d'autant de problêmes dont nous avions les élémens ;
élémens qui n'exigeaient, pour être saisis, que de
la sagacité. Nous avons atteint, dans un nombre
de cas moindre encore, cet avantage du raisonnement abstrait qui est nécessaire pour mener à
terme une tâche si ardue. La science reste donc
immense, inexplorée : après un siècle et demi qui
s'est écoulé depuis les découvertes de Newton, et
pendant lequel toutes les branches de connaissances humaines ont été cultivées avec un zèle,
avec une énergie qui n'ont pas été sans succès,
nous nous trouvons encore dans la situation où il
se trouvait lui-même ; nous sommes sur le bord
d'un vaste océan ; nous pouvons recueillir quel-

(1) Jackson, les Quatre âges, p. 52.

ques-unes de ces productions si belles , si nombreuses , sans cesse poussées sur le rivage , et qui néanmoins ne s'épuisent jamais.

392. Cette considération , loin d'affaiblir notre courage, doit le stimuler, lui donner une nouvelle énergie. Le but est éloigné; mais nous avons la certitude de l'atteindre. Nous sommes sûrs d'obtenir enfin le prix que méritent seuls les efforts prolongés. « Ce n'est pas déprécier l'aptitude humaine que de la regarder comme incapable d'une tâche infinie, comme hors d'état d'épuiser un sujet infini (1). » Quel que soit l'état de ses connaissances, l'homme ne doit jamais craindre de risquer une tentative pour les accroître; il doit, au contraire , multiplier ses efforts, les renouveler sans cesse.

293. Un aperçu de la science véritablement utile est celui qui ne voit, qui ne cherche dans les progrès qu'elle fait chaque jour, que les moyens d'arriver à des lois générales, de renfermer les notions acquises dans des généralisations d'un ordre plus élevé. Ce point de vue est d'autant plus précieux, qu'il représente la science telle qu'elle est véritablement, c'est-à-dire , incomplète, hors d'état d'être entièrement fondue dans un système , ou embrassée par un seul esprit. Il ne faut pas perdre de vue , néanmoins, que, dans les limites où a été poussée l'expérience , on n'a pas fait un pas vers la généralisation qui n'ait été fait vers la

____

(1) Jackson, les Quatre âges, p. 90.

simplification. Ce n'est que lorsque nous nous sommes égarés dans les détails, que nous nous sommes engagés dans de vaines tentatives, dans de difficiles essais d'application où le raisonnement ne pouvait plus nous servir de guide, que la nature nous est apparue obscure, compliquée. Mais du moment où nous parvenons à la voir telle qu'elle est, que nous parvenons à l'envisager d'un point qui permet d'en embrasser une partie, quelque faible qu'elle soit, nous sommes frappés de sa simplicité, et nous éprouvons cette sorte de satisfaction que le vrai seul inspire.

FIN.

TABLE RAISONNÉE.